Springer-Lehrbuch

Wolfgang Ossadnik

Kosten- und
Leistungsrechnung

 Springer

Prof. Dr. Wolfgang Ossadnik
Universität Osnabrück
Fachbereich Wirtschaftswissenschaften
Fachgebiet Betriebswirtschaftslehre
mit dem Schwerpunkt Rechnungswesen
und Controlling (Managerial Accounting)
Rolandstraße 8
49069 Osnabrück
wolfgang.ossadnik@uni-osnabrueck.de

ISBN 978-3-540-79853-8   e-ISBN 978-3-540-79854-5

DOI 10.1007/978-3-540-79854-5

Springer-Lehrbuch ISSN 0937-7433

Bibliografische Information der Deutschen Nationalbibliothek
Die Deutsche Nationalbibliothek verzeichnet diese Publikation in der Deutschen Nationalbibliografie;
detaillierte bibliografische Daten sind im Internet über http://dnb.d-nb.de abrufbar.

Herstellung: le-tex publishing services oHG, Leipzig
Umschlaggestaltung: WMXDesign GmbH, Heidelberg

Gedruckt auf säurefreiem Papier

9 8 7 6 5 4 3 2 1

springer.de

Vorwort

Das vorliegende Lehrbuch soll Studierenden der Wirtschaftswissenschaften eine Grundlage liefern, sich mit der Kosten- und Leistungsrechnung als Bestandteil des internen Rechnungswesens von Unternehmen vertraut zu machen. Dabei werden die Gebiete behandelt, die zum Grundkanon der Kosten- und Leistungsrechnung gehören und als solche für das betriebswirtschaftliche Haupt- und Nebenfachstudium an Universitäten, Hochschulen sowie Berufs-, Wirtschafts- und Verwaltungsakademien von Relevanz sind. In diesem Rahmen zielt das Lehrwerk primär auf Studierende in Bachelorstudiengängen ab, kommt aber auch für Studierende von Masterprogrammen in Betracht, die sich in Aufbaustudiengängen erstmals mit wirtschaftswissenschaftlichen Inhalten beschäftigen oder diese im Rahmen fortgeschrittener Studien der internen Unternehmensrechnung rekapitulieren wollen. Nicht zuletzt sollen aber auch Praktiker aus Wirtschaft und Verwaltung in diesem Buch die Möglichkeit finden, sich im Selbststudium Grundlagenwissen über die Kosten- und Leistungsrechnung anzueignen oder dieses aufzufrischen.

Die Leserinnen und Leser finden in dieser Schrift die grundlegenden Begriffe des internen Rechnungswesens sowie die klassischen Gebiete der Kosten- und Leistungsrechnung erläutert, wobei dezidiert auf die Arten-, Stellen- und Trägerrechnung eingegangen wird. Zum Vergleich werden dabei regelmäßig angloamerikanische Konzeptionen des Cost Accounting vorgestellt, die auch in Schrifttum und Praxis des deutschsprachigen Raumes zunehmend Bekanntheit und Relevanz erlangen. Auf dieser Basis werden dann solche weiterführenden Ansätze der Kosten- und Leistungsrechnung eingeführt, die in Gestalt von Plankosten- und Planleistungssowie Deckungsbeitragsrechnungen instrumentale Unterstützungen zur Erfüllung von Aufgaben der Dokumentation, der Planung und Entscheidung, der Kontrolle und der Verhaltenssteuerung liefern.

Mein Dank gilt den Damen und Herren, die durch ihre kritische Durchsicht von Manuskriptfassungen sowie ihre Anregungen und Hinweise zur Entstehung dieses Buches beigetragen haben, insbesondere Frau Dipl.-Kffr. Irina Meyer, Frau Dipl.-Kffr. Franziska Rosenkranz und Herrn Dipl.-Kfm. Matthias Holtsch. Ferner bin ich für die Unterstützung bei der Auswertung von Quellen, sowie die Erstellung von Abbildungen, Tabellen und

Registern den Damen und Herren Maria Brüggemann, Nina Grace Schäpker, Bianca Schönwälder, Clarissa Schwutke, Iris Wessels, Mathias Abheiden, Dipl.-Kfm. Torben Bartz, Andre Kröger, Dipl.-Kfm. Sören Lange Heinrich Schröder sowie ferner für sein Engagement bei der Endredaktion Herrn Dipl.-Kfm. Benedikt Niemann verbunden. Für die harmonische Kooperation möchte ich Herrn Dr. Niels Thomas vom Springer Verlag herzlich danken.

Osnabrück, im August 2008   Wolfgang Ossadnik

Inhaltsverzeichnis

Abbildungsverzeichnis

Tabellenverzeichnis

Abkürzungsverzeichnis

ABC	Activity-Based Costing
BAB	Betriebsabrechnungsbogen
CIMA	Chartered Institute of Management Accountants
Eins.	Einsätze
et al.	et alii (und andere)
GE	Geldeinheiten
GKZS	Gemeinkostenzuschlagssatz
GuV	Gewinn- und Verlustrechnung
i. d. R.	in der Regel
IFRS	International Financial Reporting Standards
InsO	Insolvenzordnung
KS	Kostenstellen
m. w. N.	mit weiteren Nachweisen
ME	Mengeneinheit(en)
MWh	Megawattstunden
NRV	Net-Realisable-Value
TGE	Tausend Geldeinheiten
Tm^3	Tausend Kubikmeter
TME	Tausend Mengeneinheiten
US-GAAP	United States Generally Accepted Accounting Principles
WACC	Weighted Average Cost of Capital
WBP	Wiederbeschaffungspreis

Symbolverzeichnis

ΔB	Beschäftigungsabweichung
ΔEB	echte Beschäftigungsabweichung
ΔV	Verbrauchsabweichung
A	Anschaffungs- bzw. Wiederbeschaffungswert
a_t	jährlicher Abschreibungsbetrag
B	Beschäftigung des Betriebsbereichs
BE	Betriebsergebnis
b_i	Bezugsgröße der Kostenverursachung der Produktart i für i = 1, ..., n
C	Gesamtkapazität
c_t	genutzte Kapazität
D	Degressionsbetrag
DB	Deckungsbeitrag
db	Stückdeckungsbeitrag
E	Erlös
e_f	Höhe des Funktionsrabattes der Rabattklasse f
E_q	Erlöse in der Produktgruppe q
e_s	Prozentsatz der in Anspruch genommenen Skonti
e_v	Prozentsatz der (globalen) Forderungsverluste
EV_i	Eigenverbrauch Kostenstelle i
G	Gewinn
GL_i	Gesamtleistung Kostenstelle i
K	Gesamtkosten
k	Selbstkosten je Produkteinheit
$K_1, ..., K_n$	Gesamtkosten der Periode auf der Stufe 1, ..., n

$k_1, ..., k_n$	Kosten je Einheit der auf der Stufe 1, ..., n erzeugten (Vor-)Produkte
$k_1 mx_1, ...,$ $k_{n-1} mx_{n-1}$	Wert des von der Vorstufe übernommenen Materialeinsatzes auf der Stufe 2, ..., n
KF	fixe Kosten
KF^P	fixe Plankosten
k_H	Herstellkosten pro Stück
K_H	gesamte Herstellkosten
K^I	Istkosten
K^P	Plankosten
K^P_{ver}	verrechnete Plankosten
K^S	Sollkosten
kv	variable Kosten pro Stück
KV	variable Kosten
KV^P	variable Plankosten
kv^P	variable Plankosten pro Stück
k_{VV}	Verwaltungs- und Vertriebskosten pro Stück
K_{VV}	gesamte Verwaltungs- und Vertriebskosten
LA_{vg}	Leistungsabgabe an vorgelagerte Kostenstellen
L_T	Restwert (Liquidationserlös)
m_{ij}	Leistungsabgabe der Vorkostenstelle i an die Vorkostenstelle j
M_j	Gesamtleistung der Vorkostenstelle j
$mx_1, ..., mx_{n-1}$	Vorproduktmengen Stufe 1, ..., (n - 1), die in der betreffenden Periode auf den nachfolgenden Stufen weiterverarbeitet werden
n	Anzahl der Nutzungsperioden
p	Absatzpreis pro Stück
P	Progressionsbetrag
PK_j	Primäre Gemeinkosten der Vorkostenstelle j
p_q	(Grund)Preis in der Produktgruppe q
$primGK_i$	primäre Gemeinkosten der Kostenstelle i

q_i	innerbetrieblicher Verrechnungssatz
q_j	Verrechnungspreis für jede Leistungseinheit der Vorkostenstelle j
R_t	Restbuchwert
R_{t-1}	Restbuchwert der Periode t
$sekK_{vg}$	sekundäre Kosten vorgelagerter Kostenstellen
v	Variator
w_t	Abschreibungsquote
x	abgesetzte Menge
$x_1, ..., x_n$	Hergestellte Mengen der Produkte auf den Stufen 1, ..., n
x_{BE}	Gewinnschwelle (Break-Even-Point)
x_{fq}	Absatzmenge bezogen auf die Rabattklasse f und die Produktgruppe q
x_H	hergestellte Menge
x^I	Istbeschäftigung
x_i	Ausbringungsmenge der Produktart i für i = 1, ..., n
x^P	Planbeschäftigung
z_{fq}	prozentualer Anteil der Erlöse, auf die innerhalb der Produktgruppe q ein Rabatt der Klasse f gewährt wird
z_s	Anteil der gesamten Erlöse E, auf die Skonti in Anspruch genommen werden

1 Kosten- und Leistungsrechnung im betrieblichen Rechnungswesen

Carlotta hat die Hochschulreife erworben und überlegt sich nun, ob sie einen Beruf erlernen oder ein Studium beginnen will. Dabei hat sie noch keine konkreten Vorstellungen davon, um welchen Beruf oder welche Studienrichtung es sich handeln könnte. Um ihren Informationsstand zu verbessern, bewirbt sie sich um Praktikumsstellen und erhält auch bald eine Zusage von dem Süßwarenhersteller Zuckerpuppen & Söhne GmbH, der Carlotta eine entsprechende Stelle in der Abteilung „Rechnungswesen" anbietet. Carlotta freut sich über das Angebot, das sie prompt akzeptiert. Pünktlich tritt sie das Praktikum an. In der ersten Woche vernimmt sie von ihren neuen Kolleginnen und Kollegen verschiedene Aussagen, die sie nicht zuordnen kann und die ihr Anlass zum Nachdenken geben:

- *„Leider kann ich die Ansätze unserer Finanzbuchhaltung nicht immer unverändert in die Betriebsbuchhaltung übernehmen."*
- *„Unsere Betriebsbuchhaltung hat einen ganz anderen Periodenerfolg ermittelt als unsere Finanzbuchhaltung."*
- *„Unsere kalkulatorischen Zinsen sind als Zusatzkosten natürlich kein Aufwand."*
- *„Leider werden unsere Anlagen nicht verursachungsgerecht, sondern nur nach dem Durchschnittsprinzip in der Kostenrechnung abgeschrieben."*

Am Abend schmerzt ihr der Kopf von den Eindrücken des Bereichs „Rechnungswesen" mit seinen für sie neuen Aussagen ihrer Kolleginnen und Kollegen. Bald fällt sie in einen tiefen Schlaf, in dem sie einen Albtraum hat. Darin reden ihre Kolleginnen und Kollegen intensiv auf sie ein, wobei sie folgende Aussagen treffen und Carlottas Stellungnahme einfordern:[1]

- *„Leistungen sind der Wert aller erstellten Güter und Dienstleistungen."*
- *„Aufwendungen sind betriebliche Kosten, außerbetriebliche Aufwendungen mindern das Betriebsergebnis."*

---

[1] Vgl. dazu Ossadnik (2006), S. 5–6.

- *„Die kurzfristige Erfolgsrechnung erfasst nicht die fixen Kosten, da diese kurzfristig nicht veränderbar sind."*
- *„Kosten sind Aufwendungen, die – ungeachtet der Tatsache, ob produziert wird oder nicht – in jedem Fall anfallen."*
- *„Neutraler Aufwand und kalkulatorische Kosten stimmen überein."*
- *„Wird der wertmäßige Kostenbegriff verwendet, ist eine Bewertung des Güterverzehrs erforderlich. Die Höhe der Kosten orientiert sich dann immer an historischen oder planmäßigen Anschaffungspreisen."*
- *„Ausgaben sind die Minderungen an liquiden Mitteln."*

Am Morgen wacht Carlotta wie gerädert auf und erinnert sich mit Schrecken an ihren Albtraum mit den Aussagen ihrer Kolleginnen und Kollegen, die sie als ihr fachlich überlegen empfindet. Sie beschließt, sich künftig genauer mit den Grundfragen des Rechnungswesens zu beschäftigen, um solche Thesen inhaltlich besser beurteilen und dadurch – hoffentlich – auch besser schlafen zu können.

Gemeinsam mit Carlotta werden Sie in dem nachfolgenden ersten Kapitel die Kosten- und Leistungsrechnung als Teil des betrieblichen Rechnungswesens kennenlernen. Sie werden sich Kenntnisse über die Aufgaben und Ziele der Kosten- und Leistungsrechnung aneignen und dadurch in die Lage versetzt, Sachverhalte mit Fachbegriffen der Kosten- und Leistungsrechnung zu benennen und zu beschreiben.

1.1 Überblick

Jedes Unternehmen ist über Geld- und Güterkreisläufe in volkswirtschaftliche Prozesse eingebunden. Die hierbei auftretenden wechselseitigen Beziehungen zwischen dem Unternehmen und seiner Umwelt sind in modellhafter Form vereinfacht in Abb. 1.1[2] dargestellt.

Das am Wirtschaftsprozess beteiligte Unternehmen versorgt sich auf Beschaffungsmärkten mit allem zur Produktion Notwendigen. So werden z. B. Rohmaterialien gekauft und Mitarbeiter eingestellt. Im Zuge des Produktionsprozesses entstehen mit Hilfe dieser Einsatzfaktoren fertige Produkte, die auf Absatzmärkten verkauft werden. Bei Einsatzfaktoren und fertigen Produkten handelt es sich um sog. *Realgüter*. Geld und geldnahe Werte (z. B. Forderungen oder Verbindlichkeiten) stellen hingegen sog. *Nominalgüter* dar. In der Regel steht einem Realgüterfluss ein Nominalgüterfluss in umgekehrter Richtung gegenüber. Erwirbt ein Unternehmen bspw. einen Rohstoff auf dem Beschaffungsmarkt, so liegt ein Realgüter-

---

2   In Anlehnung an Busse von Colbe u. Laßmann (1991), S. 21.

strom vor, der in das Unternehmen fließt. Dieser Rohstoff muss vom Unternehmen bezahlt werden. Hierdurch kommt es zu einem Nominalgüterstrom aus dem Unternehmen heraus. Dagegen fließen zwischen dem Unternehmen und seinen Absatzmärkten Ströme in umgekehrter Richtung: Das fertige Produkt verlässt das Unternehmen und im Gegenzug zu diesem Realgüterstrom lässt der Kunde dem Unternehmen monetäre Mittel zukommen. Nominalgüterströme treten nicht nur bei der Bezahlung von Realgütern, sondern auch zwischen dem Unternehmen und der Seite seiner Eigner in Form einer Erhöhung des Eigenkapitals oder einer Gewinnentnahme auf. Weitere Nominalgüterströme sind bspw. die Aufnahme eines Bankkredites, der im Zeitablauf getilgt wird, oder die Ertragsteuerzahlungen an den Staat. Zwischen dem Unternehmen und seiner Umwelt findet also eine Vielzahl von Nominalgüter- und Realgüterbeziehungen statt.

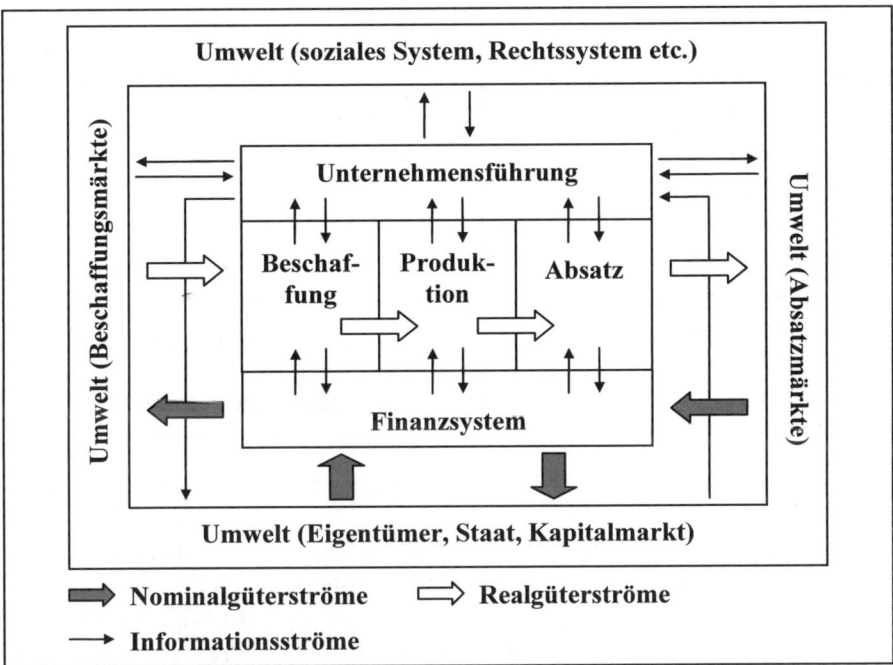

Abb. 1.1 Interdependenzen zwischen Unternehmen und Umwelt

Ziel des Unternehmens ist es, diese Beziehungen so zu steuern, dass ein hoher Erfüllungsgrad der Unternehmensziele realisiert wird. Die Steuerung der Güterströme zwischen Umwelt und Unternehmen stellt für die Führung des Unternehmens eine vorrangige Aufgabe dar, zu deren Lösung verschiedene Informationen erforderlich sind. Zum einen benötigt das Unternehmen Informationen über das vergangene Wirtschaftsgeschehen (Was ist in der letzten Abrechnungsperiode vorgefallen? Erzielte das Unternehmen mit dem Produktions- und Absatzprogramm einen Gewinn?). Zum anderen sind Informationen über das künftige Wirtschaftsgeschehen erforderlich, das sich zwischen dem Unternehmen und dessen Umfeld (z. B. Wettbewerber, Kunden etc.) sowie innerhalb des Unternehmens vollzieht. Der Unternehmer bzw. die Unternehmensleitung benötigt möglichst aussagefähige Informationen über potenzielle Zukunftsentwicklungen, um letztlich die richtigen Entscheidungen rechtzeitig treffen zu können.

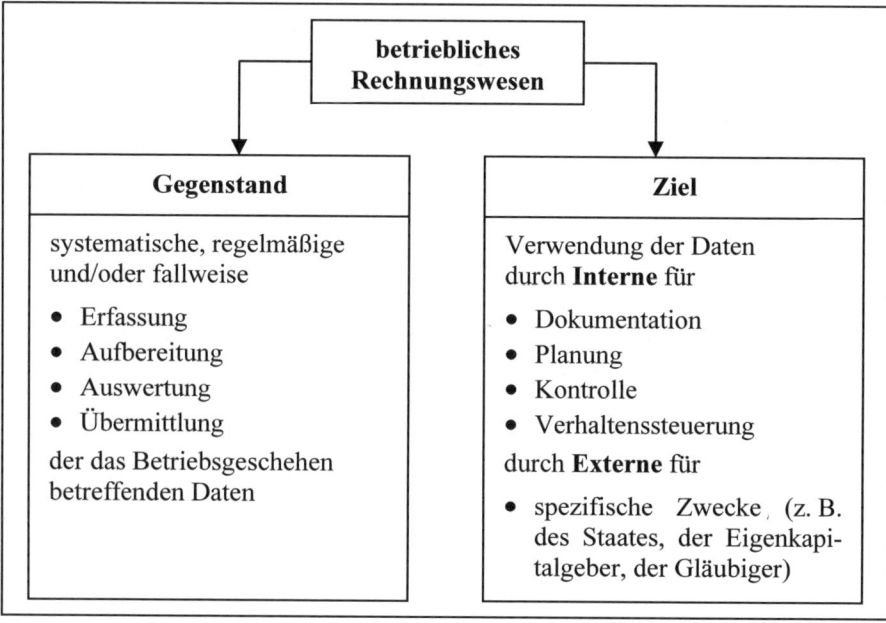

Abb. 1.2 Gegenstand und Ziele des betrieblichen Rechnungswesens

Wie werden diese Informationen beschafft? Einerseits besitzen Unternehmen in der Regel informelle Informationssysteme. Unter diesem Begriff sind z. B. eine Unterhaltung zwischen den Mitarbeitern oder formlose, in einer Besprechung vorgestellte Überlegungen des Leiters der Vertriebsabteilung zu möglichen Werbemaßnahmen zu verstehen. Die informellen Informationssysteme können in der Praxis – insbesondere in kleinen Unternehmen – sehr wichtig sein. Demgegenüber sind institutionalisierte Informationssysteme wie das betriebliche Rechnungswesen fest eingerichtet. Unter betrieblichem Rechnungswesen wird eine systematische, regelmäßige und/oder fallweise durchgeführte Erfassung, Aufbereitung, Auswertung und Übermittlung der das Betriebsgeschehen betreffenden quantitativen

Daten (Wert- und Mengengrößen) mit dem Ziel der Deckung außer- und innerbetrieblicher Informationsbedarfe verstanden.[3]

Das betriebliche Rechnungswesen kann daher als spezielle Dienstleistungsabteilung eines Unternehmens aufgefasst werden, die Informationen produziert. Ausgehend von den im Unternehmen erfassten Daten werden in einem Prozess der Informationsverdichtung bzw. -verarbeitung Berichte erstellt, die über die finanzielle Entwicklung des Unternehmens Auskunft geben. Zu diesen Bereichen zählen z. B. die Bilanz, die Gewinn- und Verlustrechnung (GuV) oder auch der Kalkulationsbericht für ein bestimmtes Produkt. Diese aufbereiteten Informationen werden an Personen innerhalb oder außerhalb des Unternehmens weitergeleitet. Der Gegenstand und die Ziele des betrieblichen Rechnungswesens sind zusammenfassend in Abb. 1.2 dargestellt.

1.2 Total- und Partialmodelle

Aus einer theoretischen Sicht läge die Forderung nahe, dass die Informationen, die zur Ableitung optimaler Entscheidungen und zur Erreichung eines maximalen Zielerfüllungsgrades erforderlich sind, durch ein Totalmodell bereitgestellt werden. Ein *Totalmodell* erfasst alle Handlungsmöglichkeiten eines Unternehmens und die mit ihnen verbundenen Konsequenzen unter Berücksichtigung sämtlicher Einflussfaktoren. Dabei werden alle Umweltzustände von der Gründung bis zur Liquidation eines Unternehmens mit einbezogen.[4] Ein solches Totalmodell hätte aber einen so weit reichenden Informationsbedarf, wäre zugleich so komplex und müsste darüber hinaus bezüglich seiner Struktur ständig so weiterentwickelt werden, dass dieses Konzept in der Praxis nicht handhabbar wäre.[5] Um trotzdem Informationen zur laufenden Unterstützung von Entscheidungen und Steuerungsmaßnahmen bereitstellen zu können, werden Partialmodelle konzipiert und eingesetzt.[6] *Partialmodelle*[7] stellen einen Ausschnitt des Unternehmensgeschehens dar und sind geeignet, Entscheidungen in Bezug auf ein bestimmtes Entscheidungsfeld zu unterstützen. Allerdings ist zu beachten, dass bei der Aufstellung von Partialmodellen zeitliche und sachliche

---

[3]   In Anlehnung an Hummel u. Männel (1986), S. 4.

[4]   Vgl. Ossadnik (2003), S. 24.

[5]   Vgl. auch Ossadnik (2003), S. 26; Ossadnik (2008b), S. 12–13 m. w. N.

[6]   Vgl. auch Ossadnik u. Maus (1995), S. 145.

[7]   Vgl. zu Fragen adäquater Komplexitätsreduktion als Prinzip der Bildung von Partialmodellen auch Bretzke (1980) sowie Ballwieser (1990).

Interdependenzen[8] zerschnitten – d. h. vernachlässigt – werden.[9] Daher wird versucht, solche Abhängigkeiten in und zwischen den einzelnen Teilbereichen[10], z. B. durch den Ansatz von Opportunitätskosten[11] in der Kostenrechnung, so gut wie möglich zu berücksichtigen.

1.3 Gliederung des betrieblichen Rechnungswesens

1.3.1 Teilbereiche des betrieblichen Rechnungswesens

Das betriebliche Rechnungswesen kann als eine Menge von Partialmodellen angesehen werden, die sich nach unterschiedlichen Kriterien gliedern lassen. Die Gestaltung des Rechnungswesens hat sich dabei an den beiden obersten Unternehmenszielen *Liquidität* und *Erfolg* zu orientieren.

Die Existenz des Unternehmens kann nur durch die gemeinsame Verfolgung beider Oberziele gesichert werden. Sowohl Zahlungsunfähigkeit bzw. drohende Zahlungsunfähigkeit aufgrund nicht ausreichend verfügbarer liquider Mittel als auch Überschuldung – verursacht durch ausbleibende Erfolge, die dazu führen, dass die Verluste das Eigenkapital des Unternehmens übersteigen – stellen einen Insolvenzgrund dar.[12]

Die Rechengrößen, die den beiden Oberzielen zugrunde liegen, lassen sich in die vier dichotomischen Begriffspaare *Einzahlungen* und *Auszahlungen*, *Einnahmen* und *Ausgaben*, *Erträge* und *Aufwendungen* sowie *Kosten* und *Leistungen* abgrenzen. Auf diesen Begriffspaaren bauen die Teilbereiche *Finanzrechnung*, *Finanzierungsrechnung*, *Investitionsrechnung*, *Bilanz- und Erfolgsrechnung* sowie *Kosten- und Leistungsrechnung* des betrieblichen Rechnungswesens auf. Eine ausführliche Definition der vier Begriffspaare erfolgt in Kapitel 1.4.

---

[8]   Interdependenzen sind definiert als wechselseitige Beeinflussung zweier oder mehrerer Handlungsvariablen. Vgl. hierzu z. B. Küpper (2005), S. 51–52 m. w. N.

[9]   Vgl. Ossadnik (1998), S. 316. Zu den Folgen, die aus der Vernachlässigung der Interdependenzen führen, vgl. Ossadnik (2003), S. 27–29.

[10] Zu den Teilbereichen des betrieblichen Rechnungswesens vgl. ausführlich das nachfolgende Kapitel 1.3.1.

[11] Opportunitätskosten charakterisieren den entgangenen monetären Nutzen der bestmöglichen nicht gewählten Alternative. Vgl. hierzu auch Ossadnik (2003), S. 146–147 m. w. N.

[12] Vgl. § 17 InsO (Zahlungsunfähigkeit); § 18 InsO (drohende Zahlungsunfähigkeit); § 19 InsO (Überschuldung).

Finanz- und Finanzierungsrechnungen dienen der Planung, Kontrolle und Dokumentation der Liquidität des Unternehmens und somit der Verfolgung des Liquiditätsziels.[13] Die *Finanzrechnung* überwacht dabei den Kassenbestand (Bestand an liquiden Mitteln) und stimmt die Zahlungsströme so aufeinander ab, dass die Zahlungsfähigkeit des Unternehmens jederzeit gewährleistet ist. Die Stromgrößen, die Veränderungen des Kassenbestandes bewirken, werden als Einzahlungen und Auszahlungen definiert. Die *Finanzierungsrechnung* ergänzt die Finanzrechnung, indem sie neben dem Kassenbestand auch Kreditvorgänge berücksichtigt, die evtl. auftretende Über- oder Unterdeckungen von Ein- oder Auszahlungen ausgleichen können. Die Stromgrößen der Finanzierungsrechnung sind Einnahmen und Ausgaben.

Aufgabe der *Investitionsrechnung* ist es, die Wirtschaftlichkeit eines Investitionsprojektes zu beurteilen. Sie beruht analog der Finanzrechnung auf Ein- und Auszahlungen, teilweise werden aber auch Einnahmen und Ausgaben verwendet.[14] Die dynamischen Verfahren der Investitionsrechnung sind mehrperiodische Planungs- und Kontrollrechnungen, die die zeitliche Struktur der Zahlungsströme durch Diskontierung (bzw. Aufzinsung) auf den Beginn (bzw. das Ende) des Planungshorizontes berücksichtigen.[15] Darüber hinaus werden auch statische einperiodische Verfahren eingesetzt, die auf Kosten- und Erlösgrößen basieren und auf eine Diskontierung verzichten.[16]

Die *Bilanz- und Erfolgsrechnung*[17] ist im Gegensatz zu den Systemen des internen Rechnungswesens[18] an rechtliche Vorgaben gebunden. Entsprechend anzuwenden Rechnungslegungsvorschriften das Handelsgesetzbuch (HGB), die International Financial Reporting Standards (IFRS) oder die United States Generally Accepted Accounting Principles (US-GAAP). Unter einer Bilanz wird allgemein „eine stichtagsbezogene, ausgeglichene geldliche Abrechnung einer Wirtschaftsperiode"[19] verstanden. Je nach zugrundeliegender Vorschrift, Adressat, Häufigkeit etc. existieren verschiedene Arten von Bilanzen, z. B. die Handelsbilanz, die Steuerbilanz

---

[13] Vgl. Hoitsch u. Lingnau (2007), S. 12.

[14] Vgl. Ewert u. Wagenhofer (2008), S. 5. Zur Verwendung von Einnahmen und Ausgaben bei der Investitionsrechnung vgl. auch Coenenberg et al. (2007), S. 16.

[15] Vgl. z. B. Kruschwitz (2007), S. 46.

[16] Vgl. z. B. Kruschwitz (2007), S. 31–37.

[17] Vgl. auch Kloock et al. (2005), S. 10–13.

[18] Zur Unterscheidung von internem und externem Rechnungswesen vgl. ausführlich Kapitel 1.3.2.

[19] Schweitzer u. Küpper (2008), S. 41.

oder Sonderbilanzen.[20] Wird ohne eine spezifischere Kennzeichnung von einer Bilanz gesprochen, so wird darunter i. d. R. die nach handels- oder aktiengesetzlichen Vorschriften zu erstellende Jahresbilanz verstanden.[21] Die Bilanzierung nach bestimmten rechtlichen Regeln dient u. a. der Rechenschaftslegung des Unternehmens oder auch dem Schutz der Gläubiger, um allen Interessenten einen Einblick in die Vermögens-, Finanz- und Ertragslage des Unternehmens zu gewähren.[22] Eine Bilanz besteht aus einer Aktiv- und einer Passivseite. Es werden jeweils Vermögen oder Schulden auf Bestandskonten verbucht, deren stichtagsbezogene Saldierung zu einem globalen Gewinn- oder Verlustausweis führt. Im System der doppelten Buchführung wird zudem mit der GuV eine Erfolgsrechnung durchgeführt, die eine differenziertere Aufgliederung des Gewinns nach entstandenen bzw. verbrauchten Gütern ermöglicht. Die Bilanz- und Erfolgsrechnung umfasst somit eine Bestands- und eine Bewegungsrechnung.[23] Die entsprechenden Stromgrößen sind Erträge und Aufwendungen, die als periodisierte erfolgswirksame Zahlungen definiert werden können.

Die *Kosten- und Leistungsrechnung* richtet sich im Gegensatz zur Bilanz- und Erfolgsrechnung speziell an die Entscheidungsträger des Unternehmens, d. h. an die Unternehmensführung bzw. das Management sowie an das Controlling. Die Kostenrechnung kann flexibel und unabhängig von gesetzlichen Normierungen und Vorschriften entsprechend spezifischen ökonomischen Zwecken ausgestaltet und ausgerichtet werden. So werden z. B. in der Kosten- und Leistungsrechnung keine bilanzpolitisch motivierten Bewertungen vorgenommen. Weiterhin besteht die Möglichkeit, kalkulatorische Kosten anzusetzen, um hierdurch die Rechnung stärker an ökonomischen Aspekten auszurichten. Die Hauptaufgabe der Kosten- und Leistungsrechnung besteht darin, die Entstehung von Leistungen (Produkten) und den damit verbundenen Verzehr von Produktionsfaktoren mengen- und wertmäßig zu erfassen sowie die Wirtschaftlichkeit der Leistungserstellung zu überwachen. Sie beschränkt sich dabei auf die Repräsentation jenes Werteverzehrs und jener Güterentstehung, die durch die Leistungserstellung verursacht werden, d. h. auf Kosten und Leistungen. Die Kosten- und Leistungsrechnung erfüllt insbesondere Dokumentations-, Planungs-, Kontroll- sowie Verhaltenssteuerungsaufgaben.[24] Sie ist

---

[20]   Zu Bilanzarten und deren Differenzierungskriterien vgl. z. B. Coenenberg (2005), S. 3–5.

[21]   Hiervon zu unterscheiden wäre eine nach rein betriebswirtschaftlichen Grundsätzen aufzustellende Bilanz. Vgl. dazu Moxter (1993), S. 149–155.

[22]   Vgl. Coenenberg et al. (2007), S. 18.

[23]   Vgl. Schweitzer u. Küpper (2008), S. 41–42.

[24]   Vgl. hierzu ausführlich Kapitel 1.5.1.

ein auf Entscheidungsfelder mit kurzfristigem Zeithorizont ausgerichtetes Erfolgsrechnungssystem. Dieses abstrahiert zugunsten einer detaillierten Repräsentation des innerbetrieblichen Informationsprozesses von zeitlichen Interdependenzen. Zur Fundierung langfristiger Entscheidungen wird die Investitionsrechnung verwendet.

Innerhalb der Leistungsrechnung lassen sich drei grundlegende Leistungsrechnungssysteme unterscheiden: die Erlösrechnung, die Bestandsrechnung für erstellte Güter und die innerbetriebliche Leistungsrechnung.[25] Die Leistungsrechnung als *Bestandsrechnung für erstellte Güter* betrachtet bewertete Bestandserhöhungen von absatzbestimmten unfertigen und fertigen Erzeugnissen sowie innerbetriebliche Güter, die aktiviert werden. Dabei sind allerdings nur Bestandserhöhungen relevant, da die bewerteten Bestandsminderungen als Kosten in die Kostenrechnung eingehen. Bei der *innerbetrieblichen Leistungsrechnung* werden die Leistungen bzw. Güter eines Unternehmens betrachtet, die nicht zu aktivieren sind, also die innerbetrieblichen Güter eines Produktionsprozesses. Diese Güter werden i. d. R. in der Periode ihrer Erstellung wieder verbraucht. Die *Erlösrechnung* erfasst hingegen nur die Werte abgesetzter Güter.[26] Der Erlös ergibt sich aus der Multiplikation der Komponenten *Absatzpreis* und *Absatzmenge*.

Der Unterschied zwischen Leistungen und Erlösen liegt somit in der Bewertung der Gütererstellung. Werden die erstellten Güter wertmäßig (kostenorientiert) bewertet, stimmen Kosten- und Leistungsrechnung überein. Wird die Absatzleistung jedoch pagatorisch[27] (also mit Istabsatzpreisen) bewertet, führt dies zu einer *pagatorischen Leistungsrechnung*, die üblicherweise als *Erlösrechnung* bezeichnet wird. Nach diesem Verständnis zielen Erlöse auf die erzielten Einnahmen ab, während Leistungen auf die erzielbaren Einnahmen abstellen.[28] Auf die Erlösrechnung als Spezialfall einer Leistungsrechnung wird im Kapitel 2 ausführlicher eingegangen.

Die Abgrenzung zwischen der extern orientierten Bilanz- und Erfolgsrechnung und der intern orientierten Kosten- und Leistungsrechnung wird aus der Tabelle 1.1[29] ersichtlich. Beim Vergleich der Rechnungssysteme muss beachtet werden, dass die Kosten- und Leistungsrechnung i. d. R. eine Stromgrößenrechnung ist, die Bewegungen von Güterströmen erfasst.

---

25   Vgl. im Folgenden Kloock et al. (2005), S. 170–173.
26   Zur Abgrenzung der Erlösrechnung von der Kostenrechnung vgl. Schweitzer u. Küpper (2008), S. 47–48.
27   Zur Unterscheidung zwischen wertmäßiger und pagatorischer Begriffsinterpretation vgl. ausführlich Kapitel 1.4.2.
28   Vgl. Kloock et al. (2005), S. 40–41.
29   In Anlehnung an Schweitzer u. Küpper (2008), S. 44.

Die Bilanz- und Erfolgsrechnung beinhaltet dagegen – wie bereits angeführt – eine Bestands- (Bilanz) und eine Bewegungsrechnung (GuV).

Tabelle 1.1 Abgrenzung zwischen Bilanz- und Erfolgsrechnung sowie Kosten- und Leistungsrechnung

	Bilanz- und Erfolgsrechnung		**Kosten- und Leistungsrechnung**
	Bilanz	**Gewinn- und Verlustrechnung**	
Art der verwendeten Rechnungsgrößen	Bestandsgrößen	Stromgrößen	Stromgrößen
Rechnungstyp	pagatorische Rechnung		kalkulatorische Rechnung
Wertansatz	nach Bewertungsvorschriften		rechnungsziel- bzw. aufgabenabhängig
Bezug	Periode		Periode und Produkteinheit
zeitliche Reichweite	i. d. R. jährlich		kurzfristig, i. d. R. monatlich
Rechnungszwecke	Vermögensdarstellung Schuldendarstellung Auswertung durch Bilanzanalyse	(globale) Erfolgsermittlung	Ermittlung realisierter Kosten und Leistungen Prognose zukünftiger Kosten und Leistungen Dokumentation, Planung und Kontrolle des Unternehmensprozesses sowie Verhaltenssteuerung
Rechnungsgrößen	Vermögen und Schulden	Aufwand und Ertrag	Kosten und Leistungen
erfasste Gütermengen	vorhandener Bestand an Vermögen und Schulden	Verbrauch und Zugang von Vermögen	sachzielbezogener Güterverbrauch und sachzielbezogene Gütererstellung

1.3.2 Gliederung nach dem Adressatenkreis

Je nach Adressatenkreis wird zwischen *externem* und *internem Rechnungswesen* differenziert. Bei dieser Unterscheidung ist von Bedeutung, welcher Ausschnitt des wirtschaftlichen Geschehens zahlenmäßig dargestellt werden soll und an welche *Adressaten* die Berichterstattung gerichtet ist.

Das *externe Rechnungswesen* bildet die Vorgänge finanzieller Art ab, die sich zwischen einem Unternehmen und seiner Umwelt abspielen. Die Unternehmensumwelt besteht in erster Linie aus Lieferanten und Kunden,

Eigen- und Fremdkapitalgebern sowie dem Staat und der Öffentlichkeit. Das externe Rechnungswesen entspricht dem Teilbereich der Bilanz- und Erfolgsrechnung. Es erfasst in der *Finanzbuchhaltung* die mit Einkaufs- und Absatzakten des Unternehmens verbundenen Geldabflüsse und -zuflüsse sowie die finanzwirtschaftlich bedingten Zahlungsflüsse (z. B. Eigenkapitalveränderungen, Steuern, Subventionen etc.). Seinen zusammenfassenden Abschluss findet das externe Rechnungswesen in der Bilanz und in der GuV, den beiden Hauptbestandteilen des sog. *Jahresabschlusses.* Bei der Erstellung des Jahresabschlusses und der Gestaltung des ihm zugrunde liegenden Rechenwerkes sind umfangreiche handels- und steuerrechtliche Vorschriften zu beachten. Der Jahresabschluss dient in erster Linie einer vergangenheitsorientierten Dokumentation und Rechenschaftslegung. Er wird am Ende einer – meist jährlichen – Periode erstellt und richtet sich hauptsächlich an externe Informationsempfänger (z. B. Kapitalgeber, Lieferanten, Öffentliche Hand etc.), die in der Regel keine anderen Möglichkeiten eines Einblicks in das Unternehmen haben. Angesichts dieser starken Ausrichtung auf externe Adressaten liegt die Bezeichnung als externes Rechnungswesen nahe.[30]

Die verschiedenen externen Adressaten stellen aufgrund ihrer unterschiedlichen Informationsbedürfnisse differenzierte und teilweise gegensätzliche Anforderungen an den Informationsgehalt des externen Rechnungswesens, die nicht gleichermaßen erfüllt werden können. So muss die Bilanz bspw. einen Ausgleich zwischen den Interessen der Eigner und der Gläubiger schaffen.[31] Im Vordergrund der deutschen Bilanzierung nach dem HGB steht die Ermittlung eines vorsichtig bemessenen, unbedenklich ausschüttbaren Einkommens. Die Bilanz nach HGB erfüllt damit neben einer Informationsfunktion auch eine Zahlungsbemessungsfunktion. Sie wird dabei insbesondere durch das Maßgeblichkeitsprinzip und dessen Umkehrung steuerbilanzpolitisch verzerrt. Die Bilanz ist somit für interne Steuerungszwecke nicht geeignet.

Im Gegensatz zu den deutschen Rechnungslegungsstandards des HGB hat die Bilanz nach den IFRS keine Ausschüttungs- und Steuerbemessungsfunktion. Die internationalen Bilanzierungsvorschriften nach den IFRS sind hauptsächlich auf die Informationsinteressen der Anteilseigner – der sog. Shareholder – ausgerichtet. Dahinter steht die Überlegung, dass hierdurch die Interessen der übrigen sog. Stakeholder, d. h. der anderen Anspruchsgruppen eines Unternehmens,[32] ebenfalls gesichert werden. Die

---

[30] Vgl. Hummel u. Männel (1986), S. 4–5.
[31] Vgl. z. B. Weber u. Weißenberger (2006), S. 18–19.
[32] Zu den Stakeholdern eines Unternehmens gehören neben den Eignern u. a. der Staat, die Lieferanten, Mitarbeiter, Gläubiger und Kunden.

Shareholder verfolgen (idealerweise) das Ziel einer langfristigen Einkommensmaximierung und sind daher an der langfristigen Existenz des Unternehmens interessiert. Ziel der Bilanz nach den IFRS ist die Bereitstellung relevanter Informationen für die Teilnehmer des Kapitalmarktes, indem möglichst genau die Finanz-, Ertrags- und Liquiditätssituation des Unternehmens abgebildet wird (True and Fair View). Auf diese Weise sollen Anlageentscheidungen der Investoren unterstützt und damit die Effizienz des Kapitalmarktes erhöht werden.

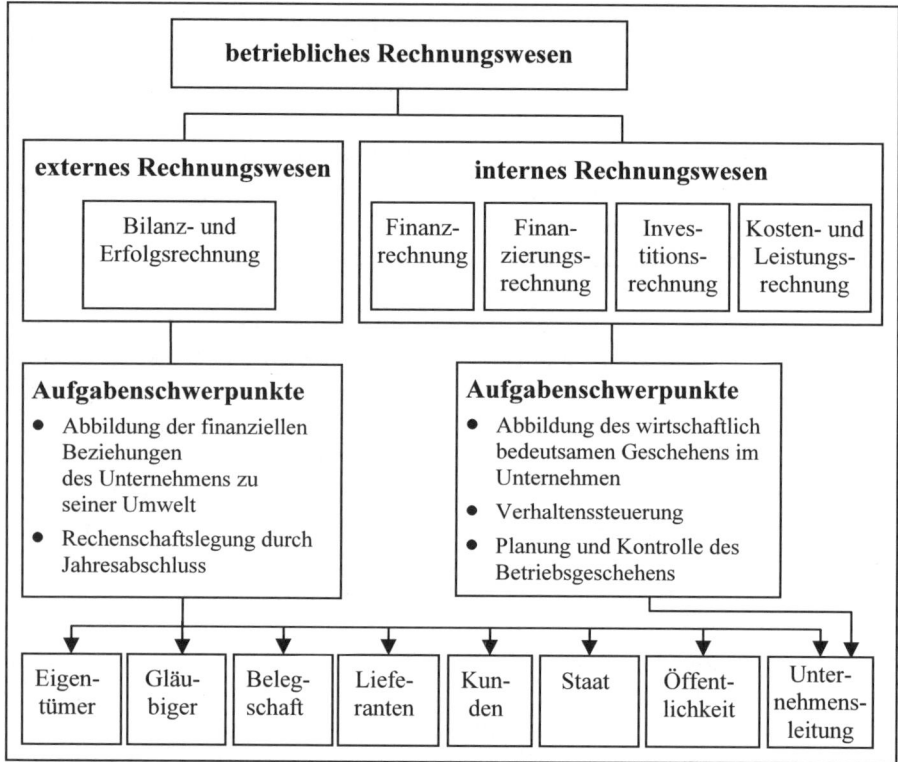

Abb. 1.3 Gliederung des betrieblichen Rechnungswesens

Das *interne Rechnungswesen* bildet die wirtschaftlichen Vorgänge innerhalb des Unternehmens ab, die von den im Unternehmen tätigen Personen beeinflusst oder gesteuert werden. Die Hauptaufgabe besteht darin, den Verzehr von Produktionsfaktoren und die damit verbundene Entstehung von Leistungen wert- und mengenmäßig zu erfassen und die Wirtschaftlichkeit der Gütererstellung laufend zu überwachen.[33] Im Gegensatz zum

---

[33] Vgl. Hummel u. Männel (1986), S. 5.

externen Rechnungswesen ist die Erstellung von Abschlüssen im internen Rechnungswesen an keine gesetzlichen Vorschriften gebunden.[34] Die Zahlen und Kalkulationen des internen Rechnungswesens werden i. d. R. nicht veröffentlicht. Es werden daher auch solche Informationen verwendet, die als Betriebsgeheimnis gelten und somit nicht der Öffentlichkeit mitgeteilt werden sollen. Das interne Rechnungswesen richtet sich an die Entscheidungsträger innerhalb des Unternehmens, wie z. B. die Geschäftsführung oder andere Betriebsangehörige in leitenden Positionen. Es handelt sich demnach um eine Selbstinformation von Unternehmensangehörigen. Das interne Rechnungswesen kann somit konsequent an den vom Management zu verfolgenden Zielen ausgerichtet werden. Die Systeme des internen Rechnungswesens sind dabei die Finanzrechnung, die Finanzierungsrechnung, die Investitionsrechnung sowie die Kosten- und Leistungsrechnung.

Die Unterschiede zwischen internem und externem Rechnungswesen sind in Abb. 1.3 zusammengefasst.

Exkurs: Gliederung des betrieblichen Rechnungswesens im angloamerikanischen Raum

Im angloamerikanischen Raum wird das betriebliche Rechnungswesen ebenfalls in einen intern orientierten (Management Accounting) und einen extern ausgerichteten Teilbereich (Financial Accounting) unterschieden.

Das **Management Accounting** misst, analysiert und berichtet monetäre und nicht monetäre Größen. Die Informationen sollen das Management dabei unterstützen, Entscheidungen zur Erfüllung der Unternehmensziele zu treffen.[35] Das Chartered Institute of Management Accountants (CIMA)[36] betrachtet das Management Accounting als einen integralen Bestandteil des Managements, der mit der Identifikation, Generierung, Präsentation, Interpretation und Verwendung von Informationen auf folgenden Gebieten beauftragt ist:

- Formulierung von Geschäftsstrategien,
- Planungs- und Kontrollaktivitäten,
- Treffen von Entscheidungen,

---

[34] Vgl. Haberstock (2005), S. 8.
[35] Vgl. Bhimani et al. (2008), S. 5.
[36] Das CIMA ist die größte Vereinigung für Management Accounting in Großbritannien. Zu näheren Informationen vgl. http://www.cimaglobal.com.

- effizienter Ressourceneinsatz,
- Performanceverbesserungen und Wertsteigerung.

Das Management Accounting umfasst dabei auch das Cost Accounting. Das Cost Accounting ist ein Prozess des Messens und Berichtens von monetären und nicht-monetären Informationen, die einen direkten Bezug zum Ressourcenerwerb oder zum Ressourcenverbrauch eines Unternehmens haben. Diese Informationen werden sowohl für das Management Accounting als auch für das Financial Accounting bereitgestellt. Als ein Beispiel für eine Aufgabenstellung des Cost Accounting kann die Kostenkalkulation eines Produktes genannt werden. Die Informationen können sowohl dem Financial Accounting als Basis für etwaige Bewertungsansätze als auch dem Management Accounting als Grundlage für etwaige Entscheidungsrechnungen dienen.[37]

Dem oben eingeführten Begriffsverständnis folgend, kann das Management Accounting somit als ein dem Cost Accounting übergeordnetes System verstanden werden. Informationen des Cost Accounting bilden die Grundlage von Management Accounting-Systemen. Letztere sind jedoch nicht auf den Aspekt des Ressourcenverbrauches, d. h. auf den Kostenaspekt, beschränkt, sondern beinhalteten, wie bereits angeführt, deutlich weitergehende Aufgabenbereiche. Horngren et al. weisen aber darauf hin, dass die Abgrenzung zwischen den Begriffen weder eindeutig noch in allen Fällen trennscharf ist: „Modern cost accounting takes the perspective that collecting cost information is a function of the management decisions being made. Thus, the distinction between management accounting and cost accounting is not so clear-cut, and we often use these terms interchangeably."[38]

Ungeachtet dieses offensichtlichen Mangels an semantischer Trennschärfe wird bei den folgenden Darstellungen der Begriff *Cost Accounting* als angloamerikanische Entsprechung für den Begriff der Kostenrechnung verwendet. Das Management Accounting wird da-

---

[37]   Vgl. Bhimani et al. (2008), S. 5.
[38]   Horngren et al. (2006), S. 2.

gegen als die mit der Controllinglehre[39] des deutschsprachigen Raumes am engsten verwandte Disziplin angesehen.[40]

Das **Financial Accounting** ist dagegen, analog zur deutschen Bilanzrechnung, an externe Adressaten (z. B. Investoren, Banken, Staat) gerichtet. Transaktionen und Geschäftsprozesse werden hierbei nach Maßgabe der US-GAAP oder der IFRS abgebildet und bewertet.[41] Die Abgrenzung zwischen dem Management Accounting und dem Financial Accounting verdeutlicht Tabelle 1.2.[42]

Tabelle 1.2 Abgrenzung zwischen Financal Accounting und Management Accounting

	Financial Accounting	**Management Accounting**
Zweck der Informationen	Berichterstattung über die wirtschaftliche Situation des Unternehmens	Berichterstattung über die wirtschaftliche Situation des Unternehmens
Adressaten	extern	intern
Horizont	feedbackorientiert	feedback- und feedforward-orientiert
Regeln/ Vorschriften	Einhaltung des HGB sowie ggf. der US-GAAP/IFRS verpflichtend	Berichterstattung ist losgelöst von gesetzlichen Bestimmungen
Periodizität	jährlich, quartalsweise	nach Bedarf
Verhaltenswirkung	Kopplung der Managementelohnung an Daten des Accountings	Beeinflussung von Verhalten durch Kopplung an Daten des Accountings

Als Besonderheit ist anzumerken, dass sowohl das Financial Accounting als auch das Management Accounting auf dieselbe Datenbasis zugreifen, mithin also ein Einkreislaufsystem vorliegt. Dies führt dazu, dass die in Deutschland übliche Trennung der Erfolgssysteme in eine GuV und eine Betriebsergebnisrechnung im anglo-

---

[39]   Vgl. dazu Ossadnik (2003), S. 20–34.
[40]   Vgl. auch Küpper (2005), S. 49. Teilweise wird an Stelle von Management Accounting auch der Begriff „Managerial Accounting" verwendet.
[41]   Vgl. Horngren et al. (2006), S. 2.
[42]   In Anlehnung an Horngren et al. (2006), S. 3.

amerikanischen Raum nicht vorgenommen wird. Die Datensammlung erfolgt in einem Hauptbuch, dem „General Ledger". Die Erfassung der Daten wird dabei im Wesentlichen durch die Erfordernisse der zugrunde gelegten Rechnungslegungsstandards (US-GAAP bzw. IFRS) bestimmt.[43] Neben dem Hauptbuch gibt es noch weitere Nebenbücher (Subsidiary Ledger).

1.4 Systematik monetärer Wertgrößen

1.4.1 Differenzierung in Strom- und Bestandsgrößen

Für die Darstellung von Methoden und Verfahren der Kostenrechnung ist es zunächst erforderlich, einige Grundbegriffe des Rechnungswesens zu erläutern und sie inhaltlich abzugrenzen.

Wie bereits gezeigt wurde, ist ein Unternehmen durch vielfältige *reale* und *nominale* Input- und Outputströme mit der Umwelt verbunden. Aus diesen Stromgrößen sollen mit Hilfe des Rechnungswesens Informationen erzeugt werden, die den Zielsetzungen des Unternehmens dienen. In den einzelnen Teilgebieten des betrieblichen Rechnungswesens wird dabei, entsprechend der jeweiligen Zielsetzung, mit unterschiedlichen Größen gerechnet, für die sich spezifische Begriffe herausgebildet haben (vgl. Tabelle 1.3).

Die einzelnen Größen können in *Stromgrößen* (zeit*raum*bezogen) und *Bestandsgrößen* (zeit*punkt*bezogen) unterschieden werden. Jeder Bestandsgröße werden hierbei zwei Stromgrößen zugeordnet: eine positiv gerichtete (der Bestand wird erhöht) und eine negativ gerichtete (der Bestand wird vermindert). Die Bestandsgröße stellt eine Momentaufnahme des Saldos der zugeordneten Stromgrößen dar. In den unterschiedlichen Teilbereichen des betrieblichen Rechnungswesens werden jeweils spezifische Bezeichnungen gewählt, die sachlich ähnliche, aber nicht identische Vorgänge abbilden. Da eine exakte Differenzierung notwendig ist, sollen die in der Kosten- und Leistungsrechnung verwendeten Begriffe (Kosten und Leistungen) definiert und von den Begriffen in anderen Teilgebieten des Rechnungswesens eindeutig abgegrenzt werden.

---

[43]   Vgl. Horngren et al. (2008), S. 710–711.

Tabelle 1.3 Grundbegriffe des betrieblichen Rechnungswesens

Stromgrößen		zugehörige Bestandsgröße	Gebiet des Rechnungswesens
positive Komponente	negative Komponente		
Einzahlungen (+)	Auszahlungen (−)	Kasse	Finanzrechnung, Investitionsrechnung
Einnahmen (+)	Ausgaben (−)	Geldvermögen	Finanzierungsrechnung
Ertrag (+)	Aufwand (−)	Gesamtvermögen	Jahresabschlussrechnung (Bilanz und GuV)
Leistungen (+)	Kosten (−)	betriebsnotwendiges Vermögen	Kosten- und Leistungsrechnung

1.4.2 Definition der Rechnungsgrößen

Einzahlungen und *Auszahlungen* sind Veränderungen des Bestandes an Zahlungsmitteln (Bargeld und Sichtguthaben). Zum Zahlungsmittelbestand gehören der Kassenbestand (Bargeld) sowie die Guthaben auf Bank- und Postscheckkonten (Sichtguthaben) (vgl. Abb. 1.4). Eine Einzahlung erhöht den Zahlungsmittelbestand, während eine Auszahlung zu einer Verringerung dieses Bestandes führt.

Zahlungen lassen sich periodenbezogen als Zu- und Abgänge des Kassenbestandes sowie als Bewegungen auf den Bank- und Postscheckkonten erfassen. Die Differenz zwischen den Einzahlungen und Auszahlungen eines bestimmten Zeitraumes wird als positiver oder negativer Zahlungssaldo bezeichnet. Gleichbedeutend sind die Begriffe Einzahlungs- bzw. Auszahlungsüberschuss. Der Zahlungssaldo wird durch die sog. Liquiditätsrechnung ermittelt (vgl. Abschnitt 1.3.1). Ihr steht die zeitpunktbezogene Geldbestandsrechnung gegenüber. Diese umfasst insbesondere den Kassenbestand, Bundesbankguthaben sowie täglich fällige Guthaben bei Kreditinstituten und Postscheckguthaben. Ein wesentlicher Bestanteil des internen Rechnungswesens, die Investitionsrechnung, beruht ebenfalls auf Zahlungsgrößen. Einzahlungs-Auszahlungs-Rechnungen spielten zudem im Rechnungswesen öffentlicher Verwaltungen und Unternehmen (in der Ausgestaltung als sog. Kameralistik)[44] lange Zeit eine wichtige Rolle.[45]

---

[44] Vgl. dazu Ossadnik (1991), S. 177–181.
[45] Vgl. auch Kloock et al. (2005), S. 24.

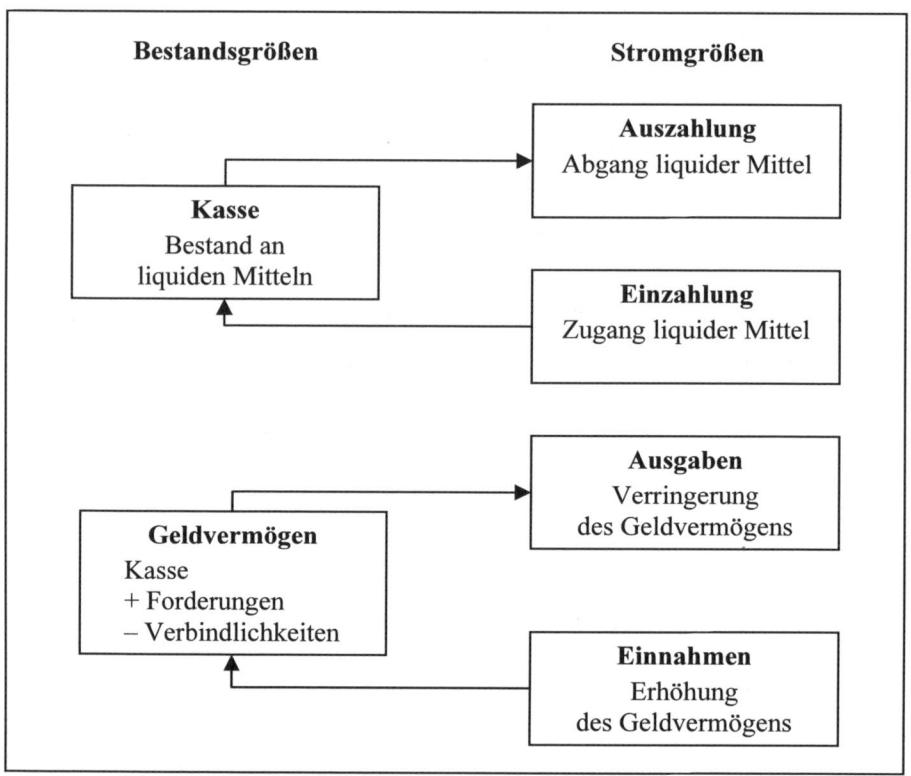

Abb. 1.4 Begriffliche Definitionen (I)

Einnahmen und *Ausgaben* erfassen als zeitraumbezogene Bewegungsgrößen Veränderungen des Geldvermögens. Die Bestandsgröße „Geldvermögen" umfasst neben dem Zahlungsmittelbestand auch Forderungen und Verbindlichkeiten. Die Veränderungen der Forderungen und Verbindlichkeiten, die insbesondere aus dem Kauf bzw. Verkauf von Gütern und Dienstleistungen auf Ziel resultieren, fallen somit unter den Begriff der Einnahmen bzw. Ausgaben.

Beispiel: Der Süßwarenhersteller Zuckerpuppen & Söhne GmbH beliefert einen seiner Kunden am 29. Dezember mit Schokolade. Aufgrund dieser Lieferung entsteht eine Forderung aus Lieferungen und Leistungen, durch die sich das Geldvermögen des Unternehmens erhöht. In dem beschriebenen Fall liegt somit eine Einnahme vor. Weiterhin soll angenommen werden, dass der Kunde die Rechnung im Februar des folgenden Jahres bezahlt. Erst zu diesem Zeitpunkt erfolgt die zugehörige Einzahlung.[46] Für

---

[46]   Vgl. auch Kloock et al. (2005), S. 24–27.

Ausgaben gilt der umgekehrte Fall: Eine Ausgabe führt entsprechend zu einer Verringerung des Geldvermögens. Das Geldvermögen mit den beiden Stromgrößen „Einnahmen" und „Ausgaben" ist für die Finanzierungsrechnung[47] relevant.

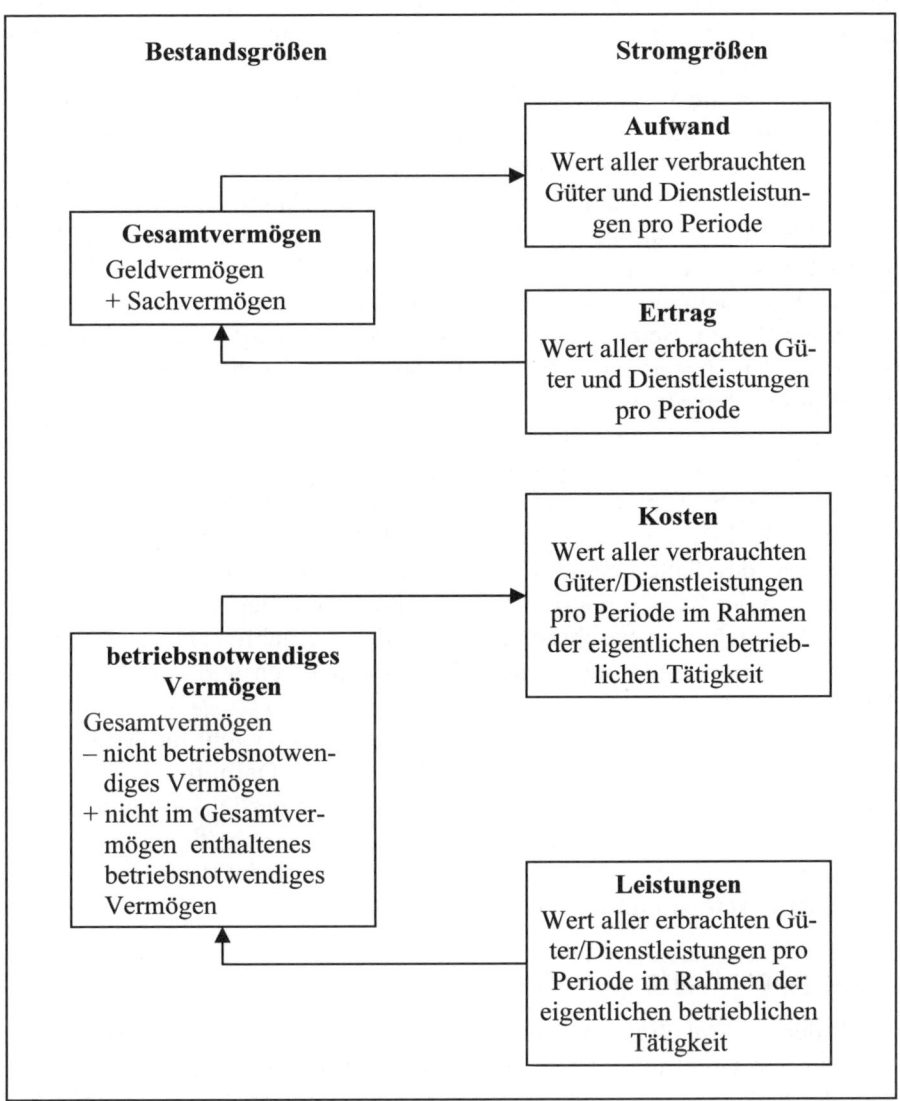

Abb. 1.5 Begriffliche Definitionen (II)

---

[47]   Vgl. dazu auch Ossadnik (1990), S. 817.

Erträge und *Aufwendungen* sind – ebenso wie die bereits angeführten Begriffspaare – zeitraumbezogene Stromgrößen. Sie werden in der Finanzbuchhaltung aufgezeichnet. Ertrag ist der in einer Periode realisierte Wertzuwachs des Unternehmens (vgl. Abb. 1.5). Aufwand ist entsprechend ein in einer Periode entstandener Wertverlust. Die Saldierung von Aufwendungen und Erträgen in der Gewinn- und Verlustrechnung führt zur Ermittlung des Gesamterfolges des Unternehmens. Dabei kommt es nicht darauf an, ob die Wertzuwächse bzw. Wertverluste Ergebnis der betrieblichen Tätigkeit sind. Vielmehr ist der Ansatz dieser Größen unter Einhaltung spezifischer Rechnungslegungsstandards vorzunehmen. Die zugehörige Bestandsgröße ist das Gesamtvermögen des Unternehmens.[48]

Kosten und *Leistungen* sind die Stromgrößen der Kosten- und Leistungsrechnung. Kosten stellen dabei die negative Stromgröße dar. Die Differenz aus Leistungen und Kosten bestimmt den Erfolg, der in Erfüllung des eigentlichen Betriebszweckes erwirtschaftet wurde. Er wird als *Betriebsergebnis* bezeichnet. Die zugehörige Bestandsgröße ist das betriebsnotwendige Vermögen.

Formal werden jene Vermögens- und Kapitalteile gegenübergestellt, die unmittelbar für die Leistungserstellung und -verwertung bestimmt und in diesem Sinne betriebsnotwendig sind. Es führen nur solche Maßnahmen zu Kosten bzw. Erlösen, die sich auf Beschaffungs-, Fertigungs- oder Absatzaktivitäten des Unternehmens zurückführen lassen. Damit wird der Objektbereich der Kosten und Leistungsrechnung auf diejenigen Maßnahmen eines Unternehmens beschränkt, die mit den betrieblichen Sachaufgaben (d. h. mit der Produktionsaufgabe) zusammenhängen und somit sachzielbezogen sind.[49]

In der betriebswirtschaftlichen Literatur existiert sowohl für den Kosten- als auch für den Leistungsbegriff eine Vielzahl an Definitionen. Zunächst soll der Kostenbegriff näher betrachtet werden. In der Diskussion um dessen zweckmäßige Festlegung spielt die Frage der wertmäßigen oder pagatorischen Interpretation (vgl. Abb. 1.6) eine wesentliche Rolle. Beide Kostenbegriffe werden im Folgenden vorgestellt.[50]

Wertmäßiger Kostenbegriff

Nach dem wertmäßigen Kostenbegriff bezeichnen Kosten den *bewerteten Verzehr* von Gütern und Dienstleistungen, der zur Erstellung und zum Absatz der *betrieblichen* Leistung sowie zur Aufrechterhaltung der Betriebs-

---

[48] Vgl. Kloock et al. (2005), S. 27–30.
[49] Vgl. Troßmann (2008), S. 108–109.
[50] Vgl. hierzu und im Folgenden auch Hummel u. Männel (1986), S. 73–76.

bereitschaft in der betrachteten *Periode* erforderlich ist.[51] Im Folgenden sollen die wichtigsten Merkmale dieses Kostenbegriffs erläutert werden.

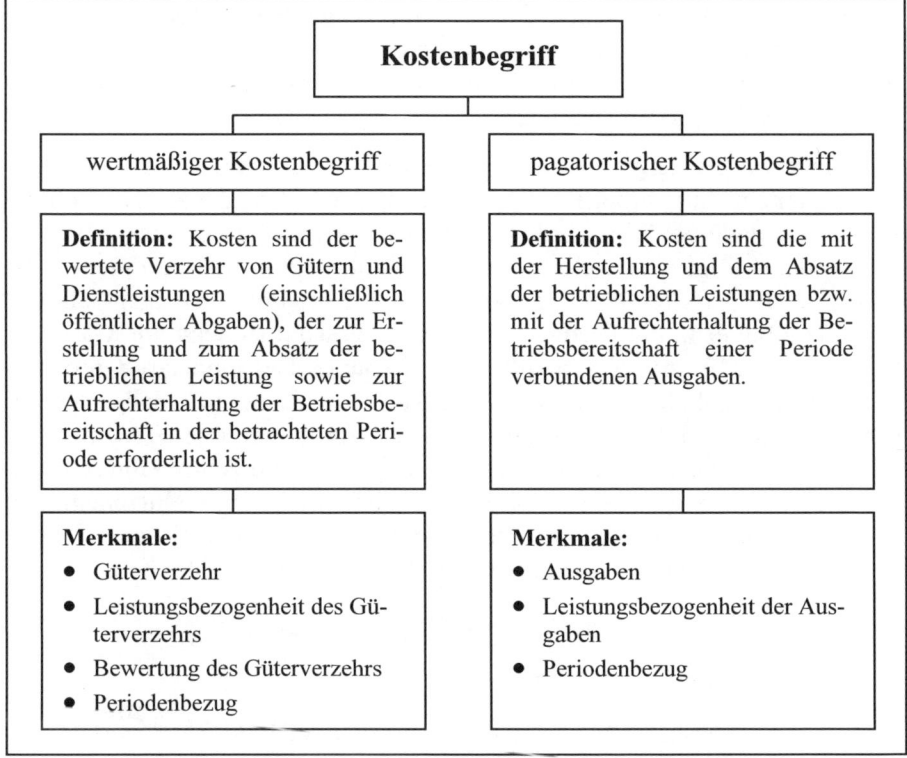

Abb. 1.6 Unterscheidung der Kostenbegriffe

Güterverzehr: Kosten entstehen nicht durch die Anschaffung von Produktionsfaktoren, sondern erst durch deren Verzehr, d. h. nicht der Kauf, sondern erst der Gebrauch einer Maschine führt zu Kosten (z. B. in Form von Abschreibungen).[52]

Leistungsbezogenheit des Güterverzehrs: Die Vermögensminderung muss aus einem Güterverbrauch resultieren, der zum Zweck der betrieblichen Leistungserstellung und -verwertung bzw. zur Aufrechterhaltung der Betriebsbereitschaft erfolgt ist. Daher stellt bspw. eine Spende keine Kosten dar.[53]

---

51   Vgl. Kloock et al. (2005), S. 32.
52   Vgl. Freidank (2008), S. 5–7.
53   Vgl. Freidank (2008), S. 7–8.

Bewertung des Güterverzehrs: Die Bewertung des Güterverbrauchs ist erforderlich, um unterschiedliche Gütermengen vergleichbar zu machen. Als Wert ist in diesem Fall der *Grenznutzen* anzusetzen. Dieser umfasst bei knappen Faktoren neben dem Kaufpreis des Einsatzfaktors auch die Gewinnsteigerung, die durch die Verfügbarkeit der letzten Einheit erzielbar wäre. Bei nichtknappen Faktoren ist der Grenznutzen mit dem Markt- bzw. Beschaffungspreis identisch.

Beispiel: Die Zuckerpuppen & Söhne GmbH erhält am 2. Januar des Jahres von einem Zulieferbetrieb 10.000 ME Kakaobutter, die zur Herstellung von Schokolade benötigt wird, zu einem Preis von 0,20 GE pro ME. Am 15. Januar erfolgt eine weitere Lieferung von 15.000 ME zu einem Preis von 0,21 GE pro ME. Am 1. Februar wird die gesamte im Lager befindliche Kakaobutter in die Fertigung geschickt, obwohl sie jetzt am Markt für 0,23 GE pro ME wieder verkauft werden könnte. Der monetäre Grenznutzen für eine Einheit des verbrauchten Rohstoffes setzt sich dabei aus der Grenzausgabe und den Opportunitätskosten zusammen. Die *Grenzausgabe* entspricht den Anschaffungsausgaben für die letzte verzehrte Gütereinheit. Die *Opportunitätskosten* charakterisieren den monetären Nutzenentgang für die nächstbeste nicht gewählte Verwendungsmöglichkeit einer Gütereinheit.[54] Der monetäre Grenznutzen lässt sich somit wie folgt berechnen:

Lager: 2. Januar   10 TME zu $0,20 \frac{GE}{ME}$

15. Januar   15 TME zu $0,21 \frac{GE}{ME}$

1. Februar   Möglichkeit des Verkaufs der 25 TME zu $0,23 \frac{GE}{ME}$

$$\text{Monetärer Grenznutzen} = \text{Grenzausgabe} + \text{Opportunitätskosten}$$
$$= 0,21 \frac{GE}{ME} + (0,23 \frac{GE}{ME} - 0,21 \frac{GE}{ME})$$
$$= 0,23 \frac{GE}{ME}$$

Periodenbezug: Der bewertete Güterverzehr muss der betrachteten Periode inhaltlich zuzuordnen sein. Eine Gewerbesteuernachzahlung für die vorhergehende Periode kann zwar als leistungsbezogen gelten, gehört aber nicht in die aktuelle Periode und erfüllt daher nicht das den Kostenbegriff mit konstituierende Merkmal des Periodenbezuges.[55]

---

[54] Vgl. Freidank (2008), S. 9.
[55] Vgl. Kloock et al. (2005), S. 22–23.

Pagatorischer Kostenbegriff

Nach dem pagatorischen Kostenbegriff sind Kosten als die mit der Herstellung und dem Absatz der betrieblichen Leistung bzw. mit der Aufrechterhaltung der Betriebsbereitschaft einer Periode verbundenen *Ausgaben* definiert.[56] Im Folgenden sollen die wichtigsten Merkmale dieses Kostenbegriffs erläutert werden:

Ausgaben: Pagatorische Kosten leiten sich aus getätigten Ausgaben ab. Demnach sind die sachzielbezogenen Verzehre der unterschiedlichen Wirtschaftsgüter mit den historischen oder planmäßigen Preisen des Beschaffungsmarktes zu bewerten. Wenn keine Ausgaben stattgefunden haben, können grundsätzlich auch keine Kosten vorliegen. Zu dem oben beschriebenen Grundsatz lässt sich jedoch eine Ausnahme aufzeigen. Wenn einem Unternehmen bspw. Rohmaterialien geschenkt werden, die anschließend im Produktionsprozess verzehrt werden, können nach einer strengen Auffassung des pagatorischen Kostenbegriffs Kosten mangels Ausgaben nicht vorliegen. In solchen speziellen Fällen wird die Erfassung eines Ressourcenverzehrs mit spezifischen, nicht unbedingt realitätsangemessenen Annahmen begründet.[57] Dieses Vorgehen ermöglicht es, dass Güterverbräuchen auch solche Geldbeträge als Kostenwerte zugeordnet werden können, die faktisch nicht bezahlt wurden. Verbraucht das Unternehmen geschenkte Rohmaterialien, so ist die Annahme zu treffen, dass Ausgaben in Höhe des Marktpreises angefallen sind. Zur Bestimmung des Kostenwertes wird der Marktpreis zum Zeitpunkt der Schenkung herangezogen.

Leistungsbezogenheit der Ausgaben: Die Leistungsbezogenheit der Ausgaben ist in Analogie zu den Ausführungen des wertmäßigen Kostenbegriffs zu verstehen. Eine Ausgabe, die nicht im Zusammenhang mit der betrieblichen Leistungserstellung anfällt, stellt demzufolge keine Kosten dar.[58]

Periodenbezug: Auch beim pagatorischen Kostenbegriff sind nur solche Güterverzehre Kosten, die der betrachteten Periode zugeordnet werden können.[59]

Der wertmäßige und der pagatorische Kostenbegriff unterscheiden sich somit durch ihre Wertdimension. Die Bewertung der pagatorischen Kosten mit den getätigten Ausgaben hat den Vorteil der Objektivierung. Der Ansatz der pagatorischen Kosten erfolgt unabhängig von der zu treffenden Entscheidung, ist also unabhängig von der Person eines Entscheidungsträ-

---

56 Vgl. Deimel et al. (2006), S. 47–48.
57 Vgl. im Folgenden Schweitzer u. Küpper (2008), S. 16.
58 Vgl. Freidank (2008), S. 10–12.
59 Vgl. Kloock et al. (2005), S. 37.

gers, insbesondere dessen Zielplan und Entscheidungsfeld.[60] Demgegenüber hängt die Bewertung beim wertmäßigen Kostenbegriff vom verfolgten Ziel ab. Der Güterverbrauch soll (z. B. auch unter der Berücksichtigung von Engpässen) so bewertet werden, dass der Produktionsfaktoreinsatz optimiert wird.[61] Der wertmäßige Kostenbegriff wird vor allem zur Fundierung von Entscheidungen verwendet. Durch den Ansatz wertmäßiger Kosten fallen jedoch Kosten- und Aufwandsgrößen auseinander und es werden unterschiedliche Erfolge im internen und externen Rechnungswesen ausgewiesen.[62]

Grundsätzlich gilt, dass der zu verwendende Kostenbegriff vom verfolgten Rechenzweck abhängt.[63] In diesem Sinne werden im Weiteren sowohl der pagatorische als auch der wertmäßige Kostenbegriff verwendet, und es wird ausdrücklich darauf hingewiesen, falls – wie etwa im Falle kalkulatorischer Kosten in Bezug auf den wertmäßigen Kostenbegriff – nur einer der beiden Begriffe zutreffen sollte.

Exkurs: Der Kostenbegriff im Cost Accounting

"Accountants define cost as a resource sacrificed or forgone to achieve a specific objective. A cost (such as direct materials or advertising) is usually measured as the monetary amount that must be paid to acquire goods or services. An actual cost is the cost incurred (a historical or past cost), as distinguished from a budgeted cost, which is a predicted or forecasted cost (a future cost)." [64]

Diese Definition weist in Analogie zum Kostenverständnis des deutschsprachigen Raums folgende Merkmale auf:

- Vorliegen eines Güterverzehrs („resource sacrificed"),
- Sachzielbezogenheit des Güterverzehrs („achieve a specific objective"),
- Periodenbezug des Güterverzehrs („actual cost"),
- Bewertung des Güterverzehrs („usually measured as the monetary amount that must be paid").

---

[60]   Vgl. zu den Elementen „Zielplan" und „Entscheidungsfeld" des Grundmodells der normativen Entscheidungstheorie z. B. Ossadnik (2008b), S. 15–66.
[61]   Vgl. Schweitzer u. Küpper (2008), S. 15.
[62]   Vgl. Kilger et al. (2007), S. 20.
[63]   Vgl. Scherrer (1999), S. 11–13.
[64]   Horngren et al. (2006), S. 27.

Durch die Auslegung dieser vier Merkmale kann es zu Unterschieden zu dem Begriffsverständnis des deutschsprachigen Raums kommen. So ist z. B. zu entscheiden, wann das Vorliegen eines Güterverzehrs oder die Sachzielbezogenheit des Güterverzehrs als erfüllt angesehen werden kann.

Auch die Bewertung des Güterverzehrs kann zu einem Unterschied zwischen den beiden Kostenverständnissen führen. Gemäß der obigen Definition werden Kosten „usually measured as the monetary amount that must be paid to acquire goods or services". Wenn nun ausschließlich diese Anschaffungsausgaben angesetzt werden, ergibt sich ein Begriffsverständnis, das dem pagatorischen Kostenbegriff des deutschsprachigen Raums äquivalent ist. Auch im Cost Accounting existiert der Begriff der Opportunitätskosten. Diese können als „cost of an opportunity forgone"[65] definiert werden. Diese Definition stimmt mit dem Begriff der Opportunitätskosten (monetärer Nutzenentgang für die nächstbeste, nicht gewählte Alternative) überein. Finden diese Opportunity Costs bei der Bewertung Berücksichtigung, so liegt ein dem wertmäßigen Kostenbegriff des deutschsprachigen Raums analoges Verständnis vor. Der Ansatz von Opportunitätskosten im Cost Accounting ist indes eher unüblich. Die Begründung hierfür liegt im innerhalb des angloamerikanischen Raums verwendeten Einkreislaufsystem sowie in der daraus resultierenden starken Anlehnung an das Financial Accounting. In dessen Rahmen werden lediglich Transaktionen berücksichtigt, die tatsächlich getätigt wurden. Dagegen werden nicht gewählte Transaktionen – und damit auch Opportunitätskosten – nicht angesetzt.[66] Bedeutung erhalten Opportunitätskosten indes bei Sonderauswertungen, die für das Management durchgeführt werden.[67]

Nach der Darstellung des wertmäßigen und des pagatorischen Kostenbegriffs wird nun der *Leistungsbegriff* näher betrachtet. Unter Leistung ist die *bewertete* Güter- und/oder Dienstleistungs*entstehung* der *betrachteten Periode* im Rahmen der *betrieblichen Tätigkeit* zu verstehen. Darunter fallen insbesondere verkaufte Güter und Dienstleistungen. Aber auch unfertige und unverkaufte fertige Güter stellen Leistungen dar.[68] Die Definition des Leistungsbegriffs bildet das Gegenstück zur inputorientierten Definition

---

[65] Williamson (1996), S. 43.
[66] Vgl. Horngren et al. (2006), S. 389.
[67] Vgl. Hansen u. Mowen (2005), S. 34; Atkinson et al. (2007), S. 50–51.
[68] Vgl. Freidank (2008), S. 18.

des Kostenbegriffs. Kosten beziehen sich auf den Input, Leistungen hingegen auf den Output der betrieblichen Tätigkeit. Periodenbezug und betriebliche Tätigkeit werden analog der zum Kostenbegriff eingeführten Definition abgegrenzt.

Für die *Bewertung* von Leistungen gibt es zwei verschiedene Wertansätze. *Absatzleistungen* – also verkaufte Güter und Dienstleistungen – werden mit den *erzielten Marktpreisen* bewertet.[69] Das entspricht einer pagatorischen Interpretation – analog der des pagatorischen Kostenbegriffs. Für die Bewertung der *noch nicht verkauften Absatzgüter* sollten hingegen keine Verkaufspreise gewählt werden. Wird der Absatzpreis auch für noch nicht verkaufte Güter und Dienstleistungen angesetzt, würde dem betrachteten Unternehmen ein Gewinn zugerechnet, der noch nicht realisiert ist. Ob und zu welchem Preis sich die auf Lager befindlichen Güter tatsächlich verkaufen lassen, ist zum Zeitpunkt der Bewertung als unsicher anzusehen. Aus Vorsicht sollten daher die *Herstellkosten* als Bewertungsansatz gewählt werden.

Bei *nicht für den Absatz bestimmten Gütern* sollten ebenfalls keine Marktpreise für den Wertansatz herangezogen werden. Zu den Gütern, die nicht für den Absatz bestimmt sind, zählen z. B. Maschinen, die ein Unternehmen selbst erstellt und anschließend in der Herstellung der für den Absatz bestimmten Leistungen verwendet. Die Produktion selbstgenutzter Güter sollte nicht zu einem Gewinn führen, wenn sich dieser nicht am Markt bestätigen lässt. Die Maschinen werden daher in diesem Fall mit den zugehörigen *Herstellkosten* bewertet.

1.4.3 Abgrenzung der Rechnungsgrößen

Die Abgrenzung der Stromgrößen der verschiedenen Gebiete des Rechnungswesens ist in Abb. 1.7[70] dargestellt.

Die Pfeile repräsentieren den Zu- bzw. Abfluss der jeweiligen Bestandsgrößen. Die 18 Ziffern dienen als Richtschnur zur systematischen Erläuterung der Unterschiede und Gemeinsamkeiten zwischen den einzelnen Begriffen. Sie werden im Folgenden erläutert.

---

[69]   Vgl. Kloock et al. (2005), S. 42.
[70]   In Anlehnung an Haberstock (2005), S. 16.

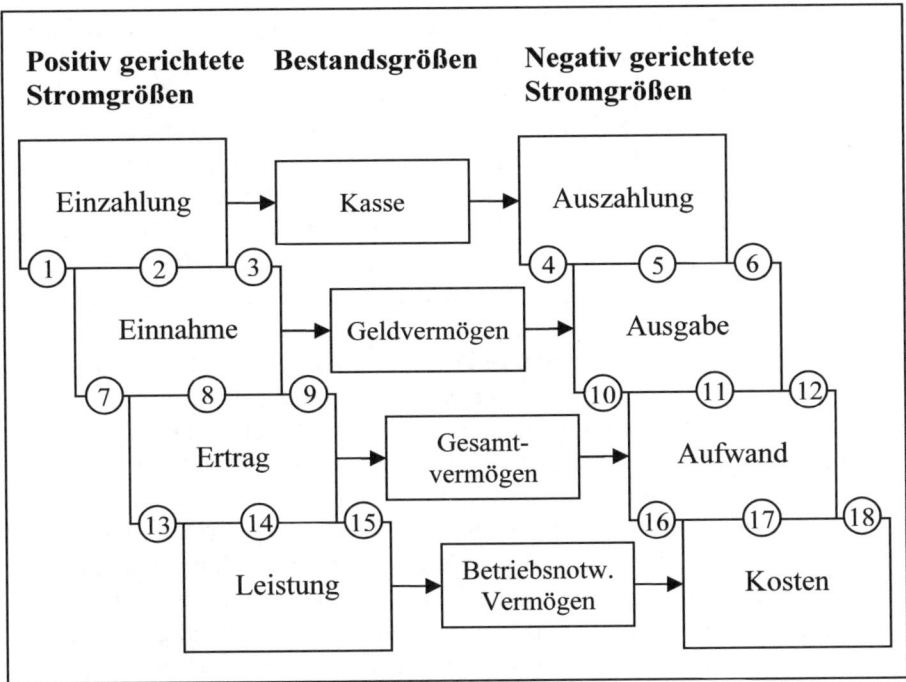

Abb. 1.7 Abgrenzung der Stromgrößen des Rechnungswesens

Abgrenzung von Einzahlung und Einnahme sowie Auszahlung und Ausgabe

Abgrenzung von Einzahlung und Einnahme

Die Abgrenzung von Einzahlung und Einnahme kann analog zur Abgrenzung von Auszahlung und Ausgabe vorgenommen werden.

Fall 1 entspricht einem Geschäftsvorfall, der zwar zu einer Einzahlung, nicht aber zu einer Einnahme führt. Es wird somit der Kassenbestand erhöht, ohne dass sich das Geldvermögen per Saldo ändert. Hierbei könnte es sich z. B. um die Aufnahme eines Bankkredites handeln. Der Kassenbestand erhöht sich, das Geldvermögen ändert sich jedoch insgesamt nicht, da eine Verbindlichkeit in identischer Höhe entsteht.

Im *Fall 2* führt eine Einzahlung auch zu einer Einnahme. Sowohl Kassenbestand als auch Geldvermögen erhöhen sich im gleichen Umfang. Als Beispiel könnte ein Barverkauf von Gütern dienen.

Im *Fall 3* steht der Einnahme keine Einzahlung gegenüber. Das Geldvermögen erhöht sich, während der Kassenbestand unverändert bleibt. Ein Beispiel für einen solchen Vorfall ist der Verkauf von Waren auf Ziel.

Es ist zu erkennen, dass Ausgaben und Auszahlungen sowie Einnahmen und Einzahlungen immer dann auseinander fallen, wenn *Kreditvorgänge* stattfinden. Verändern sich die Bestände an Forderungen und Verbindlichkeiten nicht, verursacht jede Veränderung der Bestandsgröße *Kasse* eine identische Veränderung der Bestandsgröße *Geldvermögen*. Wie oft Einzahlung und Einnahme bzw. Auszahlung und Ausgabe zeitlich auseinander fallen, hängt von der Länge der Abrechnungsperiode ab. Je kürzer die Abrechnungsperiode ist, desto häufiger fallen die Vorgänge auseinander. Dies soll in dem folgenden Beispiel verdeutlicht werden, in dem eine Abrechnungsperiode von einem Jahr betrachtet wird: Im Januar wird Ware mit einer Zahlungsfrist von 90 Tagen verkauft. Der Kunde hält das Zahlungsziel ein. Wird dann Ende Dezember abgerechnet, trifft *Fall 2* zu: Durch den Verkauf der Ware im vorangegangenen Januar hat sich das Geldvermögen erhöht. Es liegt somit eine Einnahme vor. Mit der Bezahlung der Rechnung durch den Kunden hat sich dann der Kassenbestand erhöht. Es fällt also auch eine Einzahlung an. Wenn die Abrechnungsperiode ausreichend lang gewählt wird, führt jede Ausgabe zu einer Auszahlung und jede Einnahme zu einer Einzahlung. Wird in dem angeführten Beispiel die Abrechnungsperiode verkürzt und bspw. bereits im Februar abgerechnet, ergeben sich veränderte Ergebnisse: Durch den Verkauf im Januar liegt zwar eine Forderung vor, die das Geldvermögen entsprechend erhöht, die zugehörige Einzahlung erfolgt aber erst in einer späteren Abrechnungsperiode. Der Kassenbestand hat sich im Februar nicht erhöht, da noch keine Einzahlung vorliegt. Diese Abwandlung des Beispiels führt somit zum *Fall 3*. Generell kann festgehalten werden, dass bei kürzeren Abrechnungsperioden die genannten Stromgrößen häufiger auseinander fallen als bei längeren Abrechnungsperioden.

Abgrenzung von Auszahlung und Ausgabe
Fall 4 entspricht einem Geschäftsvorfall, der zwar zu einer Auszahlung, aber nicht gleichzeitig – d. h. in der gleichen Periode – zu einer Ausgabe führt. Einen solchen Geschäftsvorfall stellt z. B. die Begleichung von Lieferantenverbindlichkeiten in bar dar. Barzahlungen von bestehenden Verbindlichkeiten führen zu Auszahlungen, da ein Abgang liquider Mittel resultiert.[71] Der Kassenbestand nimmt somit ab. Eine Ausgabe liegt dagegen nicht vor, weil sich die Bestandsgröße „Geldvermögen" durch diesen Vorgang per Saldo nicht verändert hat. Der Kassenbestandsverringerung steht eine genauso große Abnahme der Verbindlichkeiten gegenüber, wodurch das Geldvermögen insgesamt unverändert bleibt.

---

[71]   Vgl. Kloock et al. (2005), S. 24–27.

Fall 5 entspricht einer Auszahlung, die zu einer Ausgabe in der gleichen Periode führt. In diesem Fall verringert sich sowohl der Kassenbestand als auch der Bestand an Geldvermögen. Dies ist bspw. bei einem Bareinkauf von Rohstoffen gegeben, bei dem ein Teil des Geldvermögens in Realgüter umgewandelt wird.[72]

Fall 6 stellt eine Ausgabe dar, die nicht zu einer Auszahlung in der gleichen Periode führt. Ein Beispiel für einen solchen Geschäftsvorfall ist der Einkauf von Rohstoffen auf Ziel.[73] Durch einen solchen Kauf entsteht eine Verbindlichkeit aus Lieferungen und Leistungen, die per Saldo das Geldvermögen, nicht jedoch den Kassenbestand verringert. Die Zahlung und die damit einhergehende Verringerung des Kassenbestands erfolgen erst zu einem späteren Zeitpunkt.

Abgrenzung von Einnahme und Ertrag sowie Ausgabe und Aufwand

Abgrenzung von Einnahme und Ertrag
Im *Fall 7* führt ein Geschäftsvorfall zwar zu Einnahmen, nicht jedoch zu Erträgen. Es liegt somit eine Erhöhung des Geldvermögens, nicht aber des Gesamtvermögens vor. Die Erhöhung des Geldvermögens wird durch eine Verringerung des Realvermögens kompensiert, wie dies bspw. beim Verkauf von Maschinen zum Buchwert der Fall ist. Durch Zufluss von Geld oder durch Erhöhung des Forderungsbestandes erhöht sich das Geldvermögen und gleichzeitig verringert sich das Sachvermögen um den gleichen Betrag. In der Gesamtvermögenssphäre findet somit lediglich ein Aktivtausch statt.

Im *Fall 8* stehen den Einnahmen auch Erträge gegenüber. Die Erhöhung des Geldvermögens führt zu einer Erhöhung des Gesamtvermögens. Ein Beispiel dafür ist der Verkauf von Fertigerzeugnissen gegen Barmittel.

Fall 9 entspricht Erträgen, die nicht zugleich Einnahmen sind. Dieser Fall liegt z. B. dann vor, wenn unfertige oder fertige Erzeugnisse auf Lager produziert werden.

Abgrenzung von Ausgabe und Aufwand
Der *Fall 10* betrifft eine Ausgabe, die nicht gleichzeitig einen Aufwand darstellt. Ein Beispiel hierfür ist der Kauf und die anschließende Lagerung von Rohstoffen. Es handelt sich um einen Zugang von Realgütern, die jedoch noch nicht verbraucht werden. Ein Teil des Geldvermögens wird somit in Sachvermögen umgewandelt. Das Gesamtvermögen des Unternehmens bleibt dadurch unverändert. Bei diesem Fall wird nicht betrachtet, ob auch gleichzeitig eine Auszahlung stattfindet bzw. nicht stattfindet. An-

---

[72] Vgl. Freidank (2008), S. 12–13.
[73] Vgl. auch Ossadnik (2006), S. 80.

dernfalls wäre anzugeben, ob der Kauf von Rohstoffen gegen Kasse oder auf Ziel erfolgt, wodurch entweder eine Kombination der *Fälle 10* und *5* oder der *Fälle 10* und *6* vorliegt.[74]

Im *Fall 11* sind gleichzeitig eine Ausgabe und ein Aufwand gegeben, die das Geldvermögen und das Gesamtvermögen des Unternehmens verringern. Ein Beispiel hierfür ist der Kauf von Rohstoffen, die noch in der gleichen Periode verbraucht werden.[75]

Bei *Fall 12* handelt es sich um einen Aufwand, dem keine Ausgabe gegenübersteht. Dem entspricht das Beispiel einer Lagerentnahme von Rohstoffen für die Fertigung. Der *Fall 12* liegt zeitlich nach dem *Fall 10*: In einer früheren Periode sind Rohstoffe gekauft, aber noch nicht verbraucht worden (*Fall 10*). In der aktuellen Periode werden diese Rohstoffe verbraucht.[76]

Abgrenzung von Ertrag und Leistung sowie Aufwand und Kosten

Abgrenzung von Ertrag und Leistung

Beim *Fall 13* handelt es sich um einen Ertrag, der nicht zugleich eine Leistung darstellt, d. h. dem keine betrieblich bedingte, periodenzugehörige, ordentliche und identisch bewertete Leistung gegenübersteht. In diesem Fall wird von *neutralen Erträgen* gesprochen. Unter betriebsfremdem Ertrag wird ein Ertrag verstanden, der nicht aus der gewöhnlichen Geschäftstätigkeit resultiert (z. B. Zinserträge). Periodenfremde Erträge fallen außerhalb der betrachteten Periode an (z. B. Erhalt von Versicherungsleistungen für Schadensereignisse des Vorjahres). Außerordentlicher Ertrag kann betriebsbedingt sein, ist jedoch nach Art und Höhe außergewöhnlich (z. B. Verkauf eines gebrauchten Anlagegutes über dem Buchwert). Ein Beispiel für einen neutralen Ertrag ist eine Gewerbesteuerrückzahlung für eine vergangene Periode. Sie ist betriebsbedingt, aber periodenfremd. Dieser Ertrag stellt somit keine Leistung der betrachteten Periode dar.[77]

Im *Fall 14* werden betriebliche Leistungen erstellt, die auch in der Finanzbuchhaltung als Ertrag verbucht werden. Darunter fallen alle Erträge, die betriebsbedingt, ordentlich, periodengemäß und gleich bewertet sind. Ordentlich sind Erträge dann, wenn sie im Rahmen des üblichen Geschäftsbetriebes anfielen. Ein Beispiel für solche Erträge ist der aus dem Verkauf von Produkten resultierende Umsatz.[78]

---

[74] Vgl. Ossadnik (2006), S. 80.
[75] Vgl. Freidank (2008), S. 13.
[76] Vgl. Haberstock (2005), S. 19.
[77] Vgl. Freidank (2008), S. 22.
[78] Vgl. Scherrer (1999), S. 23.

Fall 15 stellt mit den *kalkulatorische Leistungen* das Gegenstück zu den kalkulatorischen Kosten dar. Den kalkulatorischen Leistungen steht in der Finanzbuchhaltung entweder überhaupt kein Ertrag (Zusatzleistung) oder ein Ertrag in anderer Höhe (Andersleistung) gegenüber.[79] Ein Beispiel dafür bilden selbst erstellte Patente. In der Rechnungsplanung nach Handelsrecht ist es nicht zulässig, ein selbst erstelltes Patent als Ertrag auszuweisen. In der Kostenrechnung, die nicht an gesetzliche Vorschriften gebunden ist, ist ein solches Verbot unbeachtlich. Demnach spricht nichts dagegen, ein selbst erstelltes Patent intern als betriebliche Leistung zu bewerten. In diesem Fall liegt eine Zusatzleistung vor. Gegenüber dem HGB ermöglichen die IFRS unter gewissen Bedingungen die ertragswirksame Aktivierung eines selbst erstellten Patents (in Höhe der Entwicklungskosten). Wird in der Leistungsrechnung ein anderer Wertansatz gewählt, wird von Andersleistungen gesprochen.

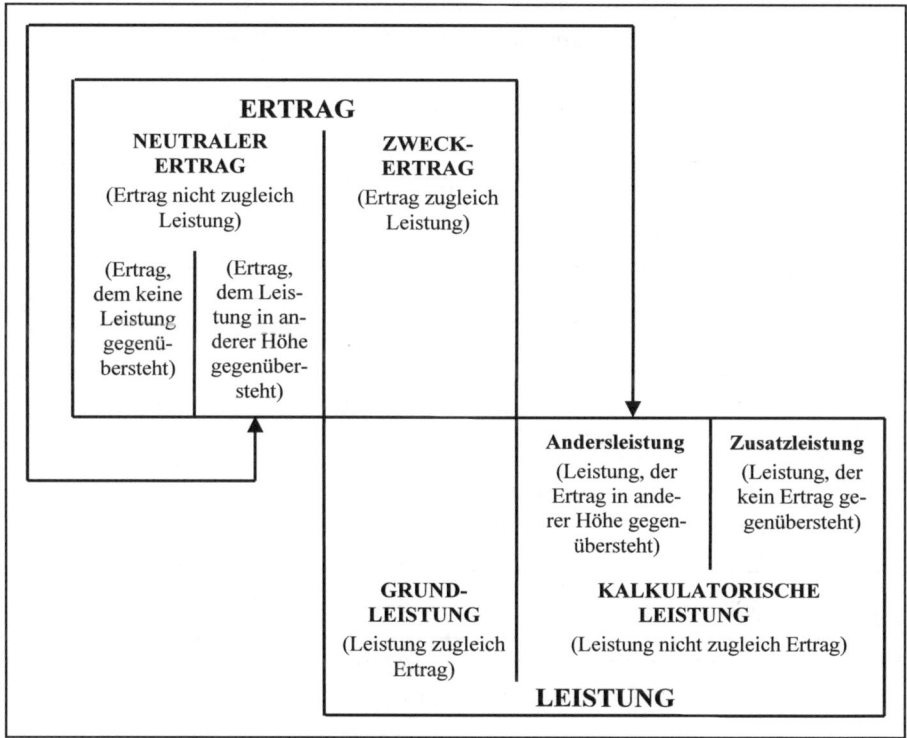

Abb. 1.8 Abgrenzung zwischen Ertrag und Leistung

---

[79]   Vgl. Haberstock (2005), S. 24–25.

Die Abgrenzung von Ertrag und Leistung ist in Abb. 1.8[80] zusammenfassend dargestellt. Dem neutralen Ertrag und dem Zweckertrag auf der einen Seite stehen die Begriffe „Grundleistung" sowie „kalkulatorische Leistung" auf der anderen Seite gegenüber. Die Abgrenzung zwischen Ertrag und Leistung erfolgt dabei analog derjenigen zwischen Aufwand und Kosten, auf die im Folgenden näher eingegangen wird.

Abgrenzung von Aufwand und Kosten
Aufwand stellt eine Verringerung des Gesamtvermögens dar, während es sich bei Kosten um eine Verringerung des betriebsnotwendigen Vermögens handelt.

Fall 16 betrifft Aufwand, dem keine Kosten entsprechen. Es handelt sich hierbei um einen Aufwand, der in der Kostenrechnung nicht in der gleichen Periode als Wert von Gütern und Dienstleistungen verrechnet wird, die für die Erstellung der betrieblichen Leistungen verbraucht wurden. In diesen Fällen wird von *neutralem Aufwand* gesprochen.[81] Der Aufwandsbegriff wird im Folgenden anhand der Abb. 1.9[82] erläutert.

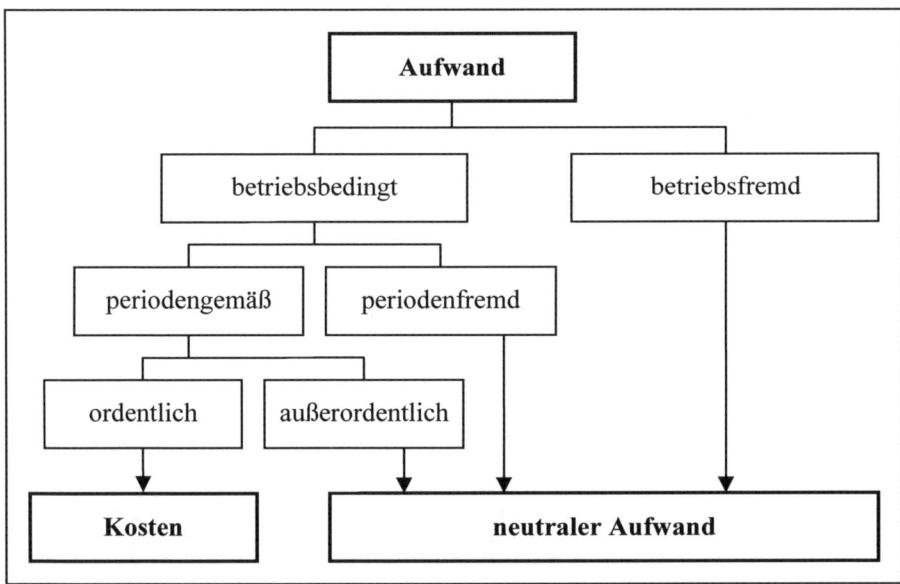

Abb. 1.9 Differenzierung des Aufwandsbegriffs

---

[80] In Anlehnung an Kloock et al. (2005), S. 43.
[81] Vgl. Hoitsch u. Lingnau (2007), S. 300–302.
[82] In Anlehnung an Haberstock (2005), S. 22.

Ein neutraler Aufwand liegt vor, wenn eine Verringerung des Gesamtvermögens nicht gleichzeitig *oder* nicht gleichzeitig in gleicher Höhe zu einer Verringerung des betriebsnotwendigen Vermögens führt. Der neutrale Aufwand lässt sich in die im Folgenden dargestellten Ausprägungen aufgliedern.

Betriebsfremder Aufwand (oder auch sachzielfremder Aufwand) ist der reinste Fall von neutralem Aufwand, da dieser in keinerlei Beziehung zur betrieblichen Leistungserstellung steht. Er wird nicht durch die Produktions- und Absatztätigkeit des Unternehmens verursacht. Beispiele hierfür sind Spenden für karitative Zwecke, Kursverluste eines nicht betriebsnotwendigen Wertpapiers oder Reparaturen an betrieblich nicht notwendigen Gebäuden.[83] Eine Spende verringert zwar das Gesamtvermögen, hat ihren Grund aber nicht in der eigentlichen Leistungserstellung und kann daher nicht als betriebsnotwendig gelten. Daher können auch keine Kosten vorliegen.

Ein weiterer Aspekt zur Abgrenzung des neutralen Aufwandes von den Kosten ist die Periodizität des Aufwandes. Der wertmäßige Kostenbegriff bezeichnet denjenigen *bewerteten Verzehr* von Gütern und Dienstleistungen als Kosten, der zur Erstellung und zum Absatz der *betrieblichen* Leistung sowie zur Aufrechterhaltung der Betriebsbereitschaft in der betrachteten *Periode* erforderlich ist.[84] Ist ein betrieblich bedingter Aufwand einer früheren Periode zuzuordnen, stellt er keine Kosten der betrachteten Periode dar. Es wird dann von *periodenfremdem Aufwand* gesprochen.[85] Dieser ist zwar betriebsbezogen, fällt aber erst in einer späteren Periode als der Verbrauch der entsprechenden Produktionsfaktoren an. Ein Beispiel hierfür ist ein Betrieb, der eine Gewerbesteuernachzahlung für frühere Perioden leisten muss. Würde die Gewerbesteuer als Kosten der aktuellen Abrechnungsperiode verrechnet, wäre nicht nur ein früheres – jetzt ohnehin nicht mehr korrigierbares – Betriebsergebnis unzutreffend, sondern auch die Kostenhöhe und damit das Betriebsergebnis der laufenden Periode. Daher gehören periodenfremde betriebsbedingte Aufwendungen zum neutralen Aufwand und können keine Kosten sein.[86]

Die Ordentlichkeit des Wertverzehrs ist ein weiteres Kriterium dafür, dass Aufwand als Kosten und nicht als neutraler Aufwand dargestellt wird. Ist Aufwand zwar betriebsbedingt, aber nicht ordentlich, indem er nach Art und Höhe außergewöhnlich ist, kann er nicht in die Kostenrechnung aufgenommen werden. Dahinter steht die Zielsetzung, als Kosten nur den or-

---

[83] Vgl. Schweitzer u. Küpper (2008), S. 19.
[84] Vgl. Freidank (2008), S. 4.
[85] Vgl. Haberstock (2005), S. 20–21.
[86] Vgl. Kloock et al. (2005), S. 36.

dentlichen – sprich: einen dem normalen Geschäftsgang entsprechenden – Werteverzehr zu verrechnen. Anderenfalls werden die Ergebnisse der Kostenrechnung durch Zufallsschwankungen verzerrt und sind dann insbesondere für Planungsaufgaben und zur Selbstkostenermittlung nicht mehr verwendbar. Beispiele für solche außerordentlichen Vorgänge sind Katastrophenschäden oder Verkäufe gebrauchter Anlagegüter unter ihrem Buchwert.[87] In einigen Fällen, z. B. im Rahmen einer Kostenkontrolle, kann es jedoch zweckmäßig sein, einen betrieblichen außerordentlichen Aufwand als Kosten zu erfassen.[88]

Darüber hinaus ist die unterschiedliche Bewertung eines Vorgangs in der handelsrechtlichen GuV und der Kostenrechnung ein weiterer möglicher Grund für eine Abweichung zwischen Aufwand und Kosten. Das HGB setzt zur Erfüllung von Ausschüttungsbemessungs- und Informationszwecken zahlreiche Bewertungsvorschriften für die Jahresabschlussrechnung.[89] Die Bewertung von Kosten hängt hingegen vom Rechnungszweck ab, den das betrachtete Unternehmen verfolgt. Soll ein Güterverbrauch bewertet werden, ist in der GuV der zugeordnete Anschaffungspreis zugrunde zu legen. In der *Kostenrechnung* wird dagegen der – ggf. inzwischen gesunkene oder gestiegene – Wiederbeschaffungspreis angesetzt. Da der Aufwand höher bzw. ein Ertrag niedriger ist als die entsprechende Bewertung in der Kostenrechnung, liegt ein sog. *bewertungsbedingter neutraler Aufwand* vor.

Hieraus folgt, dass *Fall 16* immer dann vorliegt, wenn der Aufwand *betriebsfremd*, *periodenfremd* oder *außerordentlich* ist oder in der Kostenrechnung Kosten *anderer* Höhe verrechnet werden. Es muss lediglich eines der genannten Merkmale erfüllt sein, damit es sich nicht um Kosten handelt.

Im *Fall 17* liegen Aufwendungen vor, die zugleich Kosten sind. Dies ist der Fall, wenn der Aufwand betriebsbedingt, periodengemäß, ordentlich und bewertungsgleich ist. Es wird dabei auch von *Zweckaufwand* gesprochen. Dieser Fall tritt in praxi häufig auf. Das Zahlenmaterial der Finanzbuchhaltung wird hier unverändert in die Kostenrechnung übernommen. Beispiele sind Akkordlöhne oder der Verbrauch von Verpackungsmaterial.[90] Die Abgrenzung zwischen Aufwand und Kosten ist in Abb. 1.10[91] veranschaulicht.

---

[87]   Vgl. Haberstock (2005), S. 21.
[88]   Vgl. hierzu Kloock et al. (2005), S. 37.
[89]   Vgl. Ossadnik (2008a), S. 106–109.
[90]   Vgl. Scherrer (1999), S. 19.
[91]   In Anlehnung an Kloock et al. (2005), S. 37.

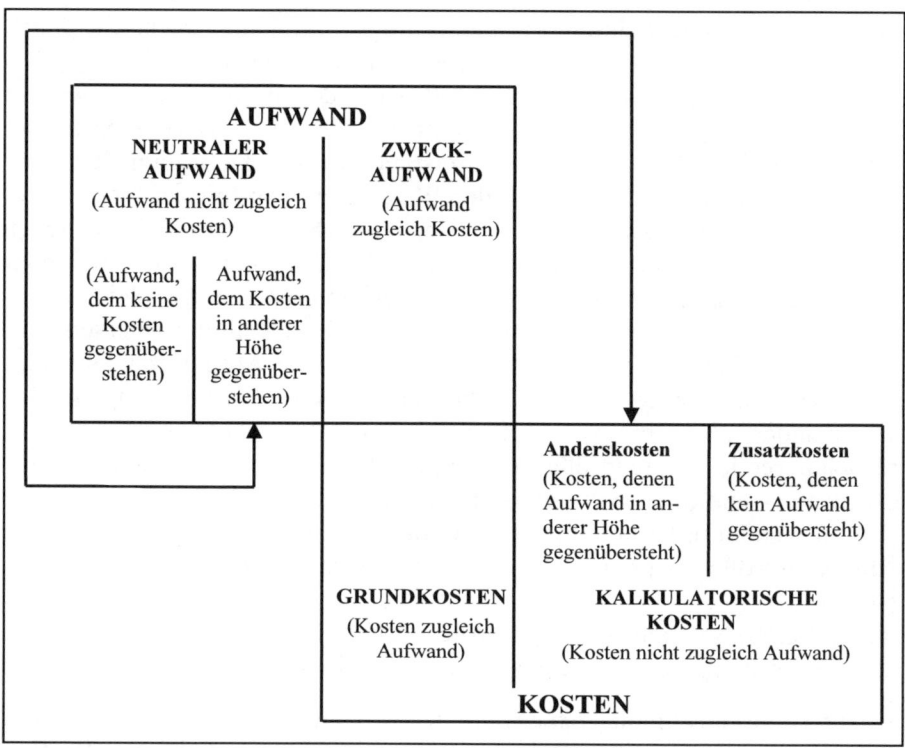

Abb. 1.10 Abgrenzung zwischen Aufwand und Kosten

Bei *Fall 18* handelt es sich um Kosten, denen kein Aufwand gegenübersteht. Sie werden eigens für die Kostenrechnung kalkuliert und als *kalkulatorische Kosten* bezeichnet. Zu den kalkulatorischen Kostenarten gehören:[92]

- kalkulatorische Abschreibungen,
- kalkulatorische Zinsen,
- kalkulatorischer Unternehmerlohn,
- kalkulatorische Mieten,
- kalkulatorische Wagnisse.

Kalkulatorische Kosten sind Ausfluss des wertmäßigen Kostenbegriffs und lassen sich in *Zusatzkosten* sowie *Anderskosten* einteilen (vgl. Abb. 1.10).

Zusatzkosten sind kalkulatorische Kosten, denen keine Aufwandsgröße gegenübersteht. Ein Beispiel hierfür ist der sog. kalkulatorische Unter-

---

[92] Vgl. z. B. Deimel et al. (2006), S. 115–116.

nehmerlohn. Dem kalkulatorischen Unternehmerlohn entspricht keine Aufwandsgröße, weil ein Einzelunternehmer kein Gehalt bezieht.[93]

Anderskosten sind kalkulatorische Kosten, denen Aufwand in *anderer Höhe* gegenübersteht. Ein Beispiel dafür sind kalkulatorische Zinsen oder kalkulatorische Abschreibungen.[94] Entsprechend der Definition des wertmäßigen Kostenbegriffs ist z. B. der Wert einer Maschine mit dem Wiederbeschaffungspreis anzusetzen. In der Finanzbuchhaltung wird dagegen der Anschaffungspreis angesetzt. Werden auf Basis derart divergierender Wertansätze Abschreibungen berechnet, resultieren für die gleiche Maschine in der Kostenrechnung und in der Finanzbuchhaltung unterschiedliche Abschreibungsbeträge. Selbst wenn die gleiche Abschreibungsmethode verwendet wird, weichen die ermittelten Abschreibungsbeträge voneinander ab. Der *Art* nach steht also dem Aufwand eine korrespondierende Kostengröße gegenüber. Die beiden Rechnungsgrößen „Aufwand" und „Kosten" unterscheiden sich jedoch der *Höhe* nach. Die Kosten werden mit einem anderen Betrag angesetzt als die entsprechende Aufwandsgröße. Liegt ein solcher Fall vor, wird von *Anderskosten* gesprochen.

Als Fazit lässt sich festhalten, dass Aufwand und Kosten immer dann übereinstimmen, wenn folgende Kriterien erfüllt sind:[95]

- Der Güterverzehr muss *sachzielbezogen* sein, d. h. der Erstellung von Gütern des unternehmerischen Sachziels dienen. Sachzielfremder (betriebsfremder) Güterverzehr verursacht dagegen keine Kosten. So wird bspw. der Güterverzehr zur Instandhaltung von für das Sachziel nicht notwendigen Wohngebäuden oder zur Verwaltung von nicht dem Sachziel des Unternehmens dienenden Wertpapieren nicht als Kosten erfasst.
- Der Güterverzehr muss *periodenbezogen* sein, wenn er zu Kosten führen soll.
- Um Kostencharakter zu besitzen, muss der Güterverzehr im Rahmen des üblichen Betriebsablaufes zu erwarten, d. h. *ordentlich* sein.
- Die Kostengröße muss mit der Aufwandsgröße identisch *bewertet* werden.

---

[93]   Vgl. Kloock et al. (2005), S. 86–87.
[94]   Vgl. Haberstock (2005), S. 23.
[95]   Vgl. Kloock et al. (2005), S. 37–38.

1.5 Grundzüge der Kosten- und Leistungsrechnung

1.5.1 Rechnungsziele der Kosten- und Leistungsrechnung

Die Ziele bzw. Funktionen der Kosten- und Leistungsrechnung sind vielfältig (vgl. Abb. 1.11). Zu unterscheiden sind dabei im Wesentlichen *Dokumentation*, *Planung* und *Kontrolle* als die traditionell genannten Rechnungsziele[96] sowie die – erneut in das Blickfeld der Forschung geratene – *Verhaltenssteuerung*[97], die die Steuerung der Entscheidungen Dritter (dezentraler Manager, Mitarbeiter) durch das Management bezweckt. Darüber hinaus existieren einige Sonder- und Nebenziele, die ebenfalls durch das Rechnungswesen erfüllt werden sollen. Die dargestellten Rechnungsziele sind nicht auf die Kosten- und Leistungsrechnung begrenzt, sondern werden auch durch andere Teilbereiche des Rechnungswesens verfolgt.

Den Ausgangspunkt für alle weiteren Rechnungsziele bildet die *Dokumentation* des Unternehmensprozesses, d. h. die Ermittlung und Erfassung der tatsächlich angefallenen Kosten und Leistungen. Die Dokumentation des Unternehmensprozesses kann sich sowohl auf bereits realisierte Prozesse (Nachrechnung) als auch auf zukünftige Prozesse (Vorrechnung) beziehen. Die Ermittlung realisierter Kosten wird dabei z. B. auf die realisierten Periodenkosten oder die Kosten je Ausbringungseinheit (Kalkulation) ausgerichtet. Die Dokumentation des realisierten Unternehmensprozesses bedingt in jedem Fall eine Ermittlung (Messung) der tatsächlich angefallenen Kosten und Leistungen. Die ermittelten bzw. gemessenen Istwerte dienen primär der Information über den realisierten Güterverbrauch. Darüber hinaus können sie auch andere Rechnungsziele unterstützen, indem sie z. B. als Basis für die Prognose zukünftiger Kosten dienen und somit in das Planungssystem des Unternehmens eingehen. Auch die Erfüllung des Rechnungsziels der Kontrolle der Unternehmensprozesse ist ohne eine vorherige Dokumentation nicht möglich. Ermittelte Istwerte gehen somit auch in das Kontrollsystem eines Unternehmens ein.[98]

---

[96] Vgl. z. B. Kloock et al. (2005), S. 13–18; Weber u. Weißenberger (2006), S. 355; Coenenberg et al. (2007), S. 6; Hoitsch u. Lingnau (2007), S. 4.

[97] Vgl. hierzu Schweitzer u. Küpper (2008), S. 32–34; Ewert u. Wagenhofer (2008), S. 8–11.

[98] Vgl. Schweitzer u. Küpper (2008), S. 27–28.

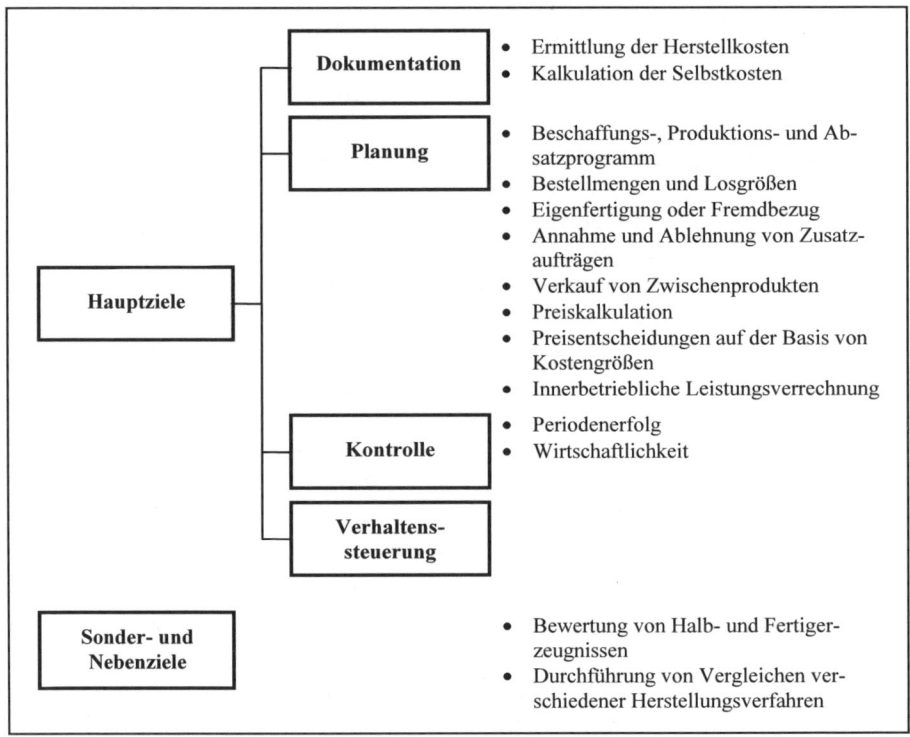

Abb. 1.11 Rechnungsziele der Kosten- und Leistungsrechnung

Die *Planung* ist durch ihre Zukunftsbezogenheit und ihre Zielgerichtetheit gekennzeichnet und bereitet durch die Antizipation zukünftiger Ereignisse den Betriebsprozess vor. Maßnahmen und Mitteleinsätze der einzelnen betrieblichen Bereiche sollen dabei so festgelegt werden, dass die Ziele des betrachteten Unternehmens in möglichst hohem Maße erfüllt werden. Als Zielvorstellungen kommen z. B. Kostenminimierung, Leistungsmaximierung, Erfolgsmaximierung oder Kostendeckung in Frage. Im Zuge der Erfolgsmaximierung wird z. B. geschätzt, wie viele Einheiten der produzierten Güter verkauft werden können. Daraus wird berechnet, welche Mengen an Rohstoffen bei wirtschaftlicher Produktion benötigt werden und wann diese beschafft werden müssen. Die Bestimmung der kostenmäßigen Konsequenzen verschiedener betrieblicher Entscheidungsalternativen spielt bei einer Reihe von Planungs- und Steuerungsproblemen eine wichtige Rolle. Damit erhält die Kosten- bzw. Leistungsrechnung eine Entscheidungsunterstützungsfunktion.[99] Beispiele für zu lösende betriebliche Entscheidungsprobleme sind:[100]

- Bestimmung des Beschaffungs-, Produktions- und Absatzprogramms,
- Bestimmung von Bestellmengen und Losgrößen,
- Entscheidung über Eigenfertigung oder Fremdbezug,
- Verkauf von Zwischenprodukten,
- Annahme oder Ablehnung von Zusatzaufträgen,
- Preiskalkulation und kostenorientierte Preisbestimmung bei öffentlichen Aufträgen,
- Bestimmung von Preisgrenzen auf der Basis von Kostengrößen (Preisuntergrenzen für den Verkauf, Preisobergrenzen für den Einkauf),
- Bestimmung von innerbetrieblichen Verrechnungspreisen.

Die festgelegten Pläne dienen als Grundlage für die *Kontrolle* des Entscheidungsvollzuges. Die Kontrolle basiert ebenso auf den im Rahmen der Abbildung und Dokumentation festgehaltenen Istwerten. Sie bezieht sich auf vergangene Ereignisse bzw. Maßnahmen und soll deren Zielerfüllungsgrad ermitteln sowie bei etwaigen Abweichungen mögliche Ursachen aufdecken. Ein Plan kann z. B. ehrgeizige Ziele und Maßnahmen für bestimmte Unternehmensbereiche festlegen. Fraglich bleibt jedoch, ob diese Ziele und Maßnahmen auch wunschgemäß umgesetzt wurden. Aufgabe der Kontrolle ist es daher, etwaige Abweichungen zwischen Soll- und Istzustand aufzudecken.[101] Durch eine Analyse dieser Abweichungen können Informationen für künftige Planungen erzeugt werden. Eine Soll-Ist-Abweichung kann einerseits auf eine fehlerhafte Planung zurückgeführt werden. Andererseits kann sie auch durch Unwirtschaftlichkeiten der beteiligten Mitarbeiter bedingt sein, deren persönliche Verantwortung durch die Kontrolle aufgedeckt werden sollte. Darüber hinaus soll die Kontrolle im Hinblick auf die verantwortlichen Mitarbeiter eine Motivationsfunktion ausüben, damit diese danach streben, die geplanten Ziele zu erreichen.

Neben einem Soll-Ist-Vergleich kann auch die Entwicklung des Betriebes im Zeitablauf kontrolliert werden.[102] Beispiele hierfür sind die Entwicklung des Betriebsergebnisses der letzten vier Quartale oder die Kostenentwicklung einer bestimmten Produktgruppe in den letzten zwei Jahren. Weiterhin lassen sich Vergleiche zwischen verschiedenen Betrieben durchführen. Hat ein Konzern z. B. verschiedene Produktionsstätten, so kann eine Kontrolle bspw. durch einen Vergleich der Rentabilitäten des

---

[99]   Vgl. Coenenberg et al. (2007), S. 6.
[100] Vgl. Haberstock (2005), S. 3–4.
[101] Vgl. Kloock et al. (2005), S. 13–15.
[102] Vgl. Schweitzer u. Küpper (2008), S. 34–35.

investierten Kapitals durchgeführt werden.[103] Darüber hinaus werden im Unternehmen auch Verfahrenvergleiche durchgeführt, bei denen z. B. alternative Produktionsverfahren hinsichtlich ihrer Vorteilhaftigkeit miteinander verglichen werden.

Die Rechnungsziele und Aufgaben der Planung und der Kontrolle können unter dem Begriff der sog. *Entscheidungsunterstützungsfunktion* subsumiert werden.[104] Die Kosten- und Leistungsrechnung fungiert dabei als Informationsinstrument und bildet die Grundlage für Entscheidungen des Managements. Damit werden im Rahmen der Entscheidungsunterstützungsfunktion *eigene* Entscheidungen beeinflusst. Bei dieser Sichtweise werden Zielkonflikte aus den folgenden Gründen nicht betrachtet:[105]

- es handelt sich um einen *Einpersonenkontext* (d. h. eine einzelne Person erledigt sämtliche Aufgaben);
- die Unternehmensorganisation wird als ausreichend betrachtet, die *Zielkongruenz* zwischen den Benutzern (Management), der Unternehmensleitung und dem Ersteller der Information sicherzustellen.

Dem Rechnungswesen wird darüber hinaus auch eine *Verhaltenssteuerungsfunktion* zugeschrieben.[106] Aufgabe ist hierbei die Beeinflussung *fremder* Entscheidungen. Sachentscheidungen werden an verschiedensten Orten im Unternehmen getroffen. Die Entscheidungsträger verfolgen dabei eigene Zielsetzungen, die möglicherweise von denen des Eigentümers bzw. der Unternehmensleitung abweichen. Derartige Zielkonflikte zwischen Entscheidungsträgern bedingen allein noch keine Verhaltenssteuerungsfunktion.[107]

Eine zweite Bedingung für die Notwendigkeit einer Verhaltenssteuerungsfunktion liegt in einer bestehenden Informationsasymmetrie zwischen Unternehmensleitung und dezentralen Entscheidungsträgern begründet.[108] Ein bestehendes Informationsgefälle zwischen dezentralen und zentralen Entscheidungsinstanzen sowie der Wunsch Letzterer, dezentral vorhandene Informationen besser auszunutzen, führen zur Delegation von

---

[103] Vgl. Kloock et al. (2005), S. 13–16.
[104] Vgl. Hoitsch u. Lingnau (2007), S. 4.
[105] Vgl. Ewert u. Wagenhofer (2008), S. 7.
[106] Die Differenzierung zwischen einer Entscheidungsunterstützungs- und Verhaltenssteuerungsfunktion findet sich auch in der englischsprachigen Literatur; vgl. Demski u. Feltham (1976); Gjesdal (1981), sowie hierzu und zum Folgenden auch Ewert u. Wagenhofer (2008), S. 8–11.
[107] Vgl. Schweitzer u. Küpper (2008), S. 32–33.
[108] Vgl. zu asymmetrischer Informationsverteilung, Zielkonflikten und ihrer Relevanz für das Controlling Ossadnik (2003), S. 364–365.

Entscheidungen. Der Manager einer Produktionsabteilung kann z. B. die Effektivität eines neuen Produktionsverfahrens aufgrund eines Kompetenzvorsprungs besser beurteilen als die Unternehmensleitung. Diesem Gedanken folgend kann ein dezentraler Manager bessere Entscheidungen für seinen Bereich treffen als die Unternehmensleitung. Der Manager kann aber seinen Informationsvorsprung auch zur Verfolgung persönlicher Ziele verwenden. Dies gelingt allerdings nur dann, wenn die Unternehmensleitung dieses Verhalten nicht erkennen kann. Da sich die Unternehmensleitung aus Mangel an Zeit nicht mit den Aktivitäten der untergeordneten Stellen beschäftigen kann, ist sie auf die Berichte und Einschätzungen der einzelnen Manager angewiesen.[109]

Liegen beide Voraussetzungen für die Notwendigkeit einer Verhaltenssteuerungsfunktion (nämlich *Zielkonflikte* und *Informationsasymmetrie*) vor, hat das interne Rechnungswesen im Zuge seiner Verhaltenssteuerungsfunktion dazu beizutragen, dass die Ziele des Entscheidungsträgers mit denen der Zentrale in Übereinstimmung gebracht werden. Prinzipiell kommen in der oben beschriebenen Ausgangssituation zwei Lösungsmöglichkeiten in Betracht, mit der eine Verhaltenssteuerung erreicht werden kann:[110]

- Kontrolle des Prozessvollzuges und der Leistungserfüllung oder
- Setzen von Anreizen.

Bezogen auf die Kosten- und Leistungsrechnung kann z. B. die Vorgabe von Sollwerten – im Sinne von einzuhaltenden Werten – auch in Verbindung mit dem Einsatz von Anreizsystemen Verhaltenswirkungen bei den betroffenen Mitarbeitern entfalten. Durch die Verknüpfung von Anreizsystemen mit dem internen Rechnungswesen soll ein zielkonformes Verhalten der Mitarbeiter erreicht werden. Alle weiteren Rechnungsziele neben denen der Dokumentation, Planung, Kontrolle und Verhaltenssteuerung, die als Hauptziele der Kosten- und Leistungsrechnung gelten, werden als Sonder- oder Nebenziele bezeichnet.[111]

---

[109] Mit der Untersuchung hieraus resultierender Fragestellungen beschäftigt sich insbesondere die neo-institutionelle Literatur; vgl. hierzu z. B. Williamson (1985); Pratt u. Zeckhauser (1985); Ewert u. Wagenhofer (2008).

[110] Vgl. Ossadnik (2003), S. 38–39.

[111] Vgl. Schweitzer u. Küpper (2008), S. 36–37.

1.5.2 Zurechnungsprinzipien der Kosten- und Leistungsrechnung

In der Kosten- und Leistungsrechnung werden Kosten und Leistungen bestimmten Kalkulations- oder Bezugsobjekten zugerechnet. Dabei stellt sich die Frage, was ein Bezugsobjekt sein kann. Ein bestimmtes Bezugsobjekt wurde bereits häufiger angeführt: die Abrechnungsperiode. Kosten sind u. a. dadurch definiert, dass sie stets einer bestimmten Periode zuzuordnen sind. Ein Bezugsobjekt ist also die betrachtete Abrechnungsperiode (z. B. ein bestimmtes Geschäfts- oder Kalenderjahr). Die *Abrechnungsperioden* der Kosten- und Leistungsrechnung sind jedoch häufig kürzer als ein Jahr. So erstrecken sie sich vielfach über einen Kalendermonat.

Weitere Bezugsobjekte können die produzierten oder abgesetzten Produkte sein. Die dabei zu beantwortenden Fragestellungen betreffen etwa die Ermittlung der Herstellkosten oder die Ermittlung von Verkaufserlösen eines bestimmten Produktes. Dem Produkt als Bezugsobjekt werden also Kosten bzw. Erlöse zugeordnet. Ein solches Bezugsobjekt wird auch als *Kosten-* bzw. *Erlösträger* bezeichnet. Die Begründung der Begriffswahl liegt darin, dass das Bezugsobjekt die Kosten bzw. Erlöse trägt, die ihm zugeordnet werden. Abgesetzte Produkte sind Kostenträger und gleichzeitig auch Erlösträger. Abgesetzten Produkten können Istabsatzpreise und -mengen zugeordnet werden. Weitere Beispiele für Kostenträger sind fertige und unfertige Produkte sowie innerbetrieblich erstellte und verbrauchte Güter und Dienstleistungen (wie etwa selbsterstellte Anlagen). Auch ein Kunde oder ein Auftrag kann ein Kostenträger sein. Dabei ist z. B. an einen Auftrag zu denken, den ein Handwerker von einem Kunden erhält. Um die Rechnung auszustellen, werden dem Auftrag Kosten zugeordnet. Der Auftrag ist somit der Kostenträger. Gleichzeitig ist der Auftrag aber auch Erlösträger. Angenommen sei ferner, dass der Handwerker mit dem Kunden einen Festpreis ausgehandelt hat. Der Erlös ist in diesem Fall dem Erlösträger „Auftrag" zuzuordnen. Es lassen sich noch weitere Beispiele für denkbare Bezugsobjekte finden.

Eine wichtige Bedeutung für die Kosten- und Leistungsrechnung haben die Kosten- bzw. Erlösstellen. Unter *Kostenstellen (KS)* werden betriebliche Teilbereiche verstanden, die kostenrechnerisch selbständig abgerechnet werden. Dies können z. B. Abteilungen oder Produktionsbereiche eines Unternehmens sein. Für die Steuerung des Unternehmens können Informationen über die Kosten, die in einem bestimmten Teil des Betriebes anfallen, sehr wichtig sein. Bei einer betriebseigenen Energieversorgung könnten Informationen über die dafür anfallenden Kosten z. B. zur Fundierung von Entscheidungen über die Beibehaltung dieser Abteilung dienen. Auch

Erlöse können bestimmten Betriebsbereichen bzw. den Orten ihrer Entstehung zugerechnet werden. Diese werden als Erlösstellen bezeichnet.

Damit wurden einige Beispiele für Bezugs- oder Kalkulationsobjekte angeführt. Für die Zurechnung von Kosten bzw. Leistungen zu Kalkulationsobjekten gibt es Zurechnungsprinzipien, die sich in Theorie und Praxis herausgebildet haben (vgl. Abb. 1.12).[112]

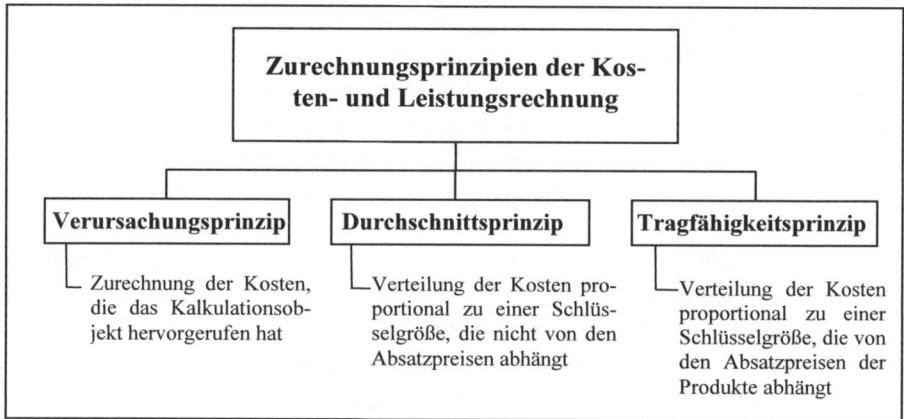

Abb. 1.12 Zurechnungsprinzipien der Kosten- und Leistungsrechnung

Im Folgenden werden das Verursachungsprinzip, das Durchschnittsprinzip und das Tragfähigkeitsprinzip näher betrachtet.

Das *Verursachungsprinzip* besagt, dass dem Kalkulationsobjekt die Kosten zugerechnet werden, die es ursächlich hervorgerufen hat. Einem Produkt – also einem Kostenträger – können bspw. Rohstoffkosten aufgrund des Verursachungsprinzips zugerechnet werden, wenn die Rohstoffe für die Herstellung des Produktes verbraucht wurden und dieser Güterverzehr ohne die Herstellung des Produktes nicht entstanden wäre. Nach dem Verursachungsprinzip sind einer Einheit des Kostenträgers – sprich: einer Einheit des betrachteten Produktes – nur die Kosten zurechenbar, die bei der Herstellung dieser zusätzlichen Einheit zusätzlich anfallen bzw. bei Verzicht auf diese eine Einheit wegfallen würden.[113]

Das Verursachungsprinzip kann auch auf andere Kalkulationsobjekte angewendet werden. Bezugsobjekt können alle Kostenträgereinheiten eines Produktes sein: eine Gruppe von Produkten, eine Kostenstelle, ein ganzer Betrieb oder – im Konzern – eine Division des Konzerns. Diesen Kalkulationsobjekten können die Kosten zugerechnet werden, die nur für sie

---

[112] In Anlehnung an Kloock et al. (2005), S. 62–63.
[113] Vgl. Hummel u. Männel (1986), S. 48–49.

angefallen sind.[114] Das Verursachungsprinzip kann auch bei der Zuordnung von Leistungen angewendet werden. In diesem Kontext ist das Verursachungsprinzip so auszulegen, dass einer zusätzlich verkauften Produkteinheit nur diejenigen Erlöse zugerechnet werden dürfen, die ursächlich auf den Kauf dieser Einheit zurückzuführen sind.

Ein zweites Zurechnungsprinzip ist das *Durchschnittsprinzip*. Beim Durchschnittsprinzip werden Kosten proportional zu einer Schlüsselgröße (auch: Bezugsgröße oder Umlageschlüssel) auf die Kalkulationsobjekte verteilt. Als Schlüsselgrößen kommen Mengengrößen (z. B. Zeiträume oder Raummaße) und Wertgrößen (z. B. Lohnsummen) in Betracht. Ein Beispiel für die Anwendung des Durchschnittsprinzips ist die Verteilung der Kosten einer Maschine, die mehrere Perioden genutzt wird. Wenn eine Maschine bspw. fünf Perioden genutzt wird, dann könnte jeder Periode der Nutzungsdauer ein Fünftel der Kosten der Maschine anteilig zugerechnet werden. Es stellt sich dabei die Frage, warum sich diese Kosten nicht nach dem Verursachungsprinzip zurechnen lassen. Dies liegt darin begründet, dass die Kosten der Maschine nicht durch die Periode verursacht werden. Ob die Maschine nur vier oder tatsächlich fünf Perioden genutzt wird, ändert nichts daran, dass Kosten in vollständiger Höhe anfallen. Aus diesem Grund können die Kosten der Maschine nicht als durch die Periode verursacht gelten.[115]

Ein drittes Zurechnungsprinzip ist das *Tragfähigkeitsprinzip*. Nach diesem Prinzip werden Kosten proportional zu einer Schlüsselgröße, die von den Absatzpreisen der Produkte abhängt, auf ein Kalkulationsobjekt verteilt. Dieses Prinzip ist ein Spezialfall des Durchschnittsprinzips. Als Schlüsselgrößen werden Wertgrößen wie z. B. Erlöse verwendet, die die Belastbarkeit der jeweiligen Kalkulationsobjekte, d. h. ihre Fähigkeit, Kosten zu tragen, zum Ausdruck bringen. Es werden Kosten, die nicht nach dem Verursachungsprinzip zurechenbar sind, relativ zu den Umsatzerlösen der die Kosten tragenden Objekte (d. h. der Kostenträger) verrechnet. Sind bspw. Kosten in Höhe von 100 GE für zwei Produkte angefallen und sollen diese nach Maßgabe der Umsätze den Produkten zugerechnet werden, so sind die Kosten – falls beide Produkte einen Umsatz von je 100 GE erzielen – den beiden Produkten jeweils zur Hälfte zuzurechnen. Wird dagegen angenommen, dass ein Produkt einen Umsatz in Höhe von 100 GE erzielt, während der Umsatz des anderen Produktes nur 50 GE beträgt, besteht zwischen den Umsätzen der Produkte ein Verhältnis von zwei Dritteln zu einem Drittel. Somit werden die Kosten im Verhältnis zwei Drittel (66,67 GE) zu einem Drittel (33,33 GE) aufgeteilt. Das Tragfähigkeits-

---

[114] Vgl. Haberstock (2005), S. 48.
[115] Vgl. Kloock et al. (2005), S. 66.

prinzip findet auch im Rahmen der Erlösrechnung Anwendung. Ein Beispiel hierfür ist die Verrechnung von Periodenrabatten auf einzelne Erlösträger. Ein Unternehmen, das zwei Produkte erstellt, räumt einem Kunden einen Periodenrabatt von 100 GE ein. Das erste Produkt ist das Hauptprodukt des Unternehmens. Sein Umsatz in der betrachteten Periode beträgt 1.000 GE. Beim zweiten Produkt handelt es sich hingegen um ein Nebenprodukt, mit dem ein Umsatz von 250 GE erzielt wird. Nach dem Tragfähigkeitsprinzip ist der Periodenrabatt im Verhältnis 1.000 : 250 bzw. 4 : 1 auf die beiden Produkte zu verteilen. Das erste Produkt trägt somit 80 GE und das zweite Produkt 20 GE des Periodenrabattes. Bereinigt um diese Erlösschmälerungen erzielt das erste Produkt einen Nettoerlös in Höhe von 920 GE und das zweite Produkt in Höhe von 230 GE.

Im Hinblick auf die Anwendung der Zurechnungsprinzipien der Kosten- und Leistungsrechnung sollte eine Verrechnung unter Verwendung des Verursachungsprinzips angestrebt werden. Lässt sich doch die Zurechnung auf Kostenträger für solche Kosten am besten rechtfertigen, die unmittelbar durch die Herstellung des Kostenträgers entstehen. Die anderen Zurechnungsprinzipien werden nur hilfsweise verwendet, wenn eine verursachungsgerechte Zurechnung nicht möglich oder zu aufwendig ist. Beispiele, in denen eine verursachungsgemäße Zurechnung von Erlösen nicht möglich ist, stellen Produktbündelungen dar. So besteht bspw. ein Computer aus vielen Komponenten, die auch als Einzelprodukte aufgefasst werden können. Für jede einzelne Komponente (Prozessor, Gehäuse etc.) können i. d. R. Kosten festgestellt werden. Die Zuordnung von Erlösen zu den einzelnen Komponenten stellt jedoch ein Problem dar. Wenn für den Computer ein Gesamtpreis verlangt (und somit ein Gesamterlös erzielt) wird, lässt sich dieser Erlös nicht mehr unter Anwendung des Verursachungsprinzips auf die einzelnen Komponenten aufteilen. Um den einzelnen Komponenten dennoch Erlöse zuzurechnen, könnte – in Umkehrung des Tragfähigkeitsprinzips – eine Verteilung der Erlöse proportional zu den Kosten der einzelnen Komponenten vorgenommen werden.

1.5.3 Kosten- und Leistungsrechnungssysteme im Überblick

Für die weitere Darstellung von Verfahren der Kosten- und Leistungsverrechnung soll zunächst ein kurzer Überblick gegeben werden. Alle Systeme der Kosten- und Leistungsrechnung basieren auf Kosten als bewertete sachzielbezogene Güterverbräuche und auf Leistungen als bewertete sachzielbezogene Gütererstellungen.[116] Durch diese Feststellung ist allerdings

---

[116] Vgl. Kloock et al. (2005), S. 73–75.

noch nicht die Form der Verrechnung von Kosten oder Leistungen determiniert. Hierfür sind verschiedene Perspektiven möglich, wobei insbesondere zwei Kriterien eine sinnvolle Systematisierung liefern: Zum einen können Kosten- und Leistungsrechnungssysteme danach differenziert werden, ob sie auf Ist-, Normal- oder Plangrößen basieren. Zum anderen können Kosten und Leistungen nach dem Ausmaß gegliedert werden, in dem sie verrechnet werden. Die hieraus resultierende Differenzierung von Kostenrechnungssystemen ist in Tabelle 1.4 dargestellt.

Tabelle 1.4 Differenzierung von Kostenrechnungssystemen

Kostenbegriff Ausmaß der Kosten- verrechnung	vergangenheitsorientiert		zukunftsorientiert
	Istkosten- rechnung	Normalkosten- rechnung	Plankosten- rechnung
Vollkostenrechnung	Ist-Voll- kostenrechnung	Normal-Voll- kostenrechnung	Plan-Voll- kostenrechnung
Teilkostenrechnung	Ist-Teil- kostenrechnung	Normal-Teil- kostenrechnung	Grenzplan- kostenrechnung

Istkosten sind die tatsächlich in einer Periode angefallenen Kosten. Dabei werden sowohl die Ist-Verbrauchsmengen als auch die Ist-Wertansätze betrachtet. Es wird also – in der Regel nach dem Ende der betrachteten Periode – ermittelt, welche Gütermengen tatsächlich verbraucht wurden. Diese werden dann mit tatsächlichen Beschaffungspreisen bewertet. Die Istkostenrechnung ist die älteste Form der Kostenrechnung.[117]

Bei der *Normalkostenrechnung* werden im Gegensatz zur Istkostenrechnung die durchschnittlichen Kosten der vergangenen Perioden angesetzt. So werden z. B. statt des tatsächlichen Tagespreises die durchschnittlichen Beschaffungspreise der letzten fünf Perioden als Bewertungsansatz gewählt. Dieses Verfahren führt somit zu einem Ausgleich bei saisonal schwankenden Beschaffungspreisen. Die Verbrauchsmengen können analog behandelt werden. In Produktionsunternehmen treten bspw. bei der Herstellung einer bestimmten Menge an Einheiten eines Produktes im Laufe der Zeit unterschiedliche Verbrauchsmengen auf. Über mehrere Perioden gleichen sich diese Schwankungen jedoch ungefähr aus. Soll bspw. ein Auftragsangebot für die Produktion einer Maschine kalkuliert werden, müssen bereits vor Ende der Herstellung dieser Maschine Informationen über die Höhe der voraussichtlichen Herstellkosten vorliegen. Zur recht-

---

[117] Vgl. Hummel u. Männel (1986), S. 12.

zeitigen Lieferung solcher Information ist die Istkostenrechnung nicht in der Lage.[118]

Die *Plankostenrechnung* nutzt den Umstand, dass sich die Kostenrechnung völlig von den in der Vergangenheit angefallenen Kosten lösen kann. Es wird dabei nicht mehr auf tatsächliche oder durchschnittliche Verbrauchsmengen und Preise abgestellt, sondern diese Größen werden geplant bzw. prognostiziert. Für die Angebotskalkulation bedeutet dies, dass nicht die durchschnittlich in der Vergangenheit angefallenen Verbrauchsmengen angesetzt werden, sondern auf Basis einer Planung festgelegt wird, welche Gütermengen für die Herstellung der Maschine bei wirtschaftlicher Produktion anfallen dürfen und wie diese Gütermengen zu bewerten sind.[119] Ist-, Normal- und Plankostenrechnungssysteme werden im Kapitel 3 noch ausführlicher diskutiert.

Bei der Gliederung der Kostenrechnungssysteme nach dem *Ausmaß der verrechneten Kosten* kann je nachdem, ob den einzelnen Kostenträgern alle Kosten oder nur ein Teil der Kosten zugerechnet werden, eine Unterteilung in Vollkostenrechnungen und Teilkostenrechnungen erfolgen.

Vollkostenrechnungen ordnen den einzelnen Kostenträgern sämtliche Kosten zu. Das heißt, dass alle innerhalb des Unternehmens anfallenden Kosten auf Kostenträger verteilt werden. Das gilt auch für solche Kostengrößen, die nicht verursachungsgerecht zugeordnet werden können.

Teilkostenrechnungen rechnen den Kostenträgern nur einen Teil der gesamten Kosten zu. Den einzelnen Kostenträgern werden nur diejenigen Kosten zugeordnet, die von ihnen verursacht werden. Die Kostengrößen, die nicht verursachungsgerecht einem bestimmten Kostenträger zugeordnet werden können, werden dagegen nicht verteilt.[120]

Tabelle 1.5 Leistungsrechnungssysteme im Überblick

Leistungsbegriff / Ausmaß der Leistungsverrechnung	vergangenheitsorientiert		zukunftsorientiert
	Istleistungsrechnung	Normalleistungsrechnung	Planleistungsrechnung
Vollleistungsrechnung	Ist-Vollleistungsrechnung	Normal-Vollkostenrechnung	Plan-Vollleistungsrechnung
Teilleistungsrechnung	Ist-Teilleistungsrechnung	Normal-Teilleistungsrechnung	Grenzplanleistungsrechnung

---

[118] Vgl. Freidank. (2008), S. 198–203.
[119] Vgl. Hummel u. Männel (1986), S. 12–13.
[120] Vgl. Kloock et al. (2005), S. 73–74.

Anhand der beiden vorgestellten Gliederungskriterien lassen sich – wie in Tabelle 1.4 dargestellt – sechs theoretisch mögliche Ausgestaltungsformen von Kostenrechnungssystemen bilden. In Analogie zu dieser Systematik können auch die Leistungsrechnungen eingeteilt werden (vgl. Tabelle 1.5).

Auf die verschiedenen Kosten- und Leistungsrechnungssysteme wird in Kapitel 3 noch ausführlich eingegangen. Zunächst soll aber im folgenden Kapitel 2 das Instrumentarium der Kosten- und Leistungsrechnung auf Basis von Voll-Istkosten betrachtet werden. Dabei werden unter Verwendung von Istwerten sämtliche Kosten bzw. Leistungen auf Kosten- bzw. Erlösträger umgelegt.

Carlotta, die sich intensiver mit den Grundlagen des betrieblichen Rechnungswesens und der Kostenrechnung beschäftigt hat, kann nach der Lektüre dieses Kapitels die Kosten- und Leistungsrechnung in das betriebliche Rechnungswesen einordnen und zwischen internem und externem Rechnungswesen unterscheiden. Die Kosten- und Leistungsrechnung hat dabei als Teil des internen Rechnungswesens im Wesentlichen die Aufgaben der Dokumentation, Planung, Kontrolle und Verhaltenssteuerung zu erfüllen.

Eine wichtige Basis zum Verständnis des betrieblichen Rechnungswesens liefern, wie Carlotta erkannt hat, die Definition und Abgrenzung wichtiger Grundbegriffe des Rechnungswesens. Dazu gehören die Begriffspaare „Ein- und Auszahlung", „Einnahme und Ausgabe", „Ertrag und Aufwand" sowie „Leistung und Kosten" und die zugehörigen Bestandsgrößen.

Weiterhin sind deren Zurechnungsprinzipien wichtig für das Verständnis der Kostenrechnung. Carlotta hat sich in diesem Zusammenhang mit dem Verursachungsprinzip, dem Durchschnittsprinzip und dem Tragfähigkeitsprinzip vertraut gemacht. Darüber hinaus hat sie sich einen ersten Überblick über Kostenrechnungssysteme verschafft.

Wenn Carlotta an ihren Albtraum nach dem ersten Tag ihres Praktikums zurückdenkt, wird ihr klar, dass sie in den letzten Tagen viel dazugelernt hat. Zu den Aussagen ihrer Kolleginnen und Kollegen, die ihr durch den Kopf gegangen sind und die – da sie deren Richtigkeit nicht hat beurteilen können – auf ihr gelastet haben, fallen ihr nun folgende Stellungnahmen ein[121]:

- *„Erstellte Güter und Dienstleistungen entsprechen nur dann dem Leistungsbegriff, wenn sie auch im Rahmen des aufgegebenen Sachziels erstellt wurden."*

---

[121] Vgl. Ossadnik (2006), S. 5–6 sowie S. 82–84.

- *„Zum Aufwand gehört neben dem (kostengleichen) Zweckaufwand noch der neutrale Aufwand. Außerbetriebliche Aufwendungen (neutraler Aufwand) sind nicht mit Ausgaben gleichzusetzen, da z. B. Güter verzehrt werden können, die einer Lagerentnahme entstammen. Neutraler Aufwand vermindert nicht das Betriebsergebnis."*
- *„Die kurzfristige Erfolgsrechnung erfasst auch die fixen Kosten."*
- *„Kosten sind nicht immer Aufwendungen (Zusatzkosten) und Kosten entstehen nicht in jedem Fall, sondern nur dann, wenn Güter und Dienstleistungen sachzielbezogen, d. h. im Rahmen der eigentlichen (typischen) betrieblichen Tätigkeit verzehrt werden. Dies kann auch bei Nichtproduktion der Fall sein, wenn z. B. Miete für Objekte fällig wird, die der Sachzielrealisation dienen."*
- *„Neutraler Aufwand und kalkulatorische Kosten stimmen nicht überein: Neutraler Aufwand ist Aufwand, dem keine Kosten oder Kosten in anderer Höhe gegenüberstehen. Kalkulatorischen Kosten steht entweder kein Aufwand (Zusatzkosten) oder Aufwand in anderer Höhe (Anderskosten) gegenüber."*
- *„Nur der pagatorische Kostenbegriff richtet sich an historischen oder planmäßigen Anschaffungspreisen (und damit an den Ausgaben) aus. Der wertmäßige Kostenbegriff orientiert sich demgegenüber an dem monetären Grenznutzen."*
- *„Bei Ausgaben liegt eine Minderung des Geldvermögens vor. Dieses umfasst neben den liquiden Mitteln auch noch Forderungen und Verbindlichkeiten. Eine Minderung liquider Mittel kann im Falle einer Ausgabe vorliegen. Nur im Fall einer Auszahlung muss eine solche Minderung zwangsläufig gegeben sein."*

Carlottas Albtraum gehört somit der Vergangenheit an und sie erwartet nun mit Spannung die nächsten Tage ihres Praktikums.

2 Instrumentarium der Kosten- und Leistungsrechnung

Carlotta hat in der zweiten Woche ihres Praktikums Gelegenheit, einige ihrer neuen Kolleginnen und Kollegen in der Abteilung für Rechnungswesen genauer kennenzulernen und mit ihnen Gespräche zu führen. Dabei hört sie von ihrer jungen Kollegin Müller, es fielen ja so viele unterschiedliche Fälle von Ressourcenverzehr an, dass nach ihrer Einschätzung die wichtigste Aufgabe der Kostenrechnung darin bestünde, eine Ordnung unter diesen Fällen zu stiften. Diese Aussage gelte übrigens analog für die verschiedenen Arten von Gütererstellungen. Daher dürfe auch eine Leistungsartenrechnung nicht vernachlässigt werden. Die verschieden Arten von Kosten und Leistungen müssten sauber auseinandergehalten und systematisiert werden.

Am nächsten Tag erzählt ihr Herr Schulze, man solle den Wert der Kosten- und Leistungsrechnung für eine effiziente Organisation der Gütererstellung nicht unterschätzen. So würde die Kosten- und Leistungsrechnung eine Kontrolle dahingehend ermöglichen, an welchen Stellen im Unternehmen denn welche Kosten angefallen seien. Carlotta ist aufgrund dieser neuen Informationen erstaunt und fragt sich, welche Wichtigkeit denn die von Frau Müller und Herrn Schulze beschriebenen Aufgaben der Kostenrechnung im Vergleich zueinander haben.

Ihr Erstaunen nimmt aber noch zu, als sie am nächsten Tag von Frau Meyer erfährt, die Hauptaufgabe der Kostenrechnung bestehe doch ihres Erachtens darin, die Kosten der Produkte des Unternehmens zu ermitteln, damit man im Rahmen der Leistungsträgerrechnung auch wisse, wie viel man mit welchem Produkt verdient habe. Nun ist Carlotta geradezu verwirrt in Anbetracht der Vielfalt kostenrechnerischer Aufgaben, von denen jeweils behauptet wird, sie seien wichtig. Welche Kollegin, welcher Kollege hat recht? Oder haben gar alle zusammen recht? Angesichts dieser Unklarheiten ist Carlotta erst einmal froh, dass die Arbeitswoche bald beendet ist und am Freitagabend ein Betriebsfest stattfindet, auf der hoffentlich die von ihr bevorzugten Musikrichtungen gespielt werden.

Im zweiten Kapitel wird Ihnen und Carlotta das Instrumentarium der Kosten- und Leistungsrechnung vorgestellt. Sie werden die Kosten- und

Leistungsartenrechnung, die Kosten -und Leistungsstellenrechnung und die Kosten -und Leistungsträgerrechnung kennenlernen, die Zusammenhänge verstehen und dann die Wichtigkeit dieser Bestandteile der Kosten- und Leistungsrechnung – von sich aus – beurteilen können.

2.1 Grundlegende Systematisierung

Die Kostenrechnung wird üblicherweise in die drei Teilbereiche Kostenartenrechnung, Kostenstellenrechnung und Kostenträgerrechnung gegliedert (vgl. Abb. 2.1).

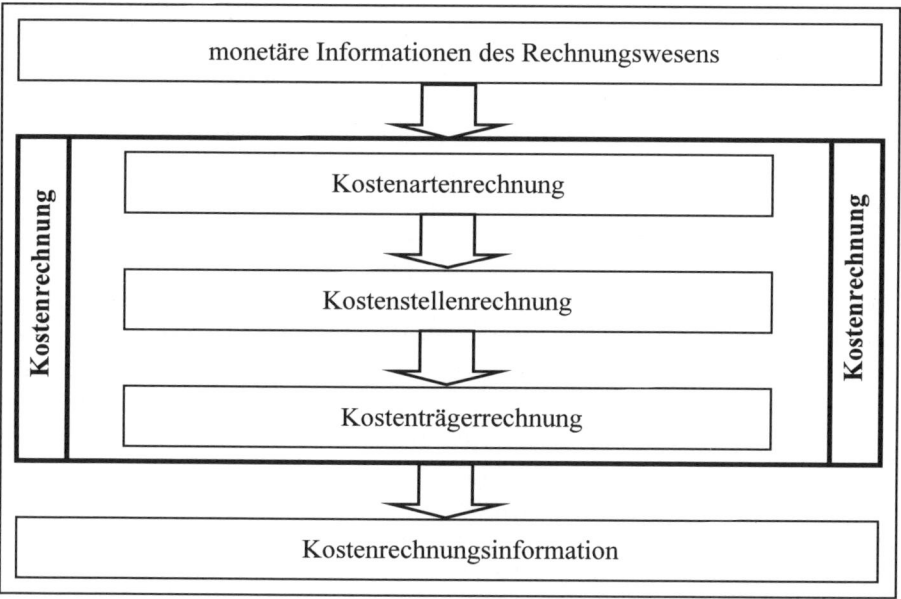

Abb. 2.1 Gliederung der Kostenrechnung

Die *Kostenartenrechnung* stellt die erste Stufe der Kostenrechnung dar. Sie dient der Erfassung aller im Laufe der jeweiligen Abrechnungsperiode anfallenden Kosten. Aufbauend auf den Informationen des Rechnungswesens – vor allem aus der Betriebs-, Material-, Lohn-/Gehalts-, Anlagen- sowie der Finanzbuchhaltung – werden die Kosten nach Kostenarten getrennt. Die Fragestellung der Kostenartenrechnung lautet: *Welche* Kosten sind insgesamt in welcher Höhe angefallen? Die zweite Stufe ist die *Kostenstellenrechnung*. In der Kostenstellenrechnung werden die Kosten auf die Betriebsbereiche/Abteilungen (Kostenstellen) verteilt, in denen sie angefallen sind. Diese Verteilung verfolgt einen doppelten Zweck: Zum einen muss im Hinblick auf eine Kontrolle und Beeinflussung der Kosten bekannt sein, in welchen Bereichen die Kosten entstanden sind. Zum anderen ist eine genaue Umlage der Kosten auf Kostenträger nur möglich, wenn diese mit den Kosten derjenigen Abteilungen (Kostenstellen) belastet werden, die an der Erstellung der jeweiligen Kostenträger beteiligt sind. Die Fragestellung der Kostenstellenrechnung lautet somit: *Wo* sind welche Kosten in welcher Höhe angefallen? Als dritte Verrechnungsphase schließt sich die *Kostenträgerrechnung* an: Die Kostenträgerrechnung (Kostenträgerstückrechnung, Selbstkostenrechnung, Stückkostenrechnung, Kalkulation) hat die Aufgabe, für alle erstellten Güter und Dienstleistungen (Kostenträger) die Stückkosten zu ermitteln. Die Kosten der Kostenstellen werden auf die Kostenträger umgelegt. Die Fragestellung der Kostenträgerrechnung lautet: *Wofür* sind welche Kosten in welcher Höhe angefallen? Die Kostenträgerrechnung liefert vor allem für die kurzfristige Erfolgs- und Planungsrechnung, aber auch für die Finanzbuchhaltung sowie die Betriebsstatistik notwendige Informationen. [1]

Exkurs: Verrechnungsphasen im Cost Accounting

Die Kostenverrechnung im Cost Accounting (Costing System) wird typischerweise in zwei Phasen durchgeführt:[2]

1. Im Rahmen der Cost Accumulation werden Kostendaten gesammelt und organisiert.
2. Im Cost Assignment werden Kosten auf Zurechnungsobjekte (Cost Objects) verrechnet.

Analog zur Kostenrechnung ist auch die *Leistungsrechnung* durch drei Verrechnungsstufen charakterisiert. Dabei ist jedoch vorab die Unterteilung der Leistungsrechnung in eine *innerbetriebliche Leistungsrechnung*, eine *Bestandsrechnung für erstellte Güter* und die *Erlösrechnung* zu berücksichtigen (vgl. Abschnitt 1.4.2).

Die *innerbetriebliche Leistungsrechnung* umfasst Güter, die im Zuge eines mehrstufigen Produktionsprozesses in der Periode ihrer Erstellung wieder verzehrt werden. Da sie in den aufnehmenden Kostenstellen im Rahmen der Kostenstellenrechnung als sekundäre Kostenarten ausgewiesen werden und damit die Wertansätze für Gütererstellung und Güterverzehr übereinstimmen, kann auf die Darstellung der Verrechnung innerbe-

---

[1]   Vgl. Haberstock (2005), S. 9.
[2]   Vgl. Bhimani et al. (2008), S. 38.

trieblicher Leistungen in der Kostenstellenrechnung (Abschnitt 2.4.4.2) verwiesen werden.[3]

Bei der Istleistungsrechnung als *Bestandsrechnung für erstellte Güter* geht es um die Bewertung von Bestandserhöhungen noch nicht am Markt realisierter Leistungen. Erfolgt die Bewertung mit Kosten, erübrigt sich eine eigenständige Istleistungsrechnung insoweit, als die Kostenrechnung eine Bestandsrechnung umfasst. Eine eigenständige Rechnung wird jedoch grundsätzlich erforderlich, wenn Bestandserhöhungen mit (ggf. korrigierten) Absatzpreisen bewertet werden sollen.[4]

Die nachfolgend ausführlich dargestellte Leistungsrechnung im Sinne einer *Erlösrechnung* bezieht sich hingegen nur auf die am Markt abgesetzten Güter. Bestandsrechnungen werden ausgeschlossen. Die Darstellung der Leistungsrechnung im Sinne einer Erlösrechnung (in den Abschnitten 2.3, 2.5 und 2.7) erfolgt auf der Grundlage von Istleistungen auf Vollkostenbasis. Dabei werden alle Leistungen mit Istmengen und Istpreisen bewertet. In Analogie zu der Begriffsbildung der Kostenrechnung lassen sich auch für Erlösrechnungen die folgenden Verrechnungsstufen mit den jeweiligen spezifischen Fragestellungen differenzieren:

- *Erlösartenrechnung:*
  „Welche Erlöse sind insgesamt in welcher Höhe angefallen?"
- *Erlösstellenrechnung:*
  „Wo sind welche Erlöse in welcher Höhe angefallen?"
- *Erlösträgerrechnung:*
  „Wofür sind welche Erlöse in welcher Höhe angefallen?"

Im Folgenden werden für die Kosten- und Erlösrechnung die drei Verrechnungsstufen der Istkosten bzw. Istleistungen auf Vollkostenbasis dargestellt. Nach jeder Verrechnungsphase der Kostenrechnung schließen sich entsprechende Ausführungen zur Erlösrechnung an.

2.2 Kostenartenrechnung

2.2.1 Aufgaben der Kostenartenrechnung

Aufgabe der Kostenartenrechnung ist es, sämtliche für die Erstellung und Verwertung betrieblicher Leistungen innerhalb einer Periode anfallenden

---

[3]   Vgl. dazu auch Kloock et al. (2005), S. 171.
[4]   Vgl. Kloock et al. (2005), S. 171–173.

Kosten *vollständig, eindeutig und überschneidungsfrei* zu erfassen und auszuweisen.[5]

Die Kostenartenrechnung stellt keine spezielle Rechnungsart dar, sondern erfasst die angefallenen Kosten systematisch. Dabei greift die Kostenartenrechnung auf Daten der Finanzbuchhaltung, der Lohn- und Gehaltsbuchhaltung, der Materialbuchhaltung und der Anlagenbuchhaltung zurück.[6] Aus den dargestellten Aufgaben der Kostenartenrechung innerhalb der Kostenrechnung lässt sich folgender Arbeitsablauf ableiten:

Zur Feststellung, *welche* Kosten entstanden sind, werden zunächst die verzehrten Güter*mengen* ermittelt. Anschließend werden diese *bewertet*, d. h. mit dem Preis pro Mengeneinheit multipliziert. Die auf diese Weise vollständig erfassten Kosten können nach verschiedenen Kostenarten sachlogisch eindeutig gegliedert werden. Durch die Strukturierung in verschiedene Kostenarten wird der Block der Gesamtkosten aufgeteilt.[7]

2.2.2 Kostengliederungskriterien

Zur Einteilung von Kostenarten wird in diesem Abschnitt auf sechs unterschiedliche Kriterien zurückgegriffen, nach denen die Kosten eines Betriebes jeweils gegliedert werden können (vgl. Abb. 2.2).

Darüber hinaus existieren weitere Kriterien zur Gliederung der Kostenarten, die hier jedoch nicht betrachtet werden sollen, da sie für die nachfolgende Darstellung des kostenrechnerischen Instrumentariums nur von geringer Relevanz sind. Insbesondere müssen sämtliche Gliederungskriterien die angefallenen Kosten eindeutig und überschneidungsfrei ermitteln und gliedern. Die sechs aufgeführten Kriterien werden im Folgenden näher erläutert.

Art der verbrauchten Produktionsfaktoren

Die aufgeführte Gliederung stellt lediglich eine Grobgliederung dar, die weiter verfeinert werden kann bzw. für aussagefähige Analysen häufig sogar weiter aufgegliedert werden muss.

- Personalkosten, z. B. Löhne, Gehälter, Provisionen, Tantiemen, soziale Abgaben;
- Sachkosten, z. B. Roh-, Hilfs- und Betriebsstoffe, Abschreibungen auf Gebäude, Maschinen, Werkzeuge, Geschäftseinrichtung;

---

5   Vgl. Hummel u. Männel (1986), S. 128.
6   Vgl. Haberstock (2005), S. 55.
7   Vgl. Haberstock (2005), S. 56–59.

- Kapitalkosten, z. B. kalkulatorische Zinsen;
- Kosten für Steuern, Gebühren und Beiträge.

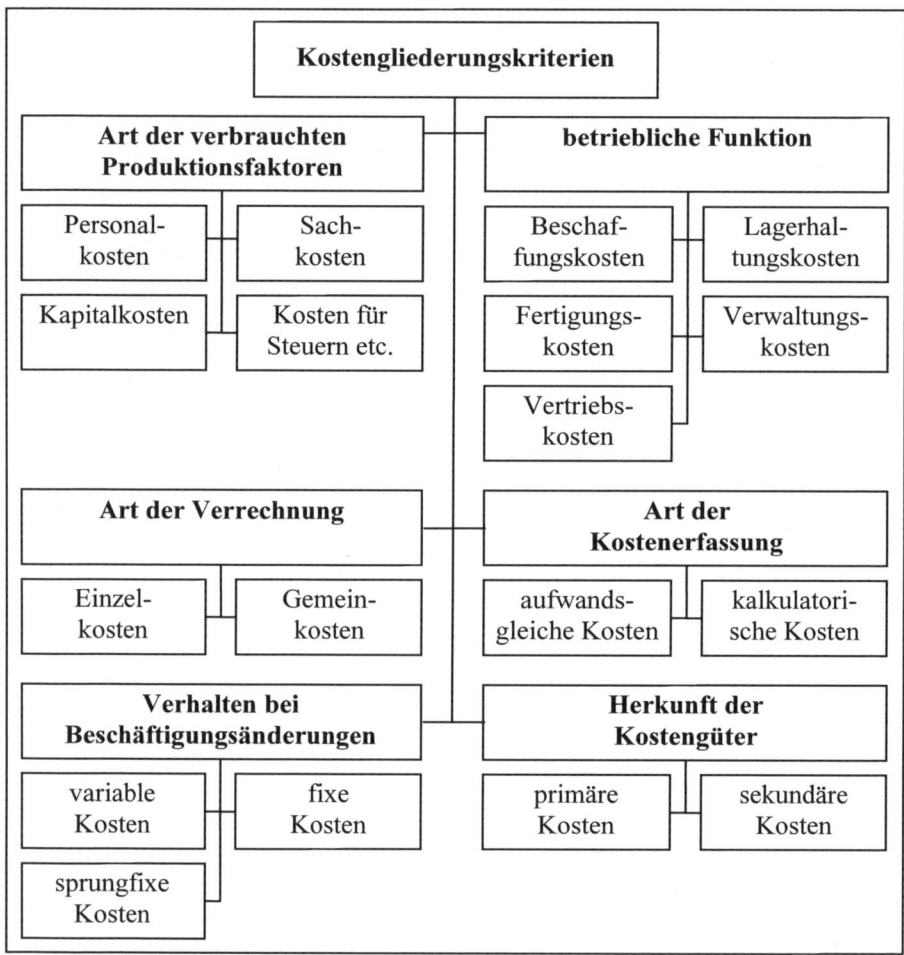

Abb. 2.2 Kostengliederungskriterien

Betriebliche Funktion

Ein weiteres Gliederungskriterium stellt die betriebliche Funktion dar, die die Kosten danach systematisiert, für welche Funktion sie angefallen sind. Hiernach lassen sich Kostenarten z. B. unterscheiden nach:

- Kosten der Beschaffung,
- Kosten der Lagerhaltung,
- Kosten der Fertigung,

- Kosten der Verwaltung,
- Kosten des Vertriebs.

Die Lohnkosten des Lagerarbeiters sind bspw. gemäß dem Gliederungskriterium „betriebliche Funktion" unter die Kosten der Lagerhaltung subsumierbar. Je nach den Gegebenheiten der Praxis wird diese Form der Kostenartensystematik weiter differenziert. Verfügt ein Betrieb z. B. über eine bedeutende eigene Forschungsabteilung, wird für diese betriebliche Funktion eine eigene Kostenart definiert. Ist eine solche Abteilung dagegen nicht vorhanden, besteht auch kein Anlass, eine entsprechende Kostenart zu definieren.

Art der Verrechnung

Kosten können entweder direkt oder indirekt auf die Leistungseinheiten (Kostenträger) verrechnet werden. Gemäß dieser Unterscheidung lassen sich *Einzelkosten* und *Gemeinkosten* begrifflich trennen.[8] *Einzelkosten* sind unmittelbare auf einzelne Kostenträger zurechenbare Kosten. Beispiele für Einzelkosten sind Kosten, die sich aufgrund genauer Aufzeichnungen einer bestimmten Produkteinheit oder einem bestimmten Kundenauftrag eindeutig zuordnen lassen. Dies bedeutet, dass Einzelkosten ohne vorherige Verrechnung über die Kostenstellen den Kostenträgern zugerechnet werden können.[9] Dies ist nur dann möglich, wenn das Verursachungsprinzip in hohem Maß erfüllt ist. Wenn ein Betrieb bspw. Waschmaschinen produziert, können die Kosten der Wäschetrommel der fertigen Waschmaschine problemlos zugeordnet werden, da eine bestimmte Wäschetrommel eindeutig für eine bestimmte Waschmaschine verwendet wird. Möglich ist dies allerdings nur, wenn eine genaue Erfassung pro Kostenträger vorgenommen wird. Ähnliche Überlegungen gelten z. B. auch für Fertigungslöhne in Form von Akkordlöhnen (in diesem Fall spricht man auch von Einzellohnkosten) oder für das verwendete Blech (Einzelmaterialkosten). Einzelkosten treten auch als sog. *Sondereinzelkosten* auf. Sondereinzelkosten können zwar nicht pro Stück, wohl aber für einen Auftrag erfasst werden. Kann ein Werkzeug nur für einen bestimmten Auftrag verwendet werden, handelt es sich um Sondereinzelkosten der Fertigung. Fallen für einen bestimmten Auftrag z. B. Kosten für eine spezielle Verpackung an, stellen diese Sondereinzelkosten des Vertriebes dar.[10]

Den Einzelkosten stehen die sog. *Gemeinkosten* gegenüber. Diese lassen sich nicht direkt auf die Absatzleistung bzw. nach dem Verursachungs-

---

[8] Vgl. Haberstock (2005), S. 57; Kloock et al. (2005), S. 68.
[9] Vgl. Scherrer (1999), S. 24–25.
[10] Vgl. Hummel u. Männel (1986), S. 97.

prinzip einem einzelnen Kostenträger direkt zurechnen, da sie für mehrere oder alle Kostenträger entstanden sind.[11] Ein Beispiel für Gemeinkosten sind die Abschreibungen einer Maschine, auf der mehrere, unterschiedliche Produkte gefertigt werden. Weitere Beispiele für Kosten, die sich nicht verursachungsgemäß einzelnen Produkteinheiten zurechnen lassen, stellen etwa die Kosten einer Feuerversicherung, Transportlöhne, Gehälter leitender Angestellter, Strom, Wasser, Post- und Telefongebühren dar.

Die Verrechnung auf die Leistungen erfolgt in der Vollkostenrechnung indirekt durch Zuschläge. Diese werden mit Hilfe von bestimmten Schlüsseln – meist unter Rückgriff auf eine Kostenstellenrechnung – ermittelt. Ihre Basis bilden bestimmte Bezugsgrößen, wie z. B. die Einzelkosten, die Maschinenstunden oder die bearbeiteten Stückzahlen. Auf diese Verfahren wird im Zuge der Kostenträgerrechnung (vgl. Abschnitt 2.6) genauer eingegangen.

In dem Beispiel des Lagerarbeiters stellt dessen Entgelt Gemeinkosten dar. Die Zurechnung des Lohns auf die Erzeugnisse kann nur indirekt über Verteilungsschlüssel mit Hilfe der Kostenstellenrechnung erfolgen.

In diesem Zusammenhang ist eine weitere Kategorie zu nennen: die *unechten Gemeinkosten*. Bei den unechten Gemeinkosten handelt es sich – gemessen am Verursachungsprinzip – um Einzelkosten. Die Güterverbräuche lassen sich einzelnen Kostenträgern direkt zuordnen. Eine Zurechnung mit Hilfe einer direkten Erfassung wird jedoch bei unechten Gemeinkosten aus Wirtschaftlichkeitsgründen nicht vorgenommen.[12] Der Leimverbrauch bei der Produktion eines Tisches könnte beispielsweise exakt bestimmt und die Kosten für den Leim könnten dem Tisch direkt zugerechnet werden. Diese Vorgehensweise wäre zwar rechentechnisch korrekt, andererseits aber unverhältnismäßig teuer. Stattdessen wird der Leimverbrauch der gesamten Tagesproduktion gemessen und der durchschnittliche Leimverbrauch pro hergestelltem Tisch berechnet. Dieser Durchschnittswert wird – im Rahmen der Kostenstellenrechnung – dem jeweiligen Tisch zugerechnet, auch wenn in Einzelfällen abweichende Verbräuche resultieren können. Die Kosten werden somit wie Gemeinkosten behandelt.

Art der Kostenerfassung

Dieses Kriterium lehnt sich an die Prinzipien der Abgrenzung von Aufwand und Kosten an: Nach der Art der Kostenerfassung können die Kostenarten in *aufwandsgleiche* und *kalkulatorische* Kostenarten gegliedert werden. *Aufwandsgleiche* Kostenarten, die der Finanzbuchhaltung zu ent-

---

[11] Vgl. Haberstock (2005). S. 57.
[12] Vgl. Kloock et al. (2005), S.68–69.

nehmen sind, stellen den größten Teil der Kostenarten dar.[13] *Kalkulatorische* Kosten werden hingegen in der Finanzbuchhaltung überhaupt nicht oder in anderer Höhe verrechnet (z. B. Unternehmerlohn, kalkulatorische Zinsen, kalkulatorische Wagnisse, kalkulatorische Abschreibungen).[14] Auf die Bestimmung der kalkulatorischen Kosten wird im Rahmen der Kostenartenrechnung näher eingegangen.

Verhalten bei Beschäftigungsänderungen

Der Begriff *Beschäftigung* gibt die absolute Nutzung der Betriebsmittel in einer Periode an. In einem Einproduktunternehmen kann die *Beschäftigung* (auch *Ausbringung* oder *Umfang der Leistungserstellung*) durch Produktmengeneinheiten gemessen werden.[15] In einem Mehrproduktunternehmen (z. B. bei Einzel-, Kleinserien- oder stark differenzierter Sortenfertigung) kann dagegen die Beschäftigung aufgrund der geringen Vergleichbarkeit der einzelnen Erzeugnisse nicht anhand der Ausbringungsmenge quantifiziert werden. Die Mengen der unterschiedlichen Produktarten müssen mit Hilfe bestimmter *Gewichtungsfaktoren* verglichen werden, die die Höhe der Kostenverursachung der Produktarten widerspiegeln. Solche Gewichtungsfaktoren werden auch als *Bezugsgrößen der Kostenverursachung* bezeichnet. Neben Fertigungs- oder Maschinenzeiten werden in vielen Fällen auch Durchsatzgewichte, Energieverbräuche, Angestellten- oder Beschäftigtenzahlen usw. als Bezugsgrößen verwendet. Werden in einem betrieblichen Teilbereich n Produkte in den Mengen x_i verarbeitet, so kann die Beschäftigung in diesem Bereich wie folgt bestimmt werden:

$$B = \sum_{i=1}^{n} b_i \cdot x_i \qquad (2.1)$$

mit

B	Beschäftigung des Betriebsbereichs,
b_i	Bezugsgröße der Kostenverursachung der Produktart i (für i = 1,... , n)
x_i	Ausbringungsmenge der Produktart i (für i = 1,... , n)

---

[13] Vgl. Haberstock (2005), S. 59.
[14] Vgl. Schweitzer u. Küpper (2008), S. 19.
[15] Vgl. im Folgenden Kilger (1987), S. 35; Freidank (2008), S. 34.

In Abhängigkeit von Beschäftigungsänderungen können Kosten in *variable Kosten*, *fixe Kosten* und *sprungfixe Kosten*[16] unterteilt werden (vgl. Abb. 2.3).

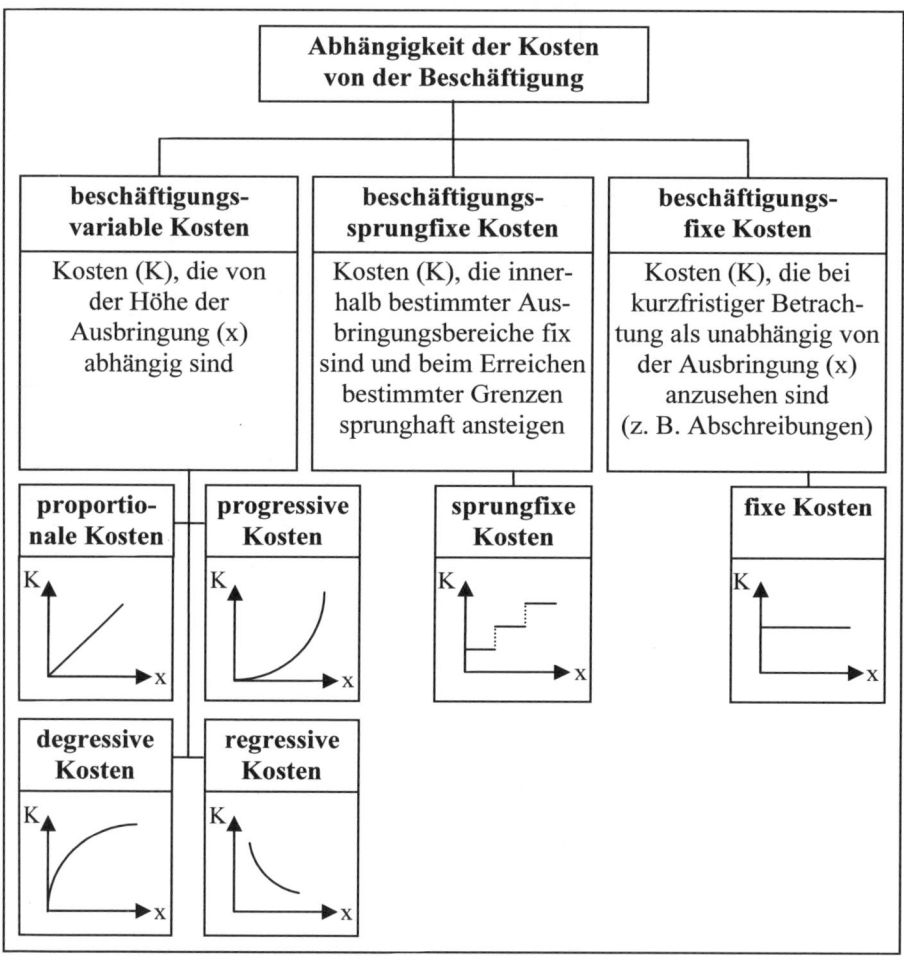

Abb. 2.3 Abhängigkeit der Kosten von der Beschäftigung

Variable Kosten hängen von der Beschäftigung ab. Dies bedeutet, dass sich beschäftigungsvariable Kosten bei einer Änderung der Beschäftigung ebenfalls ändern. Dabei gilt der Regelfall: Bei zunehmender Beschäftigung nehmen die Kosten zu.[17] Werden bspw. mehr Waschmaschinen produziert,

---

[16] Vgl. hierzu z. B. Freidank (2008), S. 36–52; Haberstock (2005), S. 32–33; Kloock et al. (2005), S. 51–59.

[17] Vgl. Coenenberg et al. (2007), S. 46–47.

fallen erhöhte Kosten an, da mehr Wäschetrommeln benötigt werden. Die funktionale Gestalt der Kostenzunahme kann dabei verschieden sein. Entsprechend obigen Feststellungen lassen sich *proportionale, progressive, degressive und regressive* beschäftigungsvariable Kosten unterscheiden.

Proportionale Kosten verändern sich in einem konstanten Verhältnis zur Beschäftigung.[18] Werden z. B. doppelt so viele Waschmaschinen produziert, verdoppeln sich auch die Kosten für Wäschetrommeln (und umgekehrt). Diese Aussage gilt unter der Voraussetzung, dass der Preis für eine Wäschetrommel konstant bleibt.

Progressive Kosten erhöhen sich bei steigender Beschäftigung in stärkerem Maße als die Beschäftigung. Bei abnehmender (zunehmender) Beschäftigung kommt es zu einer überproportionalen Abnahme (Zunahme) der Kosten. Ein Beispiel hierfür können Lohnkosten bei Nutzung der Anlagen mit überhöhter Intensität sein. In diesem Fall müssen die Arbeiter Überstunden leisten. Durch die Überstundenzuschläge steigen die Lohnkosten progressiv.[19]

Degressive Kosten erhöhen sich bei steigender Beschäftigung in geringerem Maße als die Beschäftigung. Dagegen nehmen sie bei abnehmender Beschäftigung in geringerem Maße ab als die Beschäftigung. Als Beispiel hierfür können bestimmte Werkstoffkosten angeführt werden, die bei zunehmender Beschäftigung langsamer steigen, weil die Arbeiter – z. B. aufgrund von Lerneffekten – weniger Ausschuss produzieren und damit weniger Werkstoffe verbrauchen. Auch das Beispiel der Wäschetrommel lässt sich im Zusammenhang mit degressiven Kosten wieder aufgreifen. Wenn etwa bei steigender Anzahl von bestellten Wäschetrommeln Preisnachlässe ausgehandelt werden können, handelt es sich um eine degressive Kostenart.

Durch die oben beschriebenen funktionalen Verläufe wurde der Regelfall der in Abhängigkeit von der Beschäftigung zunehmenden Kosten behandelt. Es existiert zusätzlich der Ausnahmefall *regressiver Kosten*. Kosten verlaufen regressiv, wenn die Kosten bei zunehmender Beschäftigung abnehmen. In der betrieblichen Praxis tritt ein solcher Kostenverlauf eher selten auf. Einen Beispielsfall stellen Heizkosten in einem Theater dar. Wenn die Beschäftigung als Anzahl der Zuschauer gemessen würde, gilt, dass mit zunehmender Anzahl der Besucher die Heizkosten sinken. Das liegt daran, dass jeder Besucher durch seine Körperwärme zur Aufwärmung des Theaters beiträgt. Im Sommer ergibt sich hingegen der umge-

---

[18]   Vgl. Freidank (2008), S. 43–44.
[19]   Vgl. Kloock et al. (2005), S. 55.

kehrte Fall: Je mehr Besucher sich im Theater aufhalten, desto höher sind die Kosten der Klimaanlage.[20]

Der Fall *beschäftigungsfixer Kosten* liegt dann vor, wenn sich Kosten in Abhängigkeit von der Beschäftigung (zumindest kurzfristig) *nicht* ändern. Ein Beispiel für eine fixe Kostenart stellt die zeitabhängige Abschreibung einer Maschine dar, bei der die Höhe der Abschreibung nicht von der Ausbringungsmenge abhängt.[21] Auch werden die Kosten für ein genutztes Patent nicht von der Anzahl der hergestellten Produkte bestimmt. Weitere Beispiele sind Zinskosten oder Versicherungsbeiträge.

Als letzte Form sind die *sprungfixen* oder *intervallfixen Kosten*[22] anzuführen, die eine Zwischenform zwischen fixen und variablen Kosten darstellen. Innerhalb bestimmter Grenzen geht eine Veränderung der Beschäftigung nicht mit einer Änderung der Kosten einher. Bei Überschreiten bestimmter Beschäftigungsniveaus erhöhen sich diese Kostenarten „in einem Sprung" auf ein höheres Niveau. Bei weiterer Erhöhung der Beschäftigung bleiben die Kosten zunächst wieder innerhalb bestimmter Grenzen konstant. Dies gilt solange, bis erneut eine Grenze erreicht wird, deren Überschreitung die Kosten wiederum sprunghaft ansteigen lässt. Die Kostenkurve weist daher einen treppenförmigen Verlauf auf.[23] Als Beispiele lassen sich das Entgelt für die Anmietung zusätzlicher Lagerhallen oder zeitabhängige Abschreibungen nennen. In der kurzfristigen Betrachtung sind diese Kosten zwar als fix zu bezeichnen. Langfristig kann es indes dazu kommen, dass eine zusätzliche Lagerhalle oder eine zusätzliche Maschine angeschafft werden muss. Wird bspw. die Kapazitätsgrenze einer Maschine, auf der ein Produkt hergestellt wird, erreicht, kann die Fertigung dieses Produktes nicht weiter ausgedehnt werden. Wird aber eine zusätzliche Maschine angeschafft, verdoppelt sich die Kapazität und die Abschreibungskosten erhöhen sich entsprechend. Diese Abschreibungen für die jeweiligen Maschinen sind innerhalb ihrer Kapazität beschäftigungsfix. In der gemeinsamen Betrachtung beider Maschinen ergibt sich jedoch bis zur Kapazitätsgrenze der ersten Maschine ein konstanter Gesamtkostenverlauf. Nach Überschreitung der Kapazitätsgrenze springt die Höhe der Gesamtkosten auf den doppelten Betrag (Summe der jeweils gleichen Abschreibungsbeträge). Dieser Gedanke lässt sich auf beliebig viele Maschinen erweitern, so dass sich insgesamt ein treppenförmiger Abschreibungsverlauf ergibt.

---

[20] Vgl. Freidank (2008), S. 47–49.
[21] Vgl. Deimel et al. (2006), S. 60.
[22] Vgl. Kilger et al. (2007), S. 132–135.
[23] Vgl. Haberstock (2005), S. 32–34.

Herkunft der Kostengüter

In Bezug auf dieses Kriterium lassen sich *primäre* und *sekundäre* Kostenarten unterscheiden. Allen *primären* Kostenarten ist gemeinsam, dass sie den Verbrauch von Gütern, Arbeits- und Dienstleistungen erfassen, die der Betrieb *von außen*, d. h. von den Beschaffungsmärkten, bezogen hat. Bei dieser Klassifikation wird auf die Herkunft der Kostengüter abgestellt. Alle primären Kosten werden in der Kostenartenrechnung erfasst.[24]

Den primären Kostenarten stehen die *sekundären* Kostenarten gegenüber. Diese entstehen durch den Verbrauch von Gütern, Arbeits- und Dienstleistungen innerhalb eines Unternehmens. Sekundäre Kostenarten spiegeln den geldmäßigen Gegenwert für den Verbrauch *innerbetrieblicher* Leistungen wider. Beispiele für sekundäre Kosten können selbst erstellte Werkzeuge, Maschinen, Prototypen, selbst ausgeführte Reparaturen oder selbst erzeugter Strom sein. Der Betrieb erstellt neben den Leistungen, die am Markt abgesetzt werden sollen, auch solche, die er selbst verwendet. Sekundäre Kosten sind somit diejenigen Kosten, welche die Kostenstellen, die innerbetriebliche Leistungen empfangen, zu tragen haben.[25]

Exkurs: Kostengliederungskriterien im Cost Accounting

Auch im Cost Accounting finden sich einige der oben beschriebenen Möglichkeiten zur Klassifikation von Kosten (Cost Classification) wieder. Im Folgenden soll eine solche Cost Classification dargestellt werden:[26]

- „business function",
- „assignment to a cost object",
- „behaviour pattern in relation to changes in the level of a cost driver",
- „aggregate or average",
- „assets or expenses".

Der Punkt „business function" entspricht einer Kostengliederung nach betrieblichen Funktionen, wie sie in der Kostenrechnung des deutschsprachigen Raums vertreten wird. Eine mögliche Aufteilung stellt die Kostengliederung nach folgenden betrieblichen Funktionen dar: Research and Development; Design of Products; Services and Processes; Production; Marketing; Distribution; Customer Service.

---

[24] Vgl. Hummel u. Männel (1986), S. 132.
[25] Vgl. Hummel u. Männel (1986), S. 132.
[26] Vgl. Bhimani et al. (2008), S. 53.

Anhand des Kriteriums „assignment to a cost object" werden Kosten in Direct Costs bzw. Indirect Costs aufgespalten.

"Direct costs of a cost object are costs that are related to the particular cost object and that can be traced in an economically feasible (cost effective) way."[27]

"Indirect costs of a cost object are costs that are related to the particular cost object but cannot be traced in an economically feasible (cost effective) way. Indirect costs are allocated to the cost object by using a cost allocation method."[28] Direct Costs stehen direkt mit einem spezifischen Bezugsobjekt (Cost Object) in Beziehung. Diese Kosten können den Cost Objects über einen Mechanismus namens Cost Tracing direkt zugerechnet werden. Bei den Direct Costs ergibt sich eine Entsprechung zu dem deutschen Begriff der Einzelkosten. Indirect Costs stehen mit dem Cost Object zwar in Beziehung, werden jedoch aus Wirtschaftlichkeitserwägungen nicht über den Mechanismus des Cost Tracing direkt verrechnet. Somit ergibt sich eine Ähnlichkeit mit den (unechten) Gemeinkosten. Indirect Costs werden hilfsweise über den Mechanismus des Cost Allocation auf die Bezugsobjekte verrechnet. Die Verrechnungsphase des Cost Assignment umfasst sowohl das Cost Tracing als auch das Cost Allocation.[29]

Das Kostengliederungskriterium „behaviour pattern in relation to changes in the level of a cost driver" stellt auf das Verhalten bei Beschäftigungsänderungen ab. Beispiele für typisches Kostenverhalten stellen Variable Costs und Fixed Costs dar. „A variable cost is a cost that changes in total in proportion to changes in the related level of total activity or volume. A fixed cost is a cost that does not change in total despite changes in the related level of total activity or volume."[30]

Durch Kombination der beiden zuletzt genannten Kriterien können folgende vier Formen gebildet werden:

---

[27]   Bhimani et al. (2008), S. 39.
[28]   Bhimani et al. (2008), S. 39.
[29]   Vgl. Bhimani et al. (2008), S. 39.
[30]   Bhimani et al. (2008), S. 41.

- „direct and variable costs",
- „direct and fixed costs",
- „indirect and variable costs",
- „indirect and fixed costs".

Nach dem Kriterium „aggregate or average" können Kosten entweder kumuliert oder stückbezogen betrachtet werden. Aggregate Costs bzw. Total Costs stellen eine Kumulation angefallener relevanter Kosten eines Cost Object dar. Average Costs (bzw. synonym Unit Costs) entstehen durch die Division der angefallenen Total Costs durch die Bezugsgrößenmenge. Dieses Kriterium kann anhand des folgenden Beispiels veranschaulicht werden. Es seien Total Manufacturing Costs in Höhe von 980.000 GE für die Produktion von 10.000 Mengeneinheiten (ME) angefallen. Es resultieren folgende Unit Costs:[31]

$$\frac{\text{Total Manufacturing Costs}}{\text{Number of Units Manufactured}} = \frac{980.000 \text{ GE}}{10.000 \text{ ME}} = 98 \frac{\text{GE}}{\text{ME}}$$

Das Kriterium „assets or expenses" stellt eher auf die externe Rechnungslegung (Financial Accounting) ab. Kosten werden danach gegliedert, ob sie als Assets in der Bilanz angesetzt werden können oder durch einen Verbrauch als Expenses einer Periode anzusehen sind. Kosten, die aktivierungsfähig sind, werden als Inventoriable Costs bezeichnet. Sie können als "all costs of a product that are considered as assets in the balance sheet when they are incurred and that become cost of goods sold only when the product is sold"[32] definiert werden. Wesentlich ist in dieser Definition der Begriff des Assets. Dieses ist „eine Ressource, durch die in der Zukunft ein wirtschaftlicher Nutzen erwartet wird und über die das Unternehmen in Folge vergangener Ereignisse verfügen kann"[33]. Inventoriable Costs stellen nach diesem Verständnis einen Wert für das Unternehmen dar, der in der Bilanz anzusetzen ist. Erst durch den Verkauf, den Verbrauch oder die Abschreibung dieser Güter werden die Inventoriable Costs zu Expenses. In diesem Fall erfolgt dann auch eine Verrechnung der Kosten im Income Statement (Betriebsergebnisrechnung). Den verrechneten Expenses stehen im Falle eines Verkaufs Verkaufserlöse (Revenues) im Income Statement gegenüber.

---

[31] Vgl. Bhimani et al. (2008), S. 44.
[32] Horngren et. al. (2006), S. 37.
[33] Coenenberg (2005), S. 81.

Im Gegensatz dazu führen Period Costs direkt zu Expenses einer Periode und werden daher direkt in das Income Statement verrechnet. Period costs können wie folgt definiert werden: "(…) all costs in the income statement other than cost of goods sold. Period costs are treated as expenses of the accounting period in which they are incurred because they are expected to benefit revenues in that period and are not expected to benefit revenues in future periods."[34] Period Costs gehen daher ohne vorherige Aktivierung in die Betriebsergebnisrechnung ein. Die Unterscheidung zwischen Inventiorable Costs bzw. Period Costs ist nur für Industrieunternehmen (Manufacturing-Sector Companies) und Handelsunternehmen (Merchandising-Sector Companies) relevant. Dienstleistungsunternehmen (Service-Sector Companies) bieten dagegen intangible Produkte an. Da somit keine tangiblen Absatzgüter auf Lager gehalten werden, ist das Konzept der Inventiorable Costs für Dienstleistungsunternehmen nicht relevant.[35] Die Abb. 2.4 fasst die Abgrenzung zwischen Inventiorable Costs und Period Costs zusammen.

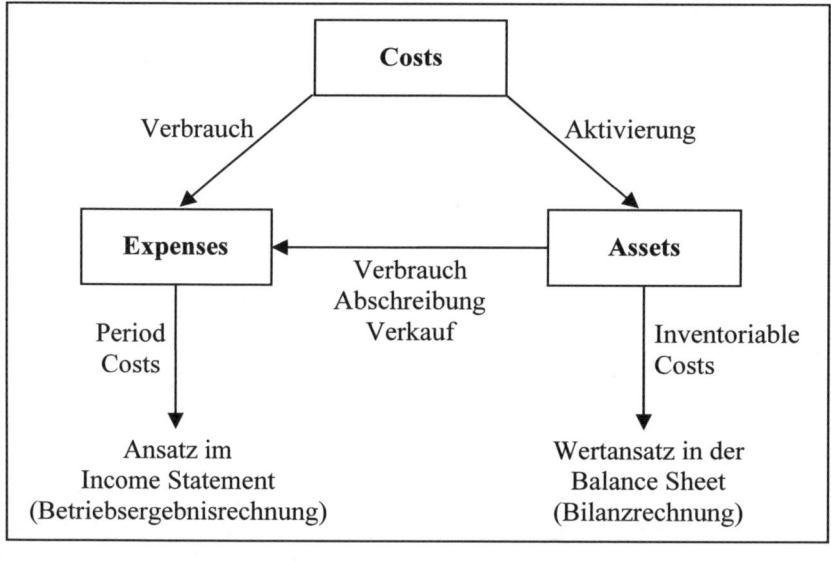

Abb. 2.4 Abgrenzung zwischen Period Costs und Inventiorable Costs

---

[34]   Horngren et al. (2006), S. 38.
[35]   Vgl. Horngren et al. (2006), S. 36.

2.2.3 Erfassung der wichtigsten Kostenarten

Materialkosten

Materialkosten sind die mit ihren Preisen bewerteten Verbrauchsmengen an Roh-, Hilfs- und Betriebsstoffen. Der primäre Anteil an den Material-kosten wird durch die eingesetzten Rohstoffe (als wesentliche Bestandteile eines Endproduktes) verursacht. Demgegenüber sind Hilfsstoffe unwesent-liche Bestandteile eines Endproduktes, die wie die Rohstoffe in das End-produkt einfließen. Leim, Schrauben oder auch Farben stellen typische Hilfsstoffe dar. Betriebsstoffe werden im Zuge der Fertigung verbraucht, sie gehen jedoch nicht in das Endprodukt ein. Zu den Betriebsstoffen ge-hören z. B. Schmieröle bei einer Holzbearbeitungsvorrichtung. Bei Roh-stoffkosten handelt es sich in den häufigsten Fällen um Einzelkosten, die sich den Kostenträgern direkt zurechnen lassen. Hilfsstoffe werden häufig als unechte Gemeinkosten behandelt. Eine direkte Zurechnung wäre zwar möglich, jedoch in den meisten Fällen unwirtschaftlich. Betriebsstoffe stel-len hingegen Gemeinkosten dar. So lassen sich etwa die Kosten für Ma-schinenschmieröl nicht verursachungsgerecht auf einzelne Endprodukte zuordnen. Dabei ist zu beachten, dass diese Aussagen nicht allgemeingül-tig sind. Es ist auch denkbar, dass Hilfs- oder Betriebsstoffe als Einzelkos-ten zugerechnet werden.[36]

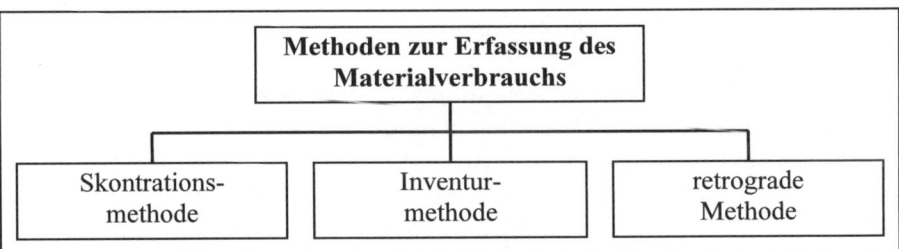

Abb. 2.5 Methoden zur Erfassung des Materialverbrauchs

Die Erfassung von Materialkosten erfolgt in zwei Schritten: Zunächst sind die Verbrauchsmengen zu ermitteln, bevor diese im zweiten Schritt zu be-werten sind. Hieran sind organisatorisch die Materialabrechnung, die Fi-nanzbuchhaltung und die Betriebsabrechnung beteiligt. In der Materialab-rechnung werden die Verbrauchsmengen festgestellt. Die Finanzbuchhal-tung liefert das für die Bewertung erforderliche Zahlenmaterial. Die Betriebsabrechnung nimmt die Bewertung und Weiterverarbeitung der

---

[36]   Vgl. Freidank (2008), S. 96.

Kostenwerte vor. Zur Erfassung der Materialverbrauchsmengen haben sich insbesondere drei Methoden herausgebildet (vgl. Abb. 2.5).[37]

Skontrationsmethode (Fortschreibungsrechnung)

Die Skontrationsmethode erfasst den Materialverbrauch vor oder während des Produktionsprozesses:

> Anfangsbestand (Lagervorrat zu Beginn der Periode)
> \+ Zugänge (Lagerbestandserhöhung während der Periode)
> − Abgänge (Verbrauch, erfasst durch Materialentnahmescheine)
> = (rechnerischer) Sollendbestand

Materialentnahmen aus dem Lager werden über einen Materialentnahmeschein belegmäßig erfasst.[38] Dieser enthält des Weiteren die Art, das Entnahmedatum, die entnehmende (woher?) und die zu belastende (wohin?) Kostenstelle, die Auftragsnummer und eventuell den Preis. In der Lager- bzw. Materialbuchhaltung werden für jede Materialart separate Aufzeichnungen geführt. Hier dienen die Materialentnahmescheine als Beleg für Entnahmebuchungen. Die Kostenrechnung verwendet sie dagegen, um den im Produktionsprozess entstandenen Materialverbrauch den Kostenstellen und Kostenträgern zuzurechnen, wodurch eine genaue Erfassung der Werkstoffe hinsichtlich ihrer Verwendungsorte und ihrer Zwecke gesichert ist. Ebenfalls positiv zu beurteilen, dass mit dieser Methode Bestandsverminderungen innerhalb des Lagers, die z. B. durch Diebstahl etc. auftreten, errechenbar sind, indem der buchmäßige Endbestand mit dem Endbestand lt. Inventur verglichen wird.

Durch die Fortschreibung des Anfangsbestandes zzgl. Zugänge und abzüglich Entnahmen laut Materialentnahmeschein lässt sich feststellen, wie viel Material sich im Lager befinden sollte. Das Verfahren der Skontrationsmethode erlaubt es somit, Sollwerte bzgl. des Lagerbestands zu ermitteln. Wenn tatsächlich ein geringerer Lagerbestand laut Inventur ermittelt wurde, ist diese Differenz z. B. auf Ausschuss oder auf Zugriff Unberechtigter, d. h. Diebstahl, zurückzuführen. Da für die Erfassung des Lagerbestands eine Inventur durchzuführen ist und diese i. d. R. mit einem hohen Arbeitsaufwand verbunden ist, ist die Skontraktionsmethode kostenintensiv.[39]

---

[37] Vgl. hierzu und zum Folgenden Haberstock (2005), S 64–67; Coenenberg et al. (2007), S. 4–75; Freidank (2008), S. 97–99.
[38] Vgl. Kloock et al. (2005), S. 89.
[39] Vgl. Kloock et al. (2005), S. 89.

Inventurmethode (Befundrechnung)

Die Inventurmethode wird auch als Befundrechnung oder Bestandsdifferenzrechnung bezeichnet. Bei dieser Methode wird der gesamte Materialverbrauch am Ende einer Abrechnungsperiode errechnet. Dazu wird von der Summe aus Anfangsbestand und Zugängen der Endbestand laut Inventur abgezogen:

> Anfangsbestand (Lagervorrat zu Beginn der Periode)
> + Zugänge (Lagerbestandserhöhung während der Periode)
> − Endbestand (Lagervorrat am Ende der Periode laut Inventur)
> = Abgänge (= Materialverbrauch der Periode)

Der Materialverbrauch wird *nicht* durch Materialentnahmescheine aufgezeichnet, sondern ergibt sich als Saldogröße. Durch den Verzicht auf Materialentnahmescheine ist die Inventurmethode zwar einfacher durchzuführen als die Skontrationsmethode, diese Vereinfachung führt aber zu einem bedeutenden Informationsverlust. So ist es bei der Inventurmethode nicht möglich, den Materialverbrauch auf Kostenträger und Kostenstellen zu verrechnen. Da der Verbrauch durch Saldierung ermittelt wird, lässt sich *nicht* feststellen, für welche *Kostenstellen* (bzw. *Kostenträger*) die Lagerentnahmen vorgenommen worden sind. Somit können Bestandsminderungen aufgrund von Schwund, Verderben und Diebstahl nicht festgestellt werden und Differenzen zwischen Ist- und Sollverbrauch nicht analysiert werden. Weiterhin ist anzumerken, dass die Abrechnungsperiode in der Kostenrechnung gewöhnlich ein Monat ist. Aus diesem Grund muss monatlich eine Inventur durchgeführt werden, die jedoch mit hohem Arbeitsaufwand und dementsprechenden Kosten verbunden ist.[40]

Die Inventurmethode ist somit im Normalfall für eine aussagefähige Kostenrechnung wenig geeignet. Ihre alleinige Anwendung ist nur in den seltenen Fällen zu empfehlen, in denen leicht und schnell erfassbare Güter und Werkstoffe vorliegen, die nicht der Gefahr einer Bestandsminderung unterliegen.[41]

Retrograde Methode (Rückrechnung)

Bei der retrograden Methode wird die Verbrauchsmenge aus der Anzahl der hergestellten Leistungen − also z. B. der Endprodukte − abgeleitet. Der Verbrauch ergibt sich als Produkt aus der Herstellungsmenge und dem Sollverbrauch pro Stück. Der Sollverbrauch pro Stück bestimmt, wie viel Material für ein bestimmtes Produkt benötigt wird. Der stückbezogene

---

[40] Vgl. Haberstock (2005), S. 65. Für Zwecke der handelsrechtlichen Rechnungslegung genügt bei der Inventurmethode eine Inventur pro Rechnungsperiode.

[41] Vgl. Haberstock (2005), S. 65.

Sollverbrauch lässt sich aus den Stücklisten der hergestellten Produkte ableiten:

> Anfangsbestand (Lagervorrat zu Beginn der Periode)
> + Zugänge (Lagerbestandserhöhung während der Periode)
> − Abgänge (Sollverbrauch, erfasst durch Stücklisten oder Rezepturen)
> = rechnerischer Sollendbestand

Beispiel: Tabelle 2.1 zeigt ein Beispiel für eine Strukturstückliste, in der sämtliche Einzelteile aufgeführt sind, die für die Herstellung einer Taschenlampe benötigt werden. Wurden bspw. 10.000 Taschenlampen gefertigt, kann mit einer solchen Liste exakt berechnet werden, wie viel Material verbraucht wurde bzw. genauer gesagt, wie viel Material verbraucht worden sein sollte. Hierbei ist aber zu beachten, dass in der Produktion i. d. R. ein bestimmter Prozentsatz an Ausschuss anfallen wird. Daher dürfte der tatsächliche Verbrauch häufig oberhalb des Sollverbrauchs liegen.

Tabelle 2.1 Strukturstückliste

laufende Nummer	Bezeichnung	Identifikationsnummer	Menge
1	Taschenlampe, komplett	A1000	1
1.1	Lampenkopf	B1100	1
1.1.1	Trichter	C1110	1
1.1.2	Glas	C1120	1
1.1.3	Reflektor	C1130	1
1.2	Gehäuse, komplett	B1200	1
1.2.1	Halterung	C1210	1
1.2.1.1	Grundplatte	D1211	1
1.2.1.2	Kontakt	D1212	1
1.2.1.3	Glühlampe	D1213	1
1.2.2	Gehäuse	C1220	1
1.2.2.1	Gehäuseblech	D1221	1
1.2.2.2	Schalter	D1222	1
1.2.2.3	Batterie	D1223	2
1.3	Deckel, komplett	B1300	1
1.3.1	Deckelblech	C1310	1
1.3.2	Feder	C1320	1

Bezogen auf die Stückliste lt. Tabelle 2.1 lässt sich z. B. ermitteln, wie viele Reflektoren für 10.000 Taschenlampen benötigt werden. Da in eine Taschenlampe jeweils ein Reflektor eingeht, werden 10.000 Reflektoren benötigt. Anhand des Beispiels wird auch deutlich, warum das Verfahren als retrograde Methode bzw. Rückrechnungsmethode bezeichnet wird. Der Materialverbrauch wird aus der produzierten Menge abgeleitet, also quasi rückwärts berechnet. Die retrograde Methode lässt sich im Rahmen der Kostenplanung auch zur Ermittlung mengenmäßiger Vorgabegrößen pro Material- und Kostenart einsetzen.[42] Wenn wie zuvor geplant wird, 10.000 Taschenlampen im Monat zu produzieren, kann anhand der Stückliste festgestellt werden, wie viele Teile im Einzelnen benötigt werden. Sind zusätzlich auch die Materialpreise bekannt, können Materialsollkosten für die geplanten 10.000 Taschenlampen ermittelt werden.

In praxi ist es nicht sehr wahrscheinlich, dass die Sollverbrauchsmengen exakt eingehalten werden können. Durch Ausschuss oder Schwund kann es zu Abweichungen zwischen Soll- und Istendbestand kommen. Durch eine Methode alleine kann diese Abweichung allerdings nicht ermittelt werden. Erst durch eine adäquate Kombination der Verfahren ist es möglich, Verbrauchsabweichungen und Materialschwund zu ermitteln.

Durch einen Vergleich des Endbestands nach der retrograden Methode mit einer Inventur kann die Differenz zwischen Sollverbrauch und Lageristbestand ermittelt werden. Diese Abweichung kann aber noch weiter differenziert werden. Durch Verknüpfung der Skontrationsmethode mit der retrograden Methode lässt sich eine *Verbrauchsabweichung* ermitteln. Durch die Skontrationsmethode können Istverbrauchsmengen laut Materialentnahmeschein ermittelt werden, während die retrograde Methode die Sollverbrauchsmengen liefert. Eine mögliche Differenz dieser beiden Größen ist auf unwirtschaftliche Produktion zurückzuführen. Um zusätzlich die Fehlmengen je Materialart zu ermitteln, die nicht auf unwirtschaftliche Produktion zurückzuführen sind, sondern bei denen es sich um *Materialschwund* (z. B. Diebstahl oder Verderben) handelt, ist der Endbestand laut Skontrationsmethode mit dem Endbestand laut Inventur zu vergleichen.[43]

Eine Kombination der Methoden erlaubt eine recht detaillierte Analyse. Problematisch ist lediglich, dass die Verfahren parallel durchgeführt werden müssen. Dies ist mit einem erheblichen Arbeitsaufwand verbunden. Am aufwändigsten ist es, wenn Schwund und Unwirtschaftlichkeit voneinander getrennt werden sollen, da dies eine Anwendung aller drei Methoden erfordert.

Damit wurde der erste Schritt zur Bestimmung der Materialkosten – nämlich die *mengenmäßige Erfassung* des Materialverbrauchs – dargestellt. Im zweiten Schritt müssen die ermittelten Verbrauchsmengen bewertet werden, um zu Kosten als bewertetem Güterverzehr zu gelangen.

---

[42] Vgl. Freidank (2008), S. 99.
[43] Vgl. Freidank (2008), S. 99.

Als *Wertansatz* ist – nach dem wertmäßigen Kostenbegriff – der Wiederbeschaffungspreis (WBP) anzusetzen. Im Rahmen der Istkostenrechnung werden jedoch in der Regel die tatsächlich angefallenen Beschaffungspreise als Bewertung für den Materialverbrauch übernommen. Dies lässt sich dadurch begründen, dass es sich in praxi im Rahmen einer monatlichen Abrechnung häufig nicht lohnt, ständig Wiederbeschaffungspreise zu ermitteln. Zwischen Kauf und Verbrauch der Materialien dürfte im Allgemeinen kaum eine nennenswerte Preisänderung stattfinden.[44] Als vereinfachtes Verfahren wird in vielen Unternehmen die handelsrechtlich gebotene Bewertung auch in die Kostenrechnung übernommen und damit gegen die inhaltlichen Forderungen des wertmäßigen Kostenbegriffs verstoßen.[45]

Personalkosten

Die Grundlage für die Ermittlung der Personalkosten ist die Lohn- und Gehaltsabrechnung. Die Personalkosten umfassen alle Kosten, die durch den Einsatz menschlicher Arbeit im Betrieb entstehen.[46] Dabei kann u. a. zwischen folgenden Arten von Personalkosten differenziert werden (vgl. Abb. 2.6[47]): Löhne, Gehälter, Lohn- und Gehaltsnebenkosten, gesetzliche und freiwillige Sozialkosten sowie sonstige Personalkosten (z. B. Anwerbung, Abfindung etc.). Auf diese Begriffe soll im Folgenden näher eingegangen werden.

Als erstes sollen die *Löhne* näher betrachtet werden. Unter Löhnen[48] versteht man das für die Tätigkeit von Arbeitern/Werkern zu entrichtende Entgelt. Bei den Löhnen wird weiter unterschieden zwischen Fertigungs- und Hilfslöhnen. Diese Trennung erfolgt aus rechnungstechnischen Gründen. Es sollen die Arbeitsleistungen, die *unmittelbar* der Herstellung des Erzeugnisses dienen (Fertigungslöhne), von denjenigen Arbeiten getrennt werden, die nur *mittelbar* an der Herstellung beteiligt sind (Hilfslöhne). Der Ausdruck Hilfslohn impliziert daher keine Bewertung der Tätigkeiten des Arbeiters. Es ist vielmehr so, dass auch die Löhne der für den Betrieb

---

[44] Vgl. Freidank (2008), S. 103. In Zeiten starker Inflation wäre es hingegen angebracht, Wiederbeschaffungspreise täglich zu ermitteln.

[45] Zu den einzelnen Bewertungsverfahren der Verbrauchsmengen vgl. z. B. Coenenberg et al (2007), S. 75–76; Freidank (2008), S. 99–104.

[46] Vgl. Haberstock (2005), S. 67.

[47] In Anlehnung an Haberstock (2005), S. 69.

[48] Eine traditionelle Trennung zwischen den Entlohnungsformen von Arbeitern und Angestellten, d. h. zwischen Löhnen und Gehältern, ist tendenziell zu Gunsten einer wachsenden Gruppe von Gehaltsempfängern rückläufig.

wichtigsten Arbeitergruppen unter den Begriff der Hilfslöhne fallen. Als
Beispiel hierfür können die Löhne von Vorarbeitern angeführt werden.[49]

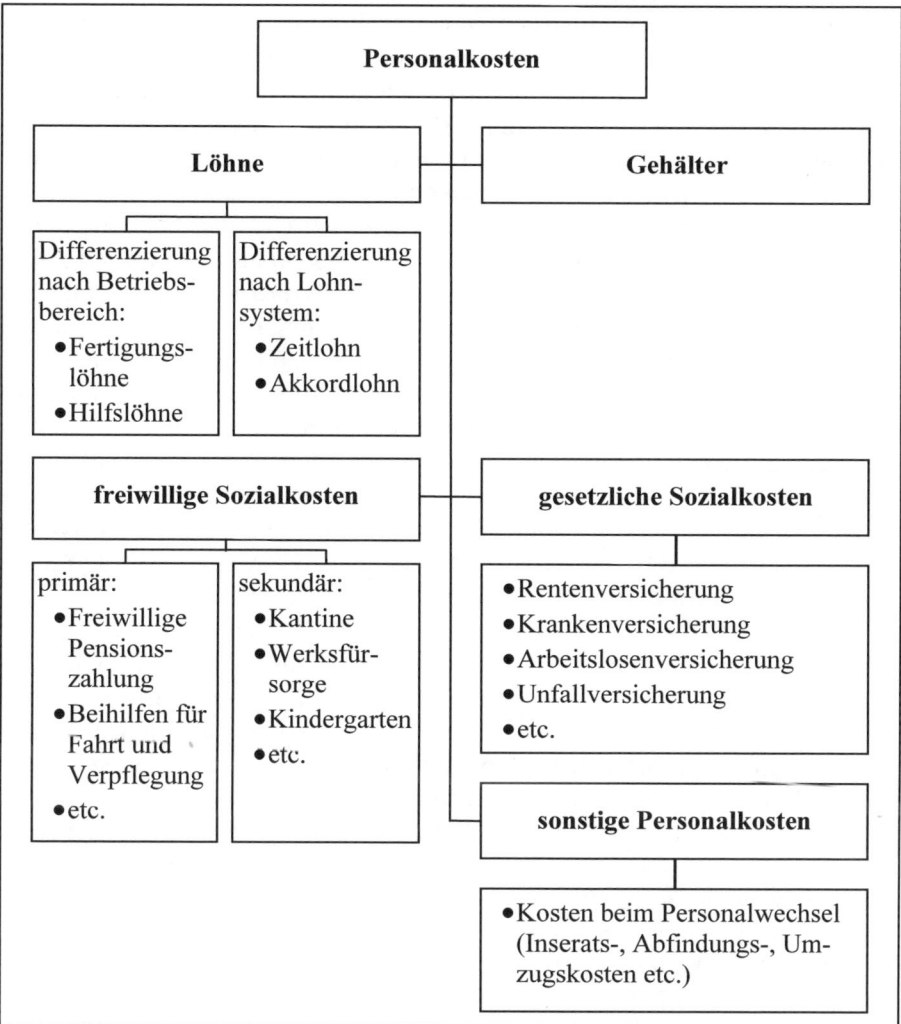

Abb. 2.6 Differenzierung der Personalkosten

Nach dem verwendeten Lohnsystem kann weiter differenziert werden: So
sind Zeit- von Akkordlöhnen zu unterscheiden. Zeitlöhne basieren auf einer Bezahlung pro geleisteter Arbeitsstunde. Akkordlöhne werden dagegen

---

[49]   Vgl. Haberstock (2005), S. 67–68.

in Abhängigkeit von der Leistung (Output) des Arbeitnehmers gezahlt.[50] Je mehr Leistung ein Arbeitnehmer bzw. eine Gruppe von Arbeitnehmer erzielt, desto höher fällt die Entlohnung aus.

Es stellt sich in diesem Zusammenhang auch die Frage, ob Löhne Einzel- oder Gemeinkosten sind. Bei Akkordlöhnen handelt es sich in der Regel um Einzelkosten, da jeder produzierten Einheit der entsprechende Akkordlohn zugerechnet werden kann. Bei Zeitlöhnen ist hingegen die Einhaltung des Verursachungsprinzips in vielen Fällen nicht möglich, so dass sie i. d. R. als Gemeinkosten zu behandeln sind.[51]

Als nächste Form der Personalkosten sollen die *Gehälter* betrachtet werden. Unter Gehalt wird das Arbeitsentgelt eines Angestellten verstanden, das für die Arbeit bestimmter Zeitabschnitte (z. B. pro Monat) gezahlt wird und daher einer Zeitentlohnung entspricht. Bei Gehältern handelt es sich – bezogen auf die einzelnen Kostenträger – i. d. R. um Gemeinkosten.[52]

In Abb. 2.6 werden zusätzlich die *Sozialkosten* betrachtet, die nach gesetzlichen und freiwilligen Sozialkosten differenziert werden. Dabei sind gesetzliche Sozialkosten durch Gesetz, Verordnung oder Tarif bestimmt. Hierzu zählen insbesondere die Arbeitgeberanteile an der Renten-, Kranken-, Arbeitslosen- und Unfallversicherung. Daneben gibt es auch freiwillige Sozialkosten. Bei den freiwilligen Sozialkosten werden zwei Gruppen unterschieden: primäre und sekundäre freiwillige Sozialkosten.[53]

Primäre freiwillige Sozialkosten entsprechen direkten Leistungen an die einzelnen Arbeitnehmer. Zu ihnen zählen z. B. zusätzliche Zahlungen an die Sozialversicherung, freiwillige Pensionszusagen oder Beihilfen für Fahrt und Verpflegung. *Sekundäre* freiwillige Sozialleistungen des Arbeitgebers kommen den einzelnen Arbeitnehmern nur „indirekt" zugute. Unter diese Kostenarten fallen bspw. Kosten für die Kantine, Werkszeitungen oder den Werkskindergarten. Der Fall der *sonstigen Personalkosten* stellt insbesondere auf durch Personalwechsel entstehende Kosten ab. Beispielsweise müssen bei Personalwechseln Inserate aufgegeben und Vorstellungsgespräche geführt werden. Eventuell fallen auch Abfindungen für ehemalige Mitarbeiter an, die das Unternehmen verlassen.[54]

Nach der Klassifikation der Personalkosten soll im Folgenden betrachtet werden, wie Personalkosten erfasst werden können. Lohn- und Gehaltskosten werden hierbei aufgrund von Zeitlohnscheinen, Akkordscheinen, Prämienunterlagen, Zusatzlohnscheinen, Gehaltslisten oder Stempelkarten

---

[50]   Vgl. Freidank (2008), S. 104–105.
[51]   Vgl. Haberstock (2005), S. 68.
[52]   Vgl. Kloock et al. (2005), S. 84.
[53]   Vgl. Haberstock (2005), S. 68–70.
[54]   Vgl. Haberstock (2005), S 70.

erfasst. Da diese Informationen auch für die handelsrechtliche Rechnungslegung benötigt werden, werden sie i. d. R. durch die Lohn- und Finanzbuchhaltung zur Verfügung gestellt.[55] Probleme bei der unterjährigen Zurechnung – z. B. im Zuge einer monatlichen Abrechnung – verursachen
einige Positionen der betrieblichen Sozialausgaben.[56] Als Beispiel für nicht
kontinuierlich anfallende Kosten kann etwa das Weihnachtsgeld genannt
werden. Würde das Weihnachtsgeld dem Monat zugerechnet, in dem es
gezahlt wird, würde der Monat Dezember mit zu hohen Kosten belastet.
Im Sinne einer gleichmäßigeren Kostenverteilung sollten diese Sozialausgaben auf alle Monate des Jahres verteilt werden, da die Zahlung des
Weihnachtsgeldes nicht allein durch die im Monat Dezember, sondern
durch die während des gesamten Jahres geleistete Arbeit verursacht wird.

Kalkulatorische Kosten

Kalkulatorische Kosten sind dadurch gekennzeichnet, dass ihnen entweder
kein Aufwand gegenübersteht (Zusatzkosten) oder dass ihnen Aufwand in
anderer Höhe gegenübersteht (Anderskosten). Der Grund für die Ermittlung von kalkulatorischen Kosten liegt darin, dass unbeeinträchtigt von
handelsrechtlichen und steuerrechtlichen Vorschriften *betriebswirtschaftliche* Werte ermitteln werden sollen.[57] Viele unter Einhaltung bilanz- oder
steuerrechtlicher Regelungen ermittelten Daten sind für Zwecke der internen Steuerung eines Unternehmens nicht mehr geeignet.[58] Um dennoch
steuerungsrelevante Daten generieren zu können, ist im Rahmen der Kostenartenrechnung eine kalkulatorische Abgrenzung einiger Kostenarten
durchzuführen.

Exkurs: Kalkulatorische Kosten im Cost Accounting

In Abschnitt 1 wurde dargestellt, dass im Cost Accounting ein Einkreislaufsystem vorliegt. Dies bedeutet, dass eine Trennung der Er-
folgsrechnungssysteme, wie sie im deutschsprachigen Raum durch
eine separate GuV sowie eine Betriebsergebnisrechnung gegeben
ist, im Cost Accounting nicht vorhanden ist.[59] Die Ursache hierfür
ist die stark vom externen Rechnungswesen beeinflusste Ausgestal-

---

55   Vgl. Freidank (2008), S. 104–105.
56   Vgl. Haberstock (2005), S. 70–71.
57   Vgl. ausführlicher zu den Gründen für das Rechnen mit kalkulatorischen Kos-
      ten Männel (1997), S. 5–7. Zur Verwendung kalkulatorischer Kosten in der
      Praxis vgl. z. B. Währisch (2000).
58   Vgl. Haberstock (2005), S. 76–77.
59   Vgl. Haller (1997), S. 273.

tung des internen Rechnungswesens im angloamerikanischen Raum. Dabei wird von der Prämisse ausgegangen, die Rechenziele des internen und externen Rechnungswesens seien zu großen Teilen deckungsgleich.

Gegenüber dem Financial Accounting weist etwa die deutsche Bilanzrechnung nach Handelsgesetzbuch (HGB) unterschiedliche Zielsetzungen auf. Die Bilanzrechnung ist neben der Informationsfunktion vor allem auf den Schutz von Investoren und Gläubigern sowie auf die Bemessung von Steuerzahlungen ausgerichtet. Dagegen bezweckt das an den Interessen von Investoren orientierte Financial Accounting eine Abbildung der realen ökonomischen Lage. Dies findet im IFRS-Grundsatz der Fair Presentation seinen Ausdruck. Darüber hinaus sollte nicht die rechtliche Form von Sachverhalten deren rechnungstechnische Abbildung bestimmen, sondern vielmehr deren wirtschaftlicher Gehalt (Grundsatz des Substance over Form).[60] Den Investoren sollen auf diese Weise entscheidungsrelevante Informationen geliefert werden.

Externes Rechnungswesen im angloamerikanischen Raum hat dem Grundsatz der Entscheidungsrelevanz so zu dienen, dass die bereitgestellten Daten prinzipiell sowohl für Entscheidungen Unternehmensexterner wie -interner nützlich sein sollen.[61] Auf diese Weise wird der Aufwand der Datenerfassung und -verarbeitung reduziert. Eine wertmäßige Abgrenzung, wie sie in der Kostenrechnung durch den Ansatz von kalkulatorischen Kosten vorgenommen wird, ist im angloamerikanischen Raum weitgehend ohne Relevanz.[62] Dies bedeutet allerdings nicht, dass die Informationen des Financial Accounting auch für sämtliche Zwecke der internen Entscheidungsunterstützung bzw. Kontrolle vergangener Entscheidungen ausreichend sind. Im Rahmen des Management Accounting werden daher i. d. R. umfangreiche Sonderauswertungen vorgenommen.[63] Problematisch an der hier angesprochenen sog. Konvergenz des Rechnungswesens ist, dass man sich dadurch auch im internen Rechnungswesen recht-

---

[60] Vgl. Haller (1997), S. 271–273.
[61] Vgl. Haller (1997), S. 274; vgl. für eine entsprechende Nutzung von Daten eines externen Rechnungswesens für interne Steuerungszwecke Egert et al. (2008).
[62] Eine Ausnahme bilden die auch im angloamerikanischen Raum bekannten Opportunitätskosten im Rahmen von Sonderrechnungen.
[63] Vgl. Horngren et al. (2008), S. 5.

lich kodifizierten Grundsätzen unterwirft. Eine grundsätzliche Übereinstimmung der Rechenzwecke ist aber eindeutig nicht gegeben.

Häufig abgegrenzte kalkulatorische Kostenarten sind kalkulatorische Abschreibungen, kalkulatorische Wagnisse, kalkulatorische Miete, kalkulatorische Zinsen und kalkulatorischer Unternehmerlohn (vgl. Abb. 2.7).

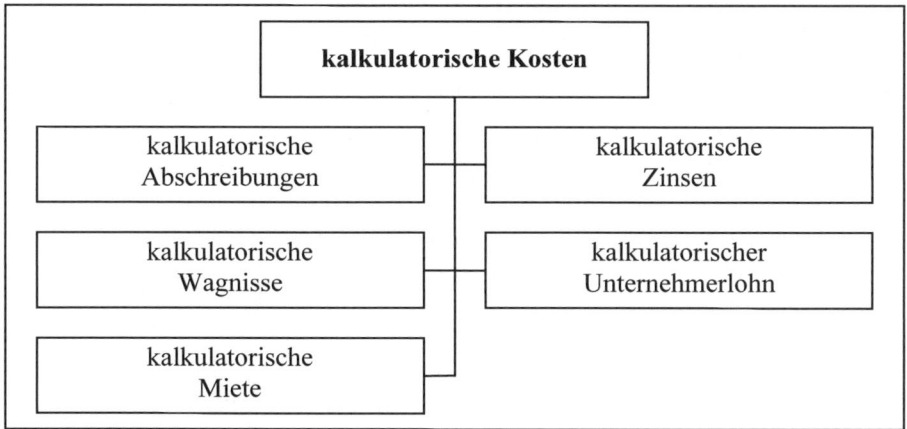

Abb. 2.7 Kalkulatorische Kostenarten

Diese Unterteilung der kalkulatorischen Kosten bildet die Grundlage für
die weitere Darstellung der einzelnen kalkulatorischen Kostenarten.

Kalkulatorische Abschreibungen
Abschreibungen haben die Aufgabe, den Wertverzehr am Anlagevermögen
eines Unternehmens zu erfassen. Dabei kann man bilanzielle und kalkulatorische Abschreibungen unterscheiden. Die bilanzielle (planmäßige) Abschreibung verteilt im Interesse einer periodengerechten Aufwandsver-
rechnung die Anschaffungs- oder Herstellungskosten der Anlagegüter auf
die Jahre der Nutzung. Im Gegensatz dazu stellt die kalkulatorische Abschreibung ein Mittel zur Erfassung des bewerteten Güterverzehrs derjenigen abnutzbaren Wirtschaftsgüter dar, die laufend dem Sachziel des Unternehmens dienen.[64] Als Rechnungsgröße werden in der kalkulatorischen
Rechnung Kosten verwendet, während in der Bilanzrechnung Aufwandsgrößen angesetzt werden.

Zum Anlagevermögen eines Unternehmens gehören insbesondere Maschinen, Anlagen, Gebäude und Grundstücke. Dabei stellt die kalkulatorische Rechnung die Anforderung an das Anlagevermögen, dass es zur betrieblichen Leistungserstellung notwendig ist. Unter dieser Voraussetzung

---

[64]   Vgl. Freidank (2008), S. 110.

stellt der bewertete Verzehr des Anlagevermögens auch Kosten dar, deren Ansatz sich als problematisch erweist. Maschinen und Gebäude werden in der Regel jahrelang genutzt und verlieren über den Zeitraum ihrer Nutzung an Wert.[65] Es stellt sich die Frage, wie dieser Wertverlust ermittelt werden soll. Bei einer über mehrere Jahre genutzten Maschine kann nicht eindeutig festgestellt werden, wie stark der Wertverlust in jeder Periode ist. Für eine aussagefähige Kostenrechnung ergibt sich jedoch die Notwendigkeit, diesen Werteverzehr adäquat zu berücksichtigen.

Bevor die Erfassung der Abschreibungskosten näher erläutert wird, sollen zunächst Ursachen dargestellt werden, warum es überhaupt zu einem Wertverlust kommt. Mögliche Ursachen des Werteverzehrs bzw. Abschreibungsursachen werden im Folgenden dargestellt (vgl. Abb. 2.8).[66]

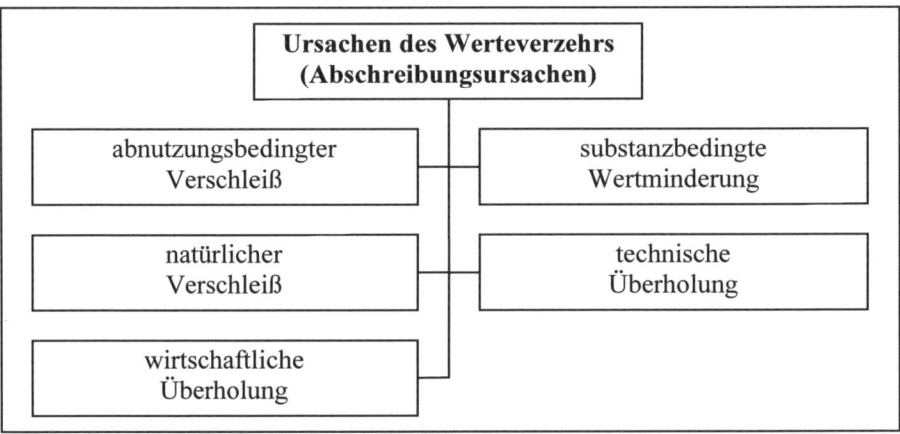

Abb. 2.8 Abschreibungsursachen

Abnutzungsbedingter Verschleiß entsteht durch Gebrauch des Objektes. Diesem Aspekt liegt die Vorstellung zugrunde, dass eine Maschine ein bestimmtes endliches Nutzungspotenzial aufweist. Demzufolge kann der Güterverzehr durch die Abnahme des Nutzungspotenzials gemessen werden. Beispielsweise wäre demnach bei einer Maschine mit einer angenommenen Nutzungsdauer von vier Jahren nach einem Jahr ein Viertel des Nutzungspotenzials verbraucht. In diesem Sinne könnte man die Aussage treffen, dass ein Güterverzehr in Höhe eines Viertels dieser Maschine stattgefunden hat, der aber noch bewertet werden muss, um zu Kostengrö-

---

[65] Vgl. Hummel u. Männel (1986), S. 163.
[66] Vgl. z. B. Haberstock (2005), S. 80–81.

ßen zu gelangen.[67] Nach dem wertmäßigen Kostenbegriff wäre der Güterverzehr auf Basis von Wiederbeschaffungskosten zu bewerten.

Substanzbedingte Wertminderungen treten z. B. bei Bergwerken, Kies- und Sandgruben, Ölfeldern oder Steinbrüchen auf.[68] Bei diesen Fällen ergibt sich der Wertverzehr dadurch, dass aus einem endlichen Vorrat eine bestimmte Menge entnommen wird. Diese Entnahme führt zu einer Verringerung des zukünftigen Nutzungspotenzials.

Natürlicher (ruhender) Verschleiß bezeichnet eine Minderung der Leistungsfähigkeit, der auch ohne den Gebrauch des Anlagegegenstandes eintritt, etwa durch Verwittern, Verrosten, Verdunsten, Zersetzen oder durch Fäulnis.[69]

Technische Überholung tritt in Folge von technischem Fortschritt auf. Produkt- bzw. Prozessinnovationen können z. B. zur Einführung neuer Werkstoffe oder zur Einführung neuer Produktionsverfahren führen. Durch diese Neuerungen können Werkstoffe oder Maschinen älterer Generationen obsolet werden und dadurch an Wert verlieren.

Wirtschaftliche Überholung kann etwa durch Modewechsel oder Geschmacksänderungen bewirkt werden, die zu einem Absatzrückgang von Produkten führen können. Falls auf den eingesetzten Betriebsmitteln keine anderen Produkte gefertigt werden können, ergibt sich als Konsequenz der veränderten Situationen eine Verkürzung der Nutzungsdauer der entsprechenden Betriebsmittel.[70]

Der tatsächliche Wertverlust einer Maschine wird durch mindestens eine dieser Ursachen hervorgerufen. Es können jedoch auch mehrere Gründe gleichzeitig wirken. So kann eine Maschine durch Nutzung und gleichzeitig durch natürlichen Verschleiß an Wert verlieren.

Anhand dieser vielfältigen Wirkungsmöglichkeiten werden die Schwierigkeiten deutlich, den Güterverzehr und seine Ursachen exakt oder auch nur annähernd zu bestimmen. Mit Hilfe der Investitionsrechnung wäre es möglich, eine theoretisch optimale wirtschaftliche Nutzungsdauer zu errechnen und daraus periodische Abschreibungsbeträge abzuleiten. Dabei werden aber umfangreiche Daten über zukünftige Entwicklungen benötigt. Aufgrund der Unsicherheit und Komplexität dieser Daten sind die Ergebnisse aufwändig zu ermitteln und mit großen Unsicherheiten belastet.[71]

Vereinfachend werden Annahmen darüber getroffen, wie sich der Güterverzehr entwickeln könnte, und es werden Hypothesen über die Ursa-

---

[67] Vgl. Hummel u. Männel (1986), S. 163–164.
[68] Vgl. Freidank (2008), S. 110.
[69] Vgl. Schweitzer u. Küpper (2008), S. 97–98.
[70] Vgl. Freidank (2008), S. 110.
[71] Vgl. Fandel et al. (2004), S. 117.

chen und das Ausmaß des Güterverzehrs aufgestellt. Ein Beispiel einer möglichen Beschreibung des Güterverzehrs wurde bereits in der Erläuterung des abnutzungsbedingten Verschleißes deutlich. In diesem Beispiel wurde folgende Hypothese verwendet: „Die Maschine soll auf eine Nutzungsdauer von vier Jahren ausgelegt sein, wobei sich der Güterverzehr gleichmäßig über die Nutzungsdauer verteilt". Es handelt sich hierbei jedoch lediglich um eine Annahme. Über den Verlauf des Güterverzehrs lassen sich auch andere Hypothesen bilden. Dies wird noch bei der Diskussion verschiedener Abschreibungsverfahren deutlich werden.

Im letzten Abschnitt wurde festgestellt, dass eine verursachungsgemäße Erfassung von Wertminderungen sehr schwierig ist, da meist mehrere Arten des Werteverzehrs gleichzeitig wirksam sind. Daher kann die tatsächliche Wertminderung eines Betriebsmittels i. d. R. nur geschätzt werden. Zur Ermittlung kalkulatorischer Abschreibungen ist deshalb ein Abschreibungsverfahren zu wählen, das die Wertminderung der Betriebsmittel möglichst verursachungsgerecht erfasst. Dabei können die in Abb. 2.9 aufgeführten Abschreibungsverfahren zur Anwendung gelangen.

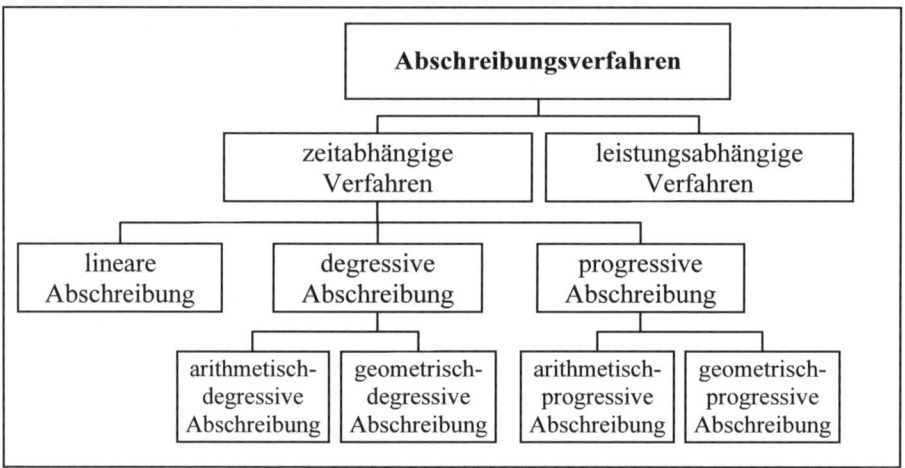

Abb. 2.9 Abschreibungsverfahren

Die Abschreibungsverfahren können danach unterschieden werden, ob sie den Wertverlust über die Zeit verrechnen oder über die Leistungsabgabe. Bei zeitabhängigen Verfahren wird die Hypothese zugrunde gelegt, dass sich der Güterverzehr durch den Zeitablauf ergibt. Die tatsächliche Leistungsabgabe wird bei der Bestimmung des Wertverzehrs einer Periode nicht berücksichtigt.[72] Bei den leistungsabhängigen Verfahren wird dage-

---

[72] Vgl. z. B. Freidank (2008), S. 111–112.

gen der Wertverlust auf gebrauchsbedingten Verschleiß, d. h. auf die tatsächliche Inanspruchnahme, zurückgeführt.[73] Im Folgenden sollen zunächst die zeitabhängigen, später die leistungsabhängigen Verfahren abstrakt und unter Veranschaulichung durch ein einfaches Zahlenbeispiel dargestellt werden.

Zeitabhängige Abschreibungsmethoden. Bei den zeitabhängigen Verfahren ist die lineare, die degressive und die progressive Abschreibung zu unterscheiden. Die degressive Abschreibung lässt sich darüber hinaus noch nach der arithmetisch-degressiven und der geometrisch-degressiven Variante, die progressive Abschreibung entsprechend nach der arithmetisch-progressiven und der geometrisch-progressiven Variante differenzieren.

Lineare Abschreibung. Bei Anwendung der linearen Abschreibungsmethode wird die Hypothese eines gleichmäßigen Werteverzehrs während der Nutzungsdauer zu Grunde gelegt. Die *Anschaffungs-* oder *Wiederbeschaffungs*kosten werden gleichmäßig auf die betriebsgewöhnliche Nutzungsdauer verteilt. In der Praxis basieren Abschreibungen häufig auf den Anschaffungskosten. Bei Verwendung des wertmäßigen Kostenbegriffs sind hingegen die Wiederbeschaffungskosten anzusetzen. Diese Unterscheidung wird jedoch erst bei abweichenden Preisen bedeutsam. Der Abschreibungsbetrag wird ermittelt, indem die Anschaffungs- bzw. Wiederbeschaffungskosten durch die Nutzungsjahre dividiert werden:

$$a_t = \frac{(A - L_T)}{n} \qquad (2.2)$$

mit:

a_t	jährlicher Abschreibungsbetrag
A	Wiederbeschaffungswert
L_T	Restwert (Liquidationserlös)
n	Anzahl der Nutzungsjahre

Als weitere wichtige Größe wird neben dem Abschreibungsbetrag häufig auch die Abschreibungsquote w_t ermittelt, die den prozentualen Anteil der um den Liquidationserlös verringerten Wiederbeschaffungskosten angibt, die in jeder Periode abgeschrieben werden.

$$w_t = \frac{a_t}{(A - L_T)} \qquad (2.3)$$

---

[73]   Vgl. Hummel u. Männel (1986), S. 165.

Für den Fall, dass das Abschreibungsobjekt nach Ende der Nutzungsdauer noch einen Restwert besitzt, muss dieser bei der Berechnung des Abschreibungsbetrages berücksichtigt werden.[74] Das Vorgehen der linearen Abschreibungsmethode soll im Folgenden mittels eines Beispiels näher erläutert werden:

Beispiel: Die Zuckerpuppen & Söhne GmbH möchte den jährlichen kalkulatorischen Abschreibungsbetrag für eine Conchiermaschine nach der linearen Abschreibungsmethode ermitteln. Der Wiederbeschaffungswert (A) der Maschine beträgt 1.700 Tausend Geldeinheiten (TGE). Nach einer geplanten Nutzungsdauer (n) von 4 Jahren wird mit einem Restwert (L_T) von 200 TGE gerechnet.

Der jährliche *Abschreibungsbetrag* (a_t) in der Periode t ergibt sich aus:

$$a_t = \frac{(A - L_T)}{n} = \frac{(1.700\,\text{TGE} - 200\,\text{TGE})}{4} = 375\,\text{TGE}$$

Die prozentuale *Abschreibungsquote* (w_t) lässt sich berechnen aus:

$$w_t = \frac{a_t}{(A - L_t)} \cdot 100\,\% = \frac{375\,\text{TGE}}{(1.700\,\text{TGE} - 200\,\text{TGE})} \cdot 100\,\% = 25\,\%$$

Tabelle 2.2 stellt die Abschreibungsbeträge, die kalkulatorischen Restbuchwerte und die Abschreibungsquote für die einzelnen Perioden dar.

Tabelle 2.2 Beispiel zur linearen Abschreibung

Nutzungsjahr (n)	jährliche Abschreibung (a_t)	kalkulatorischer Restbuchwert (R_t)	Abschreibungsquote (w_t)
t = 1	375 TGE	1.325 TGE	25 %
t = 2	375 TGE	950 TGE	25 %
t = 3	375 TGE	575 TGE	25 %
t = 4	375 TGE	200 TGE	25 %

Es wird deutlich, dass bei der linearen Abschreibungsmethode die Abschreibungsbeträge und damit auch die Abschreibungsquoten für jede Periode konstant sind. Abb. 2.10 veranschaulicht die Ergebnisse des Zahlenbeispiels.

Die Kosten für die Nutzung der Maschine werden beim linearen Abschreibungsverfahren so auf die einzelnen Perioden verteilt, dass eine gleichmäßige Belastung mit Abschreibungen in den einzelnen Perioden resultiert. Ob die lineare Abschreibungsmethode tatsächlich zu einer gleich-

---

[74] Vgl. z. B. Freidank (2008), S. 111–112.

mäßigen Kostenbelastung der einzelnen Perioden für die Nutzung der Maschine führt, lässt sich aber erst beantworten, wenn der Blickwinkel etwas über den Aspekt der Abschreibungen hinaus erweitert wird. Für das gewählte Beispiel würden die Perioden nur dann gleichmäßig mit den Kosten für die Nutzung der Maschine belastet, wenn sich auch die anderen Kosten der Maschine, z. B. für Reparaturen (Instandhaltungskosten), gleichmäßig auf alle Perioden verteilen. Reparaturen treten aber i. d. R. in späteren Perioden gehäuft auf. In diesem Fall nimmt die jährliche Kostenbelastung – als Summe aus Abschreibung und Reparaturkosten – für die Maschine gegen Ende der Nutzungsdauer trotz linearer Abschreibung zu. Soll eine gleichmäßige Belastung der Perioden mit Kosten für die Nutzung der Maschine erreichen werden, ist daher die Wahl einer anderen Abschreibungsmethode zu empfehlen.

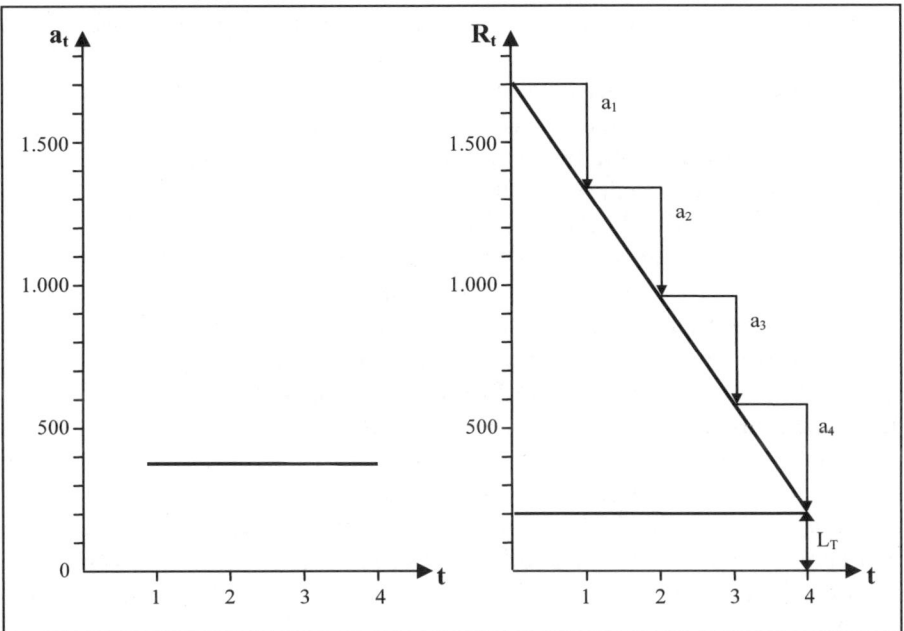

Abb. 2.10 Lineare Abschreibungsmethode

Degressive Abschreibung. Bei der degressiven Abschreibung werden die Anschaffungs- oder Wiederbeschaffungskosten eines Anlagegutes mittels sinkender jährlicher Abschreibungsquote auf die wirtschaftliche Nutzungsdauer verteilt. Die Abschreibungsquote ist demnach im ersten Jahr der Nutzung am höchsten, im letzten Jahr dagegen am geringsten. Die degressive Methode sollte insbesondere dann angewendet werden, wenn die nachfolgenden Kriterien erfüllt sind:[75]

Wie bereits erwähnt, tritt gegen Ende der Nutzungsdauer u. U. eine verstärkte Notwendigkeit zu Reparaturen auf. Soll eine gleichmäßige Kostenbelastung erreicht werden, müssten in diesem Fall die Abschreibungsbeträge im Zeitablauf sinken. Auf diese Weise kann die Summe aus Reparatur- und Abschreibungskosten annähernd gleichmäßig verteilt werden. Das degressive Abschreibungsverfahren hat sinkende Abschreibungsbeträge zur Folge und kann daher bei über die Laufzeit ansteigenden Reparatur- und Wartungsarbeiten eine gleichmäßige Belastung der Perioden mit Kosten für die Maschine bewirken.

Als weiteren möglichen Grund dafür, zu Beginn der Nutzungsdauer höhere Abschreibungen zu verrechnen, kann man eine etwaige im Zeitablauf abnehmende Gebrauchsfähigkeit der Maschine anführen. Bei einer Maschine können bspw. gegen Ende der Nutzungsdauer erhöhte Ausfallzeiten auftreten, so dass Reparaturen mit kostenmäßigen Konsequenzen erforderlich werden, während bei Nichtdurchführung der Reparatur die Maschine an Leistungsfähigkeit verliert. In diesem Fall gibt die Maschine weniger Leistung ab. In anfänglichen Perioden wird die Maschine dann effektiv mehr genutzt als in späteren. Aus diesem Grund könnte man am Anfang der Nutzungsdauer mehr Abschreibungen verrechnen als am Ende.

Ein weiterer Grund für die Verwendung der degressiven Methode liegt darin, dass potenzielle Veräußerungspreise für gebrauchte Maschinen anfangs stärker fallen als am Ende. Dieses Phänomen zeigt sich bspw. bei Gebrauchtwagen. Der Wertverlust in den ersten Jahren ist hier sehr hoch, während in späteren Jahren die Preise vergleichsweise weniger stark sinken. Aufgrund solcher technischen oder wirtschaftlichen Überlegungen können ebenfalls fallende Abschreibungen begründet werden. Allerdings ist dieses Argument aus kostenrechnerischer Sicht als eher schwach zu beurteilen, da es nicht ein betriebliches Ziel ist, Maschinen nach wenigen Jahren zu veräußern. Kosten sollen den ordentlichen Wertverzehr messen. Insofern ist kein Bezug zum Marktpreis für gebrauchte Maschinen herzustellen.

In der Kostenrechnungspraxis ist die degressive Methode als eher unbedeutend einzustufen. In der Regel werden in der Kostenrechnung lineare Abschreibungen angesetzt. Steuerrechtlich wurde die degressive Abschreibung mit der Unternehmensteuerreform 2008 abgeschafft, d. h. sowohl in der Handels- als auch der Steuerbilanz ist nur noch die lineare Abschreibung zulässig. Die degressive Methode führt zu Beginn zu höheren Abschreibungen und vermag daher (kurzfristig) eher zu einer Gewinnminde-

---

[75] Vgl. Freidank (2008), S. 112.

rung beizutragen. Dass bei derartigen Überlegungen intertemporale Interdependenzen eines mehrjährigen Planungshorizonts zu beachten sind, sei hierbei erwähnt, aber in dem Rahmen des hier betrachteten kurzfristigen Rechnungsinstruments nicht weiter vertieft.

Bei der formalen Darstellung der degressiven Abschreibung ist zwischen dem arithmetisch-degressiven und dem geometrisch-degressiven Verfahren zu unterscheiden. Bei beiden Methoden werden die Abschreibungsbeträge pro Periode im Zeitablauf geringer. Das Konstruktionsprinzip und die Ermittlung der Abschreibungsbeträge werden nachfolgend für beide Methoden dargestellt.

Arithmetisch-degressive Abschreibungsmethode. Bei dieser Methode vermindern sich die jährlichen Abschreibungsbeträge stets um den gleichen Betrag, den sog. Degressionsbetrag. Dieser ist bei der arithmetisch-degressiven Abschreibung in jeder Periode konstant.[76]

Zur Durchführung der arithmetisch-degressiven Abschreibungsmethode muss zunächst die Nutzungsdauer (i. d. R. in Jahren) festgestellt werden. Im nächsten Schritt werden – beginnend mit der Periode eins – die Jahresziffern der geschätzten Nutzungsdauer hinzuaddiert. Die Anschaffungs- oder Wiederbeschaffungskosten werden festgestellt und um den Restwert bereinigt. Diese bereinigten Anschaffungs- oder Wiederbeschaffungskosten werden durch die Summe der Jahresziffern dividiert, woraufhin der Degressionsbetrag resultiert.

Der Degressionsbetrag (D) ergibt sich somit aus dem Quotienten des Wiederbeschaffungswertes (A) abzüglich des Restwerts (L) und der Summe der Jahresziffern:

$$D = \frac{(A - L)}{\text{Summe der Jahresziffern}} \qquad (2.4)$$

Die Summe der Jahresziffern kann für n Perioden wie folgt berechnet werden:

$$\text{Summe der Jahresziffern} = 1 + 2 + \ldots + n = \frac{n \cdot (n + 1)}{2} \qquad (2.5)$$

Somit ergibt sich für den Degressionsbetrag:

---

[76] Vgl. Kloock et al. (2005), S. 98–99. Einen Spezialfall der arithmetisch-degressiven Abschreibungsmethode bildet die digitale Abschreibung, bei der der Abschreibungsbetrag im letzten Jahr der Nutzungsdauer dem jährlichen Minderungsbetrag der Abschreibungen entspricht, vgl. hierzu z. B. Hettich et al. (2001), S. 91–92.

$$D = \frac{(A-L)}{\frac{n \cdot (n+1)}{2}} = 2 \cdot \frac{(A-L)}{n \cdot (n+1)} \tag{2.6}$$

Genau um diesen Betrag verringern sich die Abschreibungen pro Periode. Zur Berechnung der Abschreibungsbeträge der einzelnen Jahre wird der Degressionsbetrag mit den Jahresziffern multipliziert. Hierbei werden die Jahresziffern in fallender Reihe verwendet. Bei einer vierjährigen Nutzungsdauer ergibt sich die Abschreibung der ersten Periode als Degressionsbetrag multipliziert mit der Jahresziffer vier, in der zweiten Periode als Degressionsbetrag multipliziert mit der Jahresziffer drei usw.

Im nächsten Schritt werden die jährlichen Abschreibungsbeträge (a_t) für die Perioden t ermittelt, indem die Degressionsbeträge (D) mit den Jahresziffern in umgekehrter Reihenfolge multipliziert werden:

$$a_t = D \cdot (n - t + 1) \tag{2.7}$$

Analog zur linearen Abschreibung ergibt sich die Abschreibungsquote aus:

$$w_t = \frac{a_t}{(A-L)} \cdot 100\% . \tag{2.8}$$

Beispiel: Hierbei wird an die Ausgangsdaten des Beispiels zur linearen Abschreibung angeknüpft:

Wiederbeschaffungswert (A):	1.700 TGE
Nutzungsdauer in Jahren (n):	4
Restwert (L):	200 TGE

Mit Hilfe dieser Formel kann der Degressionsbetrag wie folgt berechnet werden:

$$D = 2 \cdot \frac{(1.700\,\text{TGE} - 200\,\text{TGE})}{4 \cdot (4+1)} = 150\,\text{TGE}$$

Für die Abschreibungsbeträge der einzelnen Perioden ergeben sich die Werte:

$$a_1 = 150\,\text{TGE} \cdot (4-1+1) = 150\,\text{TGE} \cdot 4 = 600\,\text{TGE}$$

$$a_2 = 150\,\text{TGE} \cdot 3 = 450\,\text{TGE}$$

$$a_3 = 150\,\text{TGE} \cdot 2 = 300\,\text{TGE}$$

$$a_4 = 150\,\text{TGE} \cdot 1 = 150\,\text{TGE}$$

Die Abschreibungsquoten werden gemäß der Formel (2.8) wie folgt ermittelt:

$$w_1 = \frac{600\,TGE}{(1.700\,TGE - 200\,TGE)} \cdot 100\% = 40\%$$

$$w_2 = \frac{450\,TGE}{(1.700\,TGE - 200\,TGE)} \cdot 100\% = 30\%$$

$$w_3 = \frac{300\,TGE}{(1.700\,TGE - 200\,TGE)} \cdot 100\% = 20\%$$

$$w_4 = \frac{150\,TGE}{(1.700\,TGE - 200\,TGE)} \cdot 100\% = 10\%$$

In Tabelle 2.3 sind die Abschreibungsbeträge (a_t), die kalkulatorischen Restbuchwerte (R_t) und die Abschreibungsquote (w_t) für die einzelnen Perioden aufgeführt. Wie in der Tabelle ersichtlich ist, nimmt die Abschreibungsquote mit der Dauer der Nutzung ab, während der Degressionsbetrag konstant ist.

Tabelle 2.3 Beispiel zur arithmetisch-degressiven Abschreibung

Nutzungsjahr (t)	jährliche Abschreibung (a_t) [in TGE]	kalkulatorischer Restbuchwert (R_t) [in TGE]	Abschreibungsquote (w_t)
t = 1	600	1.100	40 %
t = 2	450	650	30 %
t = 3	300	350	20 %
t = 4	150	200	10 %

Die Abb. 2.11 veranschaulicht die Ergebnisse des Zahlenbeispiels. Während in der linken Hälfte der Abbildung die jährlichen Abschreibungsbeträge dargestellt sind, zeigt die rechte Seite der Abbildung die Entwicklung des Restbuchwertes in Abhängigkeit von der Zeit t. Die Abschreibungsbeträge a_t sinken von Jahr zu Jahr, wobei die Verringerung linear verläuft.[77] Der Restbuchwert R_t verringert sich im Zeitablauf ebenfalls, wobei das Ausmaß der Verringerung jeweils abnimmt. Am Ende der Nutzungsdauer ergibt sich ein Restbuchwert in Höhe des Liquidationserlöses L_T.

---

[77] In einem strengen Sinne handelt es sich hierbei nicht um eine Gerade, da die Abschreibungsbeträge zu bestimmten Zeitpunkten in Ansatz gebracht werden. Eigentlich müsste eine diskrete Abfolge von Punkten dargestellt werden.

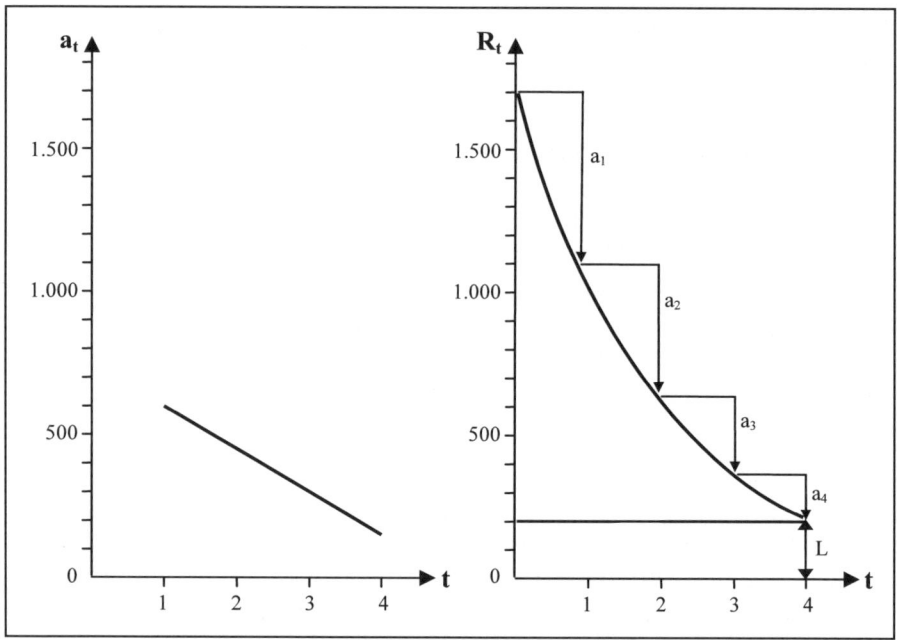

Abb. 2.11 Arithmetisch-degressive Abschreibungsmethode

Geometrisch-degressive Abschreibungsmethode (Buchwertmethode). Bei dieser Methode ergeben sich die Abschreibungsbeträge durch Multiplikation des Restbuchwertes mit einer konstanten Abschreibungsquote:

$$a_t = R_{t-1} \cdot w_t \qquad (2.9)$$

mit:

a_t Abschreibungsbetrag der Periode t
R_{t-1} Restbuchwert der Vorperiode
w_t Abschreibungsquote

Der neue Restbuchwert ergibt sich als:

$$R_t = R_{t-1} - a_t \qquad (2.10)$$

Der Restbuchwert am Ende einer Periode t kann allgemein auch mit

$$R_t = A \cdot (1 - w_t)^t \qquad (2.11)$$

mit:

A   Anschaffungs- bzw. Wiederbeschaffungswert

berechnet werden.[78] In t = 0 entsprechen sich dabei Anschaffungs- bzw. Wiederbeschaffungswert und Restbuchwert. In der Folge wird der Restbuchwert jedoch um die Abschreibungsbeträge der Vorperioden verringert.[79] Dadurch, dass der Restbuchwert, auf den die Abschreibungsquote angewendet wird, immer kleiner wird, fallen die Abschreibungsbeträge pro Nutzungsperiode. Da beim geometrisch-degressiven Verfahren immer vom jeweiligen Restbuchwert abgeschrieben wird, kann dieser am Ende der Nutzungsdauer nie den Wert Null annehmen. Daher wird diese Methode auch als *unendliche* Abschreibungsmethode bezeichnet.[80]

Beispiel: Zur Verdeutlichung des geometrisch-degressiven Abschreibungsverfahrens wird wieder auf die Ausgangsdaten des Beispiels zur linearen Abschreibung zurückgegriffen:

Wiederbeschaffungswert (A):	1.700 TGE
Nutzungsdauer in Jahren (n):	4
Restwert (L):	200 TGE

Die jährliche Abschreibungsquote w_t, mit der die Abschreibungsbeträge ermittelt werden, beträgt 41 Prozent. Somit ergeben sich der Abschreibungsbetrag a_t und mit ihm der Restwert R_t als:

$$a_1 = 1.700 \text{ TGE} \cdot 0{,}41 = 697 \text{ TGE}$$

$$R_1 = 1.700 \text{ TGE} - 697 \text{ TGE} = 1.003 \text{ TGE}$$

Für die zweite Periode resultiert:

$$a_2 = 1.003 \text{ TGE} \cdot 0{,}41 \approx 411 \text{ TGE}$$

$$R_2 = 1.003 \text{ TGE} - 411 = 592 \text{ TGE}$$

Die weiteren Ergebnisse sind der Tabelle 2.4 zu entnehmen.

Tabelle 2.4 Beispiel zur geometrisch-degressiven Abschreibung (I)

Nutzungsjahr (t)	jährliche Abschreibung (a_t) [in TGE]	kalkulatorischer Restbuchwert (R_t) [in TGE]
t = 0		1.700
t = 1	1.700 · 0,41 = 697	1.003
t = 2	1.003 · 0,41 ≈ 411	592
t = 3	592 · 0,41 ≈ 243	349
t = 4	349 · 0,41 ≈ 143	206

---

[78] Vgl. Hettich et al. (2001), S. 92–93.
[79] Vgl. Fandel et al. (2004), S. 119.
[80] Vgl. Haberstock (2005), S. 85–86.

In diesem Zahlenbeispiel ist für die Periode t = 4 ein Restbuchwert (R_4) von 206 TGE berechnet worden. Der Liquidationserlös (L) sollte – wie in den Ausgangsdaten angegeben – 200 TGE betragen. Die Differenz zwischen Restbuchwert und Liquidationserlös beträgt somit 6 TGE. Soll ein vorab festgelegter Liquidationserlös exakt erreicht werden, ist die dazu notwendige Abschreibungsquote mit Hilfe der folgenden Formel zu berechnen:

$$w_t = 100\% \cdot \left(1 - \sqrt[n]{\frac{L}{A}}\right) \qquad (2.12)$$

Im Beispiel ergibt sich eine Abschreibungsquote von

$$w_t = 100\% \cdot \left(1 - \sqrt[4]{\frac{200\,\text{GE}}{1.700\,\text{GE}}}\right) \approx 41{,}434\%.$$

Die Wirkung soll wieder anhand des Beispiels betrachtet werden. Die relevanten Daten sind in Tabelle 2.5 aufgeführt. Graphisch wird die geometrisch-degressive Abschreibungsmethode durch Abb. 2.12 dargestellt.

Tabelle 2.5 Beispiel zur geometrisch-degressiven Abschreibung (II)

Nutzungsjahr (t)	jährliche Abschreibung (a_t)	kalkulatorischer Restbuchwert (R_t)
t = 0		1.700 TGE
t = 1	704 TGE	996 TGE
t = 2	413 TGE	583 TGE
t = 3	242 TGE	341 TGE
t = 4	141 TGE	200 TGE

Der Restbuchwert in t = 4 in Höhe von 200 TGE entspricht dem Liquidationserlös. Zur Vermeidung eines Differenzbetrags zwischen Restbuchwert und Liquidationserlös ist alternativ kurz vor Ende der Nutzungsdauer ein Wechsel zur linearen Methode möglich. Bei einer vierjährigen Nutzungsdauer kann bspw. drei Perioden lang geometrisch-degressiv mit 41 % abgeschrieben werden, bevor in der vierten Periode ein Übergang zur linearen Methode erfolgt und auf den Liquidationserlös abgeschrieben wird. Diese Methode hat den Vorteil, dass die Abschreibungsquote nicht nach einer rein mathematischen Formel berechnet wird, sondern nach betriebswirtschaftlichen Überlegungen festgesetzt werden kann.

Bei der Frage nach der Relevanz der geometrisch-degressiven Abschreibungsmethode für die Kostenrechnung ist zu bemerken, dass in der Praxis überwiegend linear abgeschrieben wird. Von daher ist die Bedeutung der geometrisch-degressiven Abschreibung aus kostenrechnerischer Sicht nachrangig.

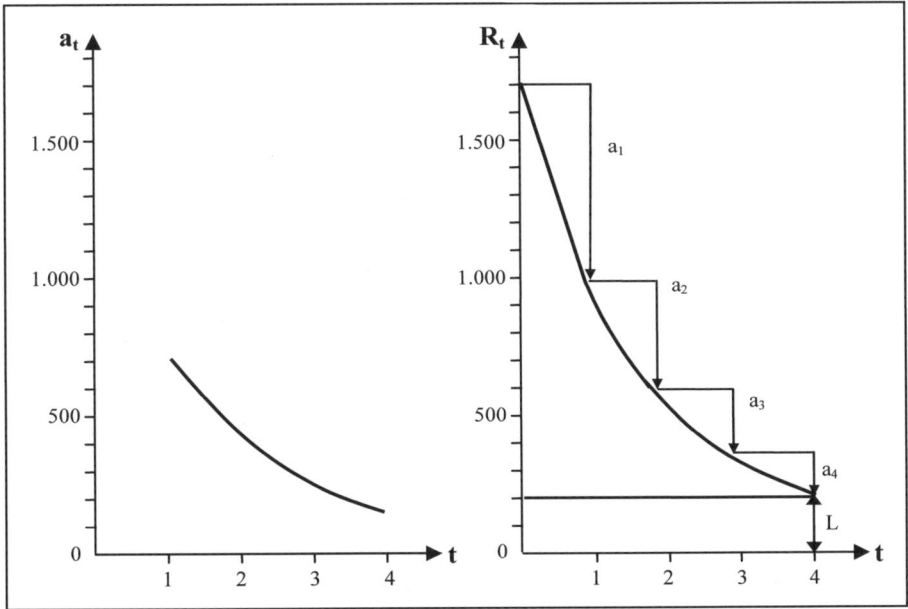

Abb. 2.12 Geometrisch-degressive Abschreibungsmethode

Progressive Abschreibung. Bei diesem Verfahren handelt es sich um eine zeitabhängige Abschreibungsmethode, die von der Prämisse eines im Zeitverlauf ansteigenden Güterverzehrs ausgeht. Infolgedessen weist sie von Periode zu Periode steigende Abschreibungsbeträge aus. Die progressive Methode kann analog zur degressiven Abschreibungsmethode in arithmetischer und geometrischer Ausprägung zum Einsatz kommen. Sie stellt das Gegenstück zur degressiven Abschreibung dar und ist steuerrechtlich nicht zulässig.[81] Aufgrund der Selbstständigkeit der Kostenrechnung gegenüber der Bilanz- und Erfolgsrechnung können die progressiven Verfahren dennoch bei der Ermittlung kalkulatorischer Abschreibungen Verwendung finden.

Arithmetisch-progressive Abschreibungsmethode. Die jährlichen Abschreibungsbeträge ergeben sich bei dieser Methode durch Ermittlung des Progressionsbetrages P. Der Progressionsbetrag unterscheidet sich von der Berechnung her nicht vom Degressionsbetrag bei der arithmetisch-degressiven Methode. Bei der Berechnung der jährlichen Abschreibungs-

---

[81] Vgl. Kloock et al. (2005), S. 105–106.

beträge wird der Progressionsbetrag jedoch mit den Jahresziffern in *aufsteigender* Reihenfolge multipliziert, so dass sich von Periode zu Periode steigende Abschreibungsbeträge ergeben.

$$P = 2 \cdot \frac{(A - L)}{n \cdot (n + 1)}$$ (2.13)

mit:

P: Progressionsbetrag
A: Wiederbeschaffungswert
L: Restwert
n: Periode

Beispiel: Wie schon bei den zuvor dargestellten Verfahren soll das Vorgehen der arithmetisch-progressiven Abschreibungsmethode anhand des Beispiels der Conchiermaschine verdeutlicht werden. Für das Beispiel werden die folgenden bereits bekannten Ausgangsdaten verwendet:

Wiederbeschaffungswert (A):	1.700 TGE
Nutzungsdauer in Jahren (n):	4
Restwert (L):	200 TGE

1. Schritt: Berechnung des Progressionsbetrags (P):

$$P = 2 \cdot \frac{(A - L)}{n \cdot (n + 1)} = 2 \cdot \frac{(1700\,\text{TGE} - 200\,\text{TGE})}{4 \cdot (4 + 1)} = 150\,\text{TGE}$$

2. Schritt: Bestimmung der Abschreibungsbeträge (a_t):

$$a_t = P \cdot t$$

Für das Beispiel gilt:

$$a_1 = 150\,\text{TGE} \cdot 1 = 150\,\text{TGE}$$

$$a_2 = 150\,\text{TGE} \cdot 2 = 300\,\text{TGE}$$

$$a_3 = 150\,\text{TGE} \cdot 3 = 450\,\text{TGE}$$

$$a_4 = 150\,\text{TGE} \cdot 4 = 600\,\text{TGE}$$

Die weiteren Ergebnisse sind in der Tabelle 2.6 aufgeführt.

Tabelle 2.6 Beispiel zur arithmetisch-progressiven Abschreibung

Nutzungsjahr (t)	jährliche Abschreibung (a_t)	kalkulatorischer Restbuchwert (R_t)	Abschreibungs- quote (w_t)
t = 1	150 TGE	1.550 TGE	10 %
t = 2	300 TGE	1.250 TGE	20 %
t = 3	450 TGE	800 TGE	30 %
t = 4	600 TGE	200 TGE	40 %

Die Abb. 2.13 veranschaulicht die Ergebnisse gem. Tabelle 2.6.

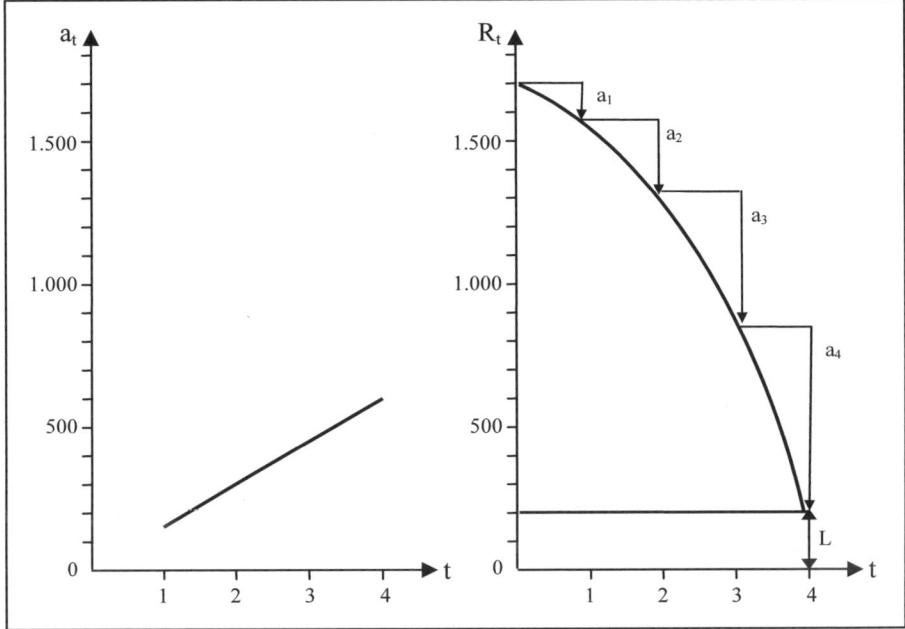

Abb. 2.13 Arithmetisch-progressive Abschreibungsmethode

Geometrisch-progressive Abschreibungsmethode. Die jährlichen Ab-schreibungsbeträge werden hier im Vergleich zur geometrisch-degressiven Abschreibungsmethode lediglich in umgekehrter Reihenfolge verrechnet.

Beispiel: Aus dem oben genannten Grund wird im Folgenden auf die Da-ten des Beispiels zur geometrisch-degressiven Abschreibung zurückgegrif-fen. Dabei wird die dort ermittelte Abschreibungsquote von 41,434 % zu-grunde gelegt. Es ergeben sich die aus Tabelle 2.7 ersichtlichen Abschrei-bungsbeträge.

Tabelle 2.7 Beispiel zur geometrisch-progressiven Abschreibung

Nutzungsjahr (t)	jährliche Abschreibung (a)	kalkulatorischer Restbuchwert (R)	
t = 0		1.700 TGE	(A)
t = 1	141 TGE	1.559 TGE	
t = 2	242 TGE	1.317 TGE	
t = 3	413 TGE	904 TGE	
t = 4	704 TGE	200 TGE	

In Abb. 2.14 ist der Verlauf der geometrisch-progressiven Abschreibungsmethode dargestellt.

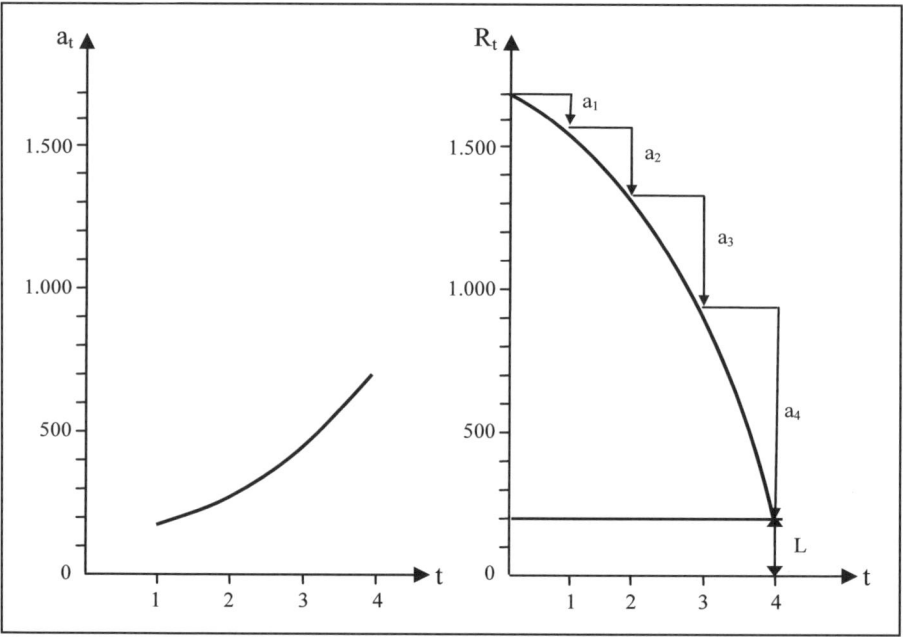

Abb. 2.14 Die geometrisch-progressive Abschreibungsmethode

Leistungsabhängige Abschreibungsmethode. Bei diesem Verfahren
wird der Werteverzehr des Anlagengutes nicht in Abhängigkeit von der
Zeit, sondern in Abhängigkeit von der Leistungsabgabe berechnet. Die
Dauer der Abschreibung hängt von dem Zeitraum ab, in dem ein Anlagegut seinen Leistungsvorrat durch Inanspruchnahme bei der Produktion abgibt. Die Anschaffungs- bzw. Wiederbeschaffungskosten abzüglich des
Liquidationserlöses werden durch die geschätzte Anzahl der mit einem
Anlagegut zu bearbeitenden Produkte oder die möglichen Laufstunden einer Anlage dividiert. Auf diese Weise ergibt sich der Abschreibungsbetrag

je nach Produkteinheit oder Maschinenstunde.[82] Beispielsweise kann ein PKW nach gefahrenen Kilometern abgeschrieben werden.

Der Abschreibungsbetrag einer Periode wird von der Höhe der Ausbringung dieser Periode bestimmt. Schwankungen im Beschäftigungsgrad führen zu einer Beeinflussung der Höhe der Jahresabschreibung, so dass die Abschreibungen den Charakter von auf die Zeitperiode bezogenen fixen Kosten verlieren. Leistungsabhängige Abschreibungen verhalten sich proportional zum Beschäftigungsgrad, wobei sie bezogen auf die einzelne Leistungseinheit konstant sind. Als Beispiel hierfür kann wiederum der PKW angeführt werden, welcher mit 0,25 GE pro Kilometer leistungsabhängig abgeschrieben wird. Bezogen auf die Leistungseinheit „gefahrener Kilometer" betragen die Abschreibungskosten konstant 0,25 GE. Das Verfahren der leistungsabhängigen Abschreibung eignet sich deshalb besonders für die Kostenrechnung, da mit ihr der tatsächliche Werteverzehr am ehesten dargestellt werden kann.

Die leistungsabhängige Abschreibung unterstellt, dass der Werteverzehr sich proportional zur Inanspruchnahme der Maschine verhält. Wenn die Maschine in unterschiedlichem Maße in Anspruch genommen wird, so differieren auch die Abschreibungsbeträge entsprechend von Periode zu Periode.

Beispiel: Das Verfahren der leistungsabhängigen Abschreibung soll an dem – bereits mehrfach angeführten – Beispiel der Conchiermaschine mit den nachfolgenden Ausgangsdaten verdeutlicht werden:

Ausgangsdaten der Conchiermaschine:
Wiederbeschaffungswert (A):   1.700 TGE
Nutzungsdauer in Jahren (n):   4
Restwert (L):   200 TGE

Die Conchiermaschine soll eine Gesamtkapazität (C) von 1.200 TME Schokoladenmasse aufweisen. Die Auslastung der Maschine verteilt sich auf die einzelnen Perioden gemäß Tabelle 2.8.

Tabelle 2.8 Maschinenbeanspruchung

Nutzungsjahr (t)	genutzte Kapazität (c)
t = 1	400 TME
t = 2	200 TME
t = 3	500 TME
t = 4	100 TME
	$\sum$ = 1.200 TME

---

[82] Vgl. Kloock et al. (2005), S. 107.

Der Abschreibungsbetrag a_t lässt sich nun wie folgt ermitteln:

$$a_t = \frac{(A-L)}{C} \cdot c_t \tag{2.14}$$

$$a_t = \frac{(1.700\,\text{TGE} - 200\,\text{TGE})}{1.200\,\text{TME}} \cdot c_t = 1{,}25\,\tfrac{\text{TGE}}{\text{TME}} \cdot c_t = 1{,}25\,\tfrac{\text{GE}}{\text{ME}} \cdot c_t$$

Für die einzelnen Perioden ergibt sich:

$$a_1 = 1{,}25\,\tfrac{\text{GE}}{\text{ME}} \cdot 400\,\text{TME} = 500\,\text{TGE}$$

$$a_2 = 1{,}25\,\tfrac{\text{GE}}{\text{ME}} \cdot 200\,\text{TME} = 250\,\text{TGE}$$

$$a_3 = 1{,}25\,\tfrac{\text{GE}}{\text{ME}} \cdot 500\,\text{TME} = 625\,\text{TGE}$$

$$a_4 = 1{,}25\,\tfrac{\text{GE}}{\text{ME}} \cdot 100\,\text{TME} = 125\,\text{TGE}$$

Damit resultieren die aus Tabelle 2.9 ersichtlichen Ergebnisse, die in Abb. 2.15 veranschaulicht sind.

Tabelle 2.9 Beispiel zur leistungsabhängigen Abschreibung

Nutzungsjahr (t)	jährliche Abschreibung (a_t) [in TGE]	kalkulatorischer Restbuchwert (R_t [in TGE])	Abschreibungs-quote (w_t)
t = 1	500	1.200	33,33 %
t = 2	250	950	16,67 %
t = 3	625	325	41,67 %
t = 4	125	200	8,33 %

Nachdem nun die Abschreibungsverfahren erläutert worden sind, soll noch der Aspekt der Wiederbeschaffungskosten diskutiert werden. Aus Sicht des *wertmäßigen* Kostenbegriffs sollten Abschreibungen auf Basis von Wiederbeschaffungskosten erfolgen. Die Ermittlung der Wiederbeschaffungskosten erweist sich jedoch als schwierig, wenn die Wiederbeschaffung zu weit in der Zukunft liegt. Darüber hinaus könnte die Maschine auch bereits vor einer Wiederbeschaffung technisch überholt sein und daher zum Zeitpunkt der Aussonderung der alten Maschine am Markt gar nicht mehr erhältlich sein. Wenn Wiederbeschaffungswerte nicht ermittelbar sind, bietet es sich an, aktuelle Marktpreise anzusetzen. In diesem Fall spricht man auch vom Zeitwert. Einzelne Industrieverbände geben Tabellen mit Preisindizes für Maschinen heraus, die zur Bestimmung der Tageswerte dieser Maschinen verwendet werden können.[83] Sind auch die Tageswerte nicht zu ermitteln, verwendet man als dritte Möglichkeit die (vergangenheitsbezogenen) Anschaffungskosten.

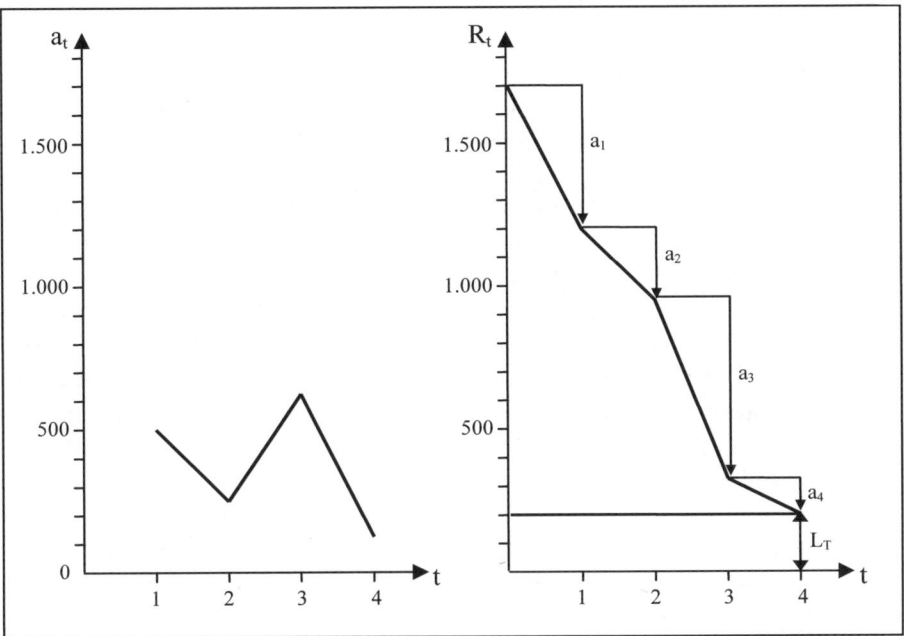

Abb. 2.15 Leistungsabhängige Abschreibungsmethode

Abschließend soll noch der Fall einer nachträglichen Änderung der Abschreibungsbeträge aufgrund neuer Erkenntnisse betrachtet werden. Hierzu sei beispielhaft angenommen, dass sich nach zwei Jahren eine Veränderung der ursprünglich geschätzten Nutzungsdauer einer Maschine ergibt. In diesem Fall stellt sich die Frage, ob die Abschreibungsbeträge für die verbleibende Nutzungsdauer angepasst werden sollten. Auch könnte in Erwägung gezogen werden, Abschreibungsbeträge rückwirkend zu ändern. Grundsätzlich gilt hier, dass Abschreibungsbeträge für die Vergangenheit nicht geändert werden sollten. Dies lässt sich dadurch begründen, dass es für zukünftige Entscheidungen keine besondere Bedeutung mehr hat, ob in der Vergangenheit ein fehlerhafter Periodenerfolg ermittelt wurde. In der Kostenrechnung geht es insbesondere um die korrekte Ermittlung des gegenwärtigen Erfolges sowie von zukünftigen Werten. Bei auftretenden Veränderungen bei der Ermittlung von Abschreibungsbeträgen sollten Fehler nicht in die Zukunft fortgeschrieben werden. Bei der Berechnungs-

---

[83]   Vgl. Freidank (2008), S. 122.

korrektur sollte rückwirkend ab dem Zeitpunkt der Anschaffung des Abschreibungsgegenstandes ermittelt werden, welche Abschreibungsbeträge sich in Kenntnis der aktuell vorliegenden Informationen ergeben. Diese Werte sollten dann für aktuelle und für zukünftige Perioden verwendet werden.

Kalkulatorische Zinsen

Zur Realisation ihres unternehmensspezifischen Sachziels müssen alle Unternehmen, die Dienst- oder Sachleistungen produzieren, Vermögensgegenstände in Form von Anlage- und Umlaufvermögen einsetzen. Hierbei kann es sich z. B. um Gebäude, Grundstücke, Maschinen sowie Roh-, Hilfs- oder Betriebsstoffe handeln. Das Kapital dient zum Kauf und zur Erhaltung dieser zur Realisation des unternehmerischen Sachziels notwendigen Vermögensgegenstände. Es wird zumeist in unterschiedlichem Maße sowohl von den Unternehmenseignern als Eigenkapital oder von außenstehenden Gläubigern (z. B. Banken) als Fremdkapital zur Verfügung gestellt. Für diese Überlassung des Kapitals wird i. d. R. eine Nutzungsgebühr einkalkuliert, die als Zins bezeichnet wird. In der handelsrechtlichen Gewinn- und Verlustrechnung wird diese Nutzungsgebühr, die die Eigner und Gläubiger für die Bereitstellung ihres Kapitals beanspruchen, jedoch differenziert behandelt: Fremdkapitalzinsen führen zu Aufwand, Eigenkapitalzinsen nicht.[84] Das Eigenkapital soll quasi durch den Gewinn der Eigentümer verzinst werden.

Die Frage, ob und in welchem Umfang Zinskosten in der Kostenrechnung zum Ansatz kommen sollen, ist in der Betriebswirtschaftslehre (noch immer) umstritten.[85] Ausgehend von einem wertorientierten Kostenbegriff, muss jegliche Nutzung von in sachzielnotwendigen Vermögensgegenständen investiertem Kapital als ein Ressourcenverzehr angesehen werden. Der Kostencharakter der Zinsen lässt sich mit folgenden Überlegungen begründen: Das Kapital ist in den Beständen der Real- und Nominalgüter gebunden, die dem Unternehmen zur Realisation des Sachziels zur Verfügung stehen. Für die Kostenrechnung gilt, dass jede Nutzung von Kapital, das in sachzielnotwendigen Vermögensteilen investiert ist, zu Kosten führen muss. Den kalkulatorischen Zinsen kommt die Aufgabe zu, den Verzehr dieser Nutzungsmöglichkeit zu erfassen.[86] Es handelt sich hierbei um einen ordentlichen, periodengerechten und bewerteten Güterverbrauch. Somit sind alle Aspekte der Definition des wertmäßigen Kostenbegriffs erfüllt.

84   Vgl. Kloock et al. (2005), S. 115.
85   Vgl. Freidank (2008), S. 125.
86   Vgl. Haberstock (2005), S. 94–95.

Über die Kapitalbestandteile, für die kalkulatorische Zinsen in der Kostenrechnung anzusetzen sind, herrschen unterschiedliche Auffassungen:[87]

1. Weder Fremd- noch Eigenkapitalzinsen sollten als Kosten angesehen werden. Mit dem Verzicht auf die Berücksichtigung von Zinsen in der Kostenrechnung soll ihrer Unterschiedlichkeit gegenüber der Investitionsrechnung Rechnung getragen werden.

2. Zinsen werden gemäß dem pagatorischen Kostenbegriff nur für das Fremdkapital angesetzt, da für die Nutzung des Eigenkapitals keine Auszahlungen entstehen.

3. Zinsen werden entsprechend dem wertmäßigen Kostenbegriff sowohl für das Fremd- als auch für das Eigenkapital angesetzt, da mit der Inanspruchnahme von Eigenkapital auf dessen anderweitige Verwendung verzichtet wird. Die entgangenen Zinseinnahmen aus dem Einsatz des Gesamtkapitals stellen Opportunitätskosten dar. Mit der Berücksichtigung solcher Opportunitätskosten werden die Ergebnisse der Kostenrechnung nicht durch die unternehmensinterne Finanzierungsstruktur beeinflusst.

4. Für das Eigenkapital sind kalkulatorische Zinsen und für das Fremdkapital die effektiv gezahlten Zinsen anzusetzen. Die effektiv gezahlten Zinsen, die in der Finanzbuchhaltung als Aufwand Verrechnung finden, sind für die Erfassung des kalkulatorischen Werteverzehrs jedoch ungeeignet, da sie nicht den entgangenen Gewinn im Sinne des Opportunitätskostenprinzips zum Ausdruck bringen. Stattdessen muss ein Zinssatz verwendet werden, der den *entgangenen Nutzen* möglichst genau widerspiegelt.

Der weiteren Betrachtung kalkulatorischer Zinsen soll der wertmäßige Kostenbegriff (und somit die dritte Auffassung) zugrunde gelegt werden. Diesem Verständnis folgend sollten Kosten sowohl für das Eigen- als auch für das Fremdkapital angesetzt werden. Bei der Bereitstellung von Kapital für betriebliche Zwecke entstehen Opportunitätskosten in Höhe des entgangenen Nutzens bei alternativer Verwendung. So hätte das im Unternehmen gebundene Kapital bei anderweitiger Anlage, z. B. am Wertpapiermarkt, einen potenziellen Ertrag erzielen können. Dieser entgangene Gewinn hat Kostencharakter und soll durch den Ansatz kalkulatorischer Zinsen in der Kostenrechnung erfasst werden. Dabei wird das für die Realisation des unternehmerischen Sachziels im Unternehmen gebundene Kapital mit einem kalkulatorischen Zinssatz bewertet. Es resultieren letztlich Kosten der Kapitalbindung.[88]

---

[87]   Vgl. Kilger et. al. (2007), S. 319.
[88]   Vgl. Fandel et al. (2004), S. 124.

Für die Kostenrechnung ist hierbei nicht die Herkunft, sondern lediglich die Höhe des eingesetzten Kapitals von Bedeutung. Aus diesem Grund wird im Rahmen der Ermittlung der kalkulatorischen Zinsen nicht zwischen Eigen- und Fremdkapital unterschieden. Im Gegensatz dazu werden in der Finanzbuchhaltung lediglich Fremdkapitalzinsen als Aufwand gebucht. Für die Ermittlung der kalkulatorischen Zinsen ist jedoch unabhängig von der Herkunft das in den betriebsnotwendigen Teilen des Anlage- und Umlaufvermögens gebundene Kapital relevant. Ausgangspunkt bei der Ermittlung des betriebsnotwendigen Kapitals bilden die Aktivposten, die die Mittelverwendung im Unternehmen anzeigen, und nicht die Passiva (Mittelherkunft). Auf das betriebsnotwendige Kapital wird dann ein einheitlicher Zinssatz zur Bewertung der Kapitalkosten angewendet.[89] Durch die Berücksichtigung des Gesamtkapitals eines Unternehmens ist es auch möglich, einen Betriebsvergleich zwischen verschiedenen Betrieben einer Branche durchzuführen, da so die unterschiedlichen Finanzierungsarten neutralisiert werden.

Die Frage, ob es sich bei kalkulatorischen Zinsen um Zusatz- oder Anderskosten handelt, ist differenziert zu beantworten. Kalkulatorische Zinsen für Fremdkapital tragen aufgrund der ihnen in der Finanzbuchhaltung als Aufwand gegenüberstehenden Fremdkapitalzinsen den Charakter von Anderskosten.[90] Kalkulatorische Kosten, die sich auf das Eigenkapital eines Unternehmens beziehen, weisen dagegen den Charakter von Zusatzkosten auf. In der Kostenrechnung ist nach der hier vertretenen Position nicht nach der Herkunft des Kapitals zu unterscheiden. Es wird nur eine Position „kalkulatorische Zinsen" ausgewiesen. Da es die Position „Zinsen" (mit anderem Wertansatz) auch in der Finanzbuchhaltung gibt, muss daher insgesamt von Anderskosten gesprochen werden.

Zur *Berechnung der kalkulatorischen Zinsen* unter Zugrundelegung eines einheitlichen Zinssatzes[91] ist zunächst die Ermittlung des *betriebsnotwendigen Kapitals* notwendig.[92]

Das betriebsnotwendige Kapital kann anhand eines Schemas ermittelt werden, das sich in der Praxis und im Schrifttum zur Kostenrechnung herausgebildet hat. Insgesamt orientiert sich dieses Schema an den „Kalkulationsvorschriften bei öffentlichen Aufträgen" (Nr. 43 – 46 LSP). Bei der Ermittlung des betriebsnotwendigen Vermögens sind folgende Schritte zu durchlaufen:

---

[89]   Vgl. Coenenberg et al. (2007), S. 66-67.
[90]   Vgl. Freidank (2008), S. 125.
[91]   Zur Begründung eines einheitlichen Zinssatzes vgl. auch Hax (2001), S. 101–102.
[92]   Vgl. Freidank (2008), S. 125.

1. Das bilanzielle Gesamtvermögen ist zu ermitteln.
2. Das Gesamtvermögen ist um jene Positionen des Anlage- und Umlaufvermögens zu vermindern, die nicht für die betriebliche Leistungserstellung erforderlich sind (z. B. stillgelegte Anlagen, ungenutzte oder außerhalb des Sachziels genutzte Grundstücke, überhöhte Kassen- und Bankbestände, Beteiligungen und Wertpapiere, die spekulativen Zwecken dienen).
3. Losgelöst von den handelsrechtlichen Bewertungsvorschriften ist eine Bewertung anhand von Wiederbeschaffungswerten durchzuführen. Darüber hinaus sind stille Reserven aufzulösen.
4. Zudem müssen die Vermögensgegenstände berücksichtigt werden, die der betrieblichen Leistungserstellung dienen, aber aufgrund handelsrechtlicher Regelungen nicht bilanziert sind.
5. In einem letzten Schritt ist das Abzugskapital vom betriebsnotwendigen Vermögen zu subtrahieren. Das Abzugskapital besteht aus zinsfreien Lieferantenkrediten, Kundenvorauszahlungen sowie Pensionsrückstellungen.

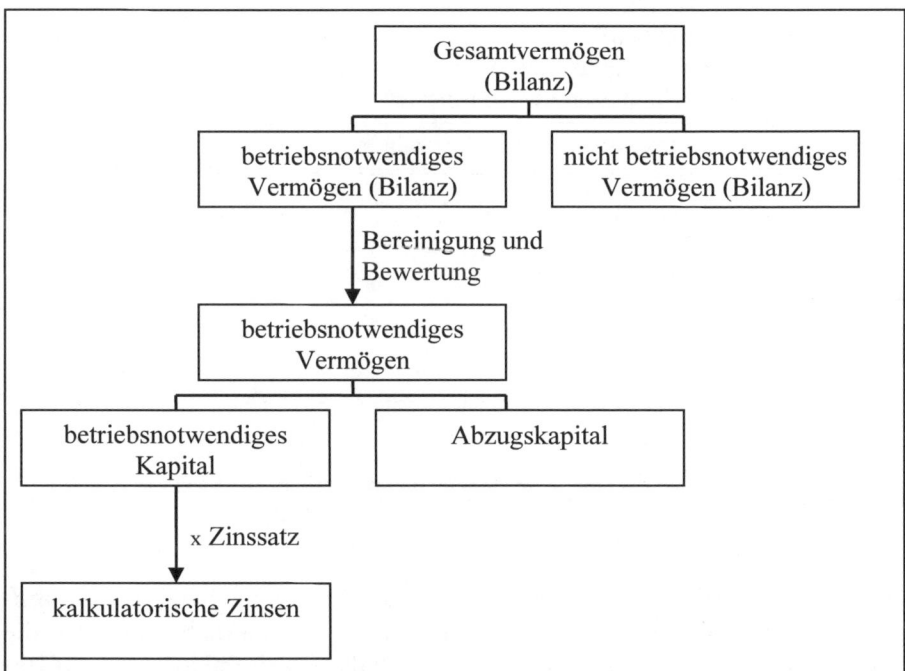

Abb. 2.16 Arbeitsschritte zur Ermittlung der kalkulatorischen Zinsen

Wie bereits dargelegt, erfolgt keine Differenzierung in Eigen- und Fremdkapital. Die in der Kostenrechnung anzusetzenden Zinsen ergeben sich bei

dem hier vorzustellenden Verfahren durch die Multiplikation des betriebsnotwendigen Kapitals mit einem kalkulatorischen Zinssatz. Die Zinskosten
werden dann direkt als Anderskosten bestimmt. Das Vorgehen bei der Ermittlung der kalkulatorischen Zinsen wird zunächst in Abb. 2.16 zusammenfassend und in Abb. 2.17 in detaillierter Weise dargestellt.[93]

```
     bilanzielles Anlagevermögen
   + nicht bilanzielles Anlagevermögen
       └ nicht bilanzierungsfähige immaterielle Vermögensgegenstände
   – nicht betriebsnotwendiges Anlagevermögen
       ├ ausstehende Einlagen
       ├ ungenutzte Grundstücke
       ├ vermietete oder verpachtete Anlagen
       └ nicht betriebsnotwendige Beteiligungen
```

betriebsnotwendiges Anlagevermögen

```
     bilanzielles Umlaufvermögen
   – nicht betriebsnotwendiges Umlaufvermögen
       ├ überhöhte Vorratsbestände
       ├ nicht betriebsnotwendige Wertpapiere des Umlaufvermögens
       ├ überhöhte liquide Mittel
       └ Rechnungsabgrenzungsposten
```

+ betriebsnotwendiges Umlaufvermögen

betriebsnotwendiges Vermögen
– Abzugskapital
```
       ├ zinsfreie Lieferantenkredite
       ├ Kundenvorauszahlungen
       └ Pensionsrückstellungen
```

betriebsnotwendiges Kapital

x Zinssatz

kalkulatorische Zinsen

Abb. 2.17 Ermittlung der kalkulatorischen Zinsen

Basis für die Erfassung der Zinskosten einer Abrechnungsperiode ist üblicherweise das bilanzielle Gesamtvermögen eines Unternehmens, also die
Aktivseite der Bilanz. Eine Ermittlung der kalkulatorischen Zinsen auf Basis der Passivseite scheidet i. d. R bereits deshalb aus, weil auf dieser
Grundlage eine Unterteilung in betriebsfremdes und betriebsnotwendiges

---

[93] Vgl. auch Freidank (2008), S. 125.

Kapital nicht möglich ist.[94] Das Gesamtvermögen setzt sich aus dem Anlage- und dem Umlaufvermögen zusammen und wird um betriebsfremde Vermögensteile gekürzt. Das bilanzielle Anlagevermögen ist in einem ersten Schritt um nicht bilanzierungsfähige, aber dennoch zur Erstellung des Sachziels notwendige Anlagegüter zu erhöhen. Hierbei handelt es sich insbesondere um betriebsnotwendige Vermögensgegenstände, die aufgrund handelsrechtlicher Regelungen nicht bilanziert werden dürfen (Aktivierungsverbot). Dies sind z. B. nicht entgeltlich erworbene *immaterielle Vermögensgegenstände des Anlagevermögens* gemäß § 248 Abs. 2 HGB.

In einem nächsten Schritt ist das nicht betriebsnotwendige Anlagevermögen abzuziehen. Hierbei handelt es sich z. B. um ausstehende Einlagen, ungenutzte oder außerhalb des Sachziels genutzte Grundstücke oder um nicht betriebsnotwendige Beteiligungen. Analog zu diesem Vorgehen wird auch das bilanziellen Umlaufvermögen um nicht betriebsnotwendige Anteile verringert. So sind bei diesem Abzug bspw. überhöhte Vorratsbestände, nichtbetriebsnotwendige Wertpapiere des Umlaufvermögens, ein Überbestand an liquiden Mitteln oder Rechnungsabgrenzungsposten zu berücksichtigen. Durch dieses Vorgehen wird sichergestellt, dass die Kostenrechnung nicht mit der Verzinsung von Kapitalbeträgen belastet wird, die für nicht betriebsnotwendige Engagements aufgebracht und eingesetzt werden.

Darüber hinaus müssen stille Reserven aufgelöst werden, die in den bilanziellen Wertansätzen des Anlage- und Umlaufvermögens aufgrund der Bewertung nach handels- und steuerrechtlichen Gesichtspunkten enthalten sind. Im Rahmen einer kalkulatorischen Bewertung werden die bilanziellen Wertansätze weitestgehend durch Tageswerte ersetzt. Außerdem gibt es Vermögensgegenstände, die bilanziell vollständig abgeschrieben sind, aber noch betrieblich genutzt werden. Dazu gehören auch geringwertige Wirtschaftsgüter, die in der Handels- und Steuerbilanz sofort vollständig abgeschrieben werden dürfen.[95]

Für das verbleibende betriebsnotwendige Vermögen, d. h. die jeweiligen Positionen des betriebsnotwendigen Anlagevermögens und des betriebsnotwendigen Umlaufvermögens, können verschiedene Wertansätze gewählt werden.[96] Diese Wertansätze veranschaulicht Abb. 2.18.

Für das abnutzbare Anlagevermögen werden die kalkulatorischen *Zeitwerte* der Anlagenabrechnung verwendet, die in der Anlagenkartei der Anlagenbuchhaltung festgehalten werden. Nach der Art des Wertansatzes für

---

[94]   Vgl. Deimel et al. (2006), S. 132.
[95]   Vgl. Freidank (2008), S. 126.
[96]   Vgl. zum Folgenden auch Reiners (1997), S. 57.

das abnutzbare Anlagevermögen lassen sich die Methoden der Restbuchwertverzinsung und der Durchschnittswertverzinsung unterscheiden.[97]

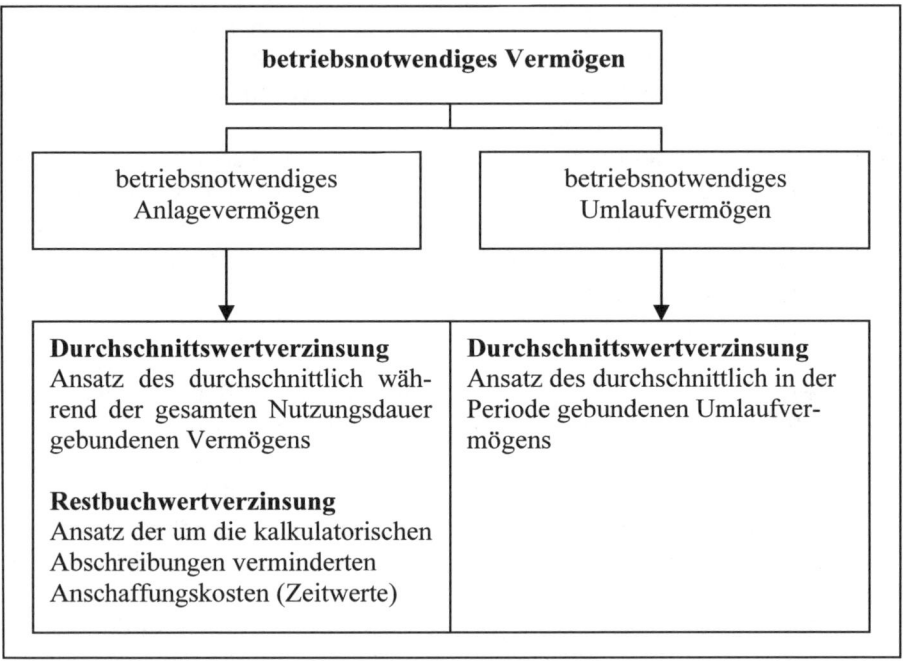

Abb. 2.18 Wertansätze der Kostenverrechnung

Bei der Restbuchwertverzinsung wird das Anlagevermögen mit dem kalkulatorischen Restwert am Ende der jeweiligen Abrechnungsperiode be-
wertet.[98] Bei der Durchschnittswertverzinsung wird bei der Bewertung des
Anlagevermögens vom halben Anschaffungswert ausgegangen. Dieses
Vorgehen baut darauf auf, dass bei linearer Abschreibung im Durchschnitt
ein Betrag in Höhe des halben Anschaffungswertes während der gesamten
Nutzungsdauer des Anlagegutes im Betrieb gebunden ist. Dadurch können
Zufallsschwankungen in der Wertentwicklung eliminiert werden. Weiterhin unterstützt dieses Vorgehen die von der Kostenrechnung zu erfüllende
Planungs- und Kontrollfunktion. Vor diesem Hintergrund kann es sinnvoll
sein, die Durchschnittswertverzinsung bei der Bewertung des betriebsnotwendigen Anlagevermögens zu verwenden.[99]

---

[97]   Vgl. Hummel u. Männel (1986), S. 174–175.
[98]   Vgl. Hummel u. Männel (1986), S. 175.
[99]   Vgl. Hummel u. Männel (1986), S. 175.

Das betriebsnotwendige Umlaufvermögen ist mit jenen Beträgen anzusetzen, die durchschnittlich während der Abrechnungsperiode gebunden
sind. Die durchschnittliche Kapitalbindung ergibt sich als arithmetischer
Mittelwert aus Anfangsbestand und Endbestand des Umlaufvermögens.
Bezüglich der Vorräte sind Aufzeichnungen der Lagerbuchhaltung heran-
zuziehen, während bei den übrigen Umlaufgütern Durchschnittswerte aus
den Bilanzansätzen mehrerer Stichtage berechnet werden können.[100]

Aus der Bewertung des Anlage- bzw. Umlaufvermögens resultiert das
betriebsnotwendige Vermögen eines Unternehmens. Zur Ermittlung des
betriebsnotwendigen Kapitals ist im letzten Schritt das sog. Abzugskapital
aus dem betriebsnotwendigen Vermögen zu eliminieren. Beim Abzugskapital handelt es sich um Fremdkapitalbeträge – wie Kundenvorauszahlungen, Lieferantenkredite oder Pensionsrückstellungen –, für die keine Zins-
zahlungen geleistet werden. Die Elimination des Abzugskapitals aus dem
betriebsnotwendigen Vermögen korrespondiert mit der Interpretation und
Quantifizierung von kalkulatorischen Zinsen als Opportunitätskosten im
Sinne eines entgangenen Nutzens, der bei bester alternativer Verwendung
des Kapitals hätte erwirtschaftet werden können. Für das von Dritten zur
Verfügung gestellte Fremdkapital wie Kundenanzahlungen oder Lieferantenkredite können aufgrund deren strenger Zweckwidmung nach Maßgabe
eingegangener spezifischer Kontrakte keine Opportunitätskosten angesetzt
werden. Eine alternative Anlage am Kapitalmarkt wäre – anders als bei
sonstigen Verbindlichkeiten – nicht möglich. So wird mit Lieferantenkrediten innerhalb eines Zahlungszieles die eingegangene rechtliche Ver-
pflichtung beglichen. Gleiches gilt für Kundenanzahlungen, welche zur
Unterstützung einer spezifischen betrieblichen Leistungserstellung erbracht werden. Der Empfänger wiederum verpflichtet sich seinerseits zu
einer termingerechten Lieferung. Ähnliche Überlegungen können auch für
zweckspezifisch gebundenes Fremdkapital wie zinsfreie Kredite der Öffentlichen Hand und Pensionsrückstellungen angestellt werden. Daher
können auf diese Kapitalbestandteile keine Opportunitätskosten – i. S. am
Kapitalmarkt entgangener Gewinne – als kalkulatorische Zinsen verrechnet werden. Diese Überlegungen gelten für sämtliches Kapital, das zweck-
gebunden und damit der freien Disposition des Unternehmers entzogen ist.

Warum eine Elimination des Abzugskapitals aus dem betriebsnotwendigen Vermögen notwendig ist, lässt sich auch durch eine andere Auffassung
begründen. Diese stellt auf die Vermeidung einer Mehrfacherfassung von
Zinseffekten ab:[101] Demnach werden Kundenanzahlungen und Lieferan-

---

[100] Vgl. Freidank (2008), S. 126.
[101] Vgl. zu einer Darstellung des nachfolgend zu erörternden Konzeptes Freidank
(2008), S. 127–128.

tenkredite dem Unternehmen formal zinsfrei zur Verfügung gestellt. Tatsächlich erfolgt eine Verzinsung dieser Fremdkapitalbestandteile in Gestalt der festgelegten Konditionen. Dabei werden die Güter implizit mit einem bestimmten Zinssatz kalkuliert, der bestehende Finanzierungsbeziehungen berücksichtigt. Durch die Ermittlung des Abzugskapitals soll eine Doppelverzinsung des Kapitals ausgeschlossen werden. Der Gedanke der Vermeidung einer Doppelverzinsung über den Ansatz von Abzugskapital sei anhand eines Beispiels in Anspruch genommener Lieferantenkredite erläutert. Solche Kredite werden etwa bei der Beschaffung von Material vereinbart. Dabei gibt es i. d. R. zwei Zahlungsalternativen: Erfolgt die Zahlung innerhalb der Skontofrist, entstehen dem Unternehmen keine Zinsen. Durch den Abzug des Skontos werden die entsprechenden Kreditbeträge nicht an das liefernde Unternehmen gezahlt. Erfolgt die Zahlung dagegen außerhalb der Skontofrist, fallen Skontozinsen an. Der Wert des bezogenen Materials ist folglich um die gezahlten Skontozinsen erhöht. Diese schlagen sich in höheren Preisen aufgrund des Nichtausnutzens des Lieferantenskontos nieder. Die durch Materialentnahmen entstehenden Materialkosten enthalten die Zinsbestandteile.[102]

Beispiel: Zuckerpuppen & Söhne GmbH erhält eine Kakaolieferung im Wert von 500.000 GE mit einem Zahlungsziel von 30 Tagen. Zahlt die Zuckerpuppen & Söhne GmbH innerhalb von zehn Tagen, kann sie ein Skonto in Höhe von 3 % abziehen. Dies entspricht einem Betrag von $0{,}03 \cdot 500.000\,\mathrm{GE} = 15.000\,\mathrm{GE}$. Begleicht sie die Rechnung nicht innerhalb von zehn Tagen, stellt dieser Skontobetrag einen Zinsbestandteil dar, der im Rahmen des Ansatzes des Materials in der Bilanz aktiviert werden muss. Damit nun für diese Kapitalbestandteile neben den Entgelten nicht auch noch kalkulatorische Zinsen verrechnet werden, sind sie als Abzugskapital zu behandeln.

Bei „kostenlos" zur Verfügung gestellten Kundenvorauszahlungen darf ebenfalls keine Verzinsung vorgenommen werden. Die Annahme, dass Kundenvorauszahlungen den Unternehmen „kostenlos" zur Verfügung gestellt werden, trifft jedoch nicht zu. Kunden, die Vorauszahlungen leisten, werden entweder einen Preisnachlass erwarten oder eine offene Verzinsung der Vorauszahlung – ähnlich wie bei einem Bankkredit – verlangen. Sofern der liefernde Betrieb einer solchen Erlösminderung zustimmt, kommt dies einer Verzinsung der Kundenvorauszahlung gleich. Die vorgenommene Kürzung des Umsatzes bzw. Erlöses kann auch als eine „Kostenerhöhung" für das liefernde Unternehmen interpretiert werden, da sich das Betriebsergebnis vermindert. Durch einen Abzug der Vorauszahlungs-

---

[102] Vgl. Schweitzer u. Küpper (2008), S. 113.

gegenwerte vom betriebsnotwendigen Vermögen soll eine Doppelverzinsung dieser Kapitalbestandteile ausgeschlossen werden.[103]

Pensionsrückstellungen sind dann zum Abzugskapital zu zählen, wenn die jährliche Aufzinsung des versicherungsmathematischen Barwertes in die Kosten für die Altersversorgung eingeht. Durch einen Abzug dieser Positionen wird eine zweimalige Zinsberücksichtigung vermieden.[104]

Mit der beschriebenen Vorgehensweise bei der Ermittlung des Abzugskapitals wird aber der Opportunitätskostengedanke sowie der am Anfang aufgestellte Grundsatz der einheitlichen, von der Finanzierungsweise unabhängigen Verzinsung zum Teil relativiert, da die für das Abzugskapital kalkulierten Zinsen auf individuell ausgehandelten Beträgen basieren.

Bei der Ermittlung der kalkulatorischen Zinsen ist in einem letzten Schritt noch zu berücksichtigen, dass im betriebsnotwendigen Vermögen gelegentlich Positionen – wie etwa Bankguthaben, Beteiligungen oder Warenforderungen – enthalten sind, für die das Unternehmen von Dritten einen Zins oder eine zinsähnliche Vergütung erhält. Somit müssen zur Verhinderung von Doppelerfassungen die von dem betriebsnotwendigen Kapital ermittelten kalkulatorischen Zinsen um diese effektiven Zinseinnahmen gekürzt werden.[105]

Die in der Kostenrechnung anzusetzenden kalkulatorischen Zinsen errechnen sich durch Multiplikation des ermittelten betriebsnotwendigen Kapitals mit einem zu bestimmenden kalkulatorischen Zinssatz. In der traditionellen Kostenrechnung wurde der Zinssatz häufig anhand des landesüblichen Zinsfußes, der sich auf sichere Kapitalanlagen bezieht, zzgl. einer Risikoprämie bemessen. In dieser Risikoprämie kommt die Bewertung der Unsicherheitsstruktur der Ergebnisse eines bestimmten Unternehmens durch einen – als solchen unterstellten – risikoaversen Investor zum Ausdruck. Modernere Ansätze wie der Weighted Average Cost of Capital (WACC)-Ansatz[106] haben den Vorteil, auf die breite statistische Datenbasis der Auswertungen kapitalmarktnotierter Preise von Unternehmensanteilen zuzugreifen, tauschen hierfür aber den Nachteil ein, als objektivierende Ansätze inflexibel gegenüber subjektiven Wertvorstellungen von Investoren zu sein.[107] Wendet das Unternehmen für Investitionsentscheidungen einen bestimmten Zinssatz an, so kann dieser – im Sinne eines einheitlichen

---

[103] Vgl. Freidank (2008), S. 127–128
[104] Vgl. Swoboda (1977), S. 194.
[105] Vgl. Freidank (2008), S. 128.
[106] Vgl. hierzu z. B. Baum et al. (2007), S. 287–289.
[107] Vgl. Ossadnik (1984), S. 208–233 mit Überlegungen zu konventionenorientierten Aufgaben der Unternehmensbewertung.

Vorgehens – auch bei der Berechnung kalkulatorischer Zinsen Verwendung finden.

Die ermittelten kalkulatorischen Zinsen weisen die Merkmale von Gemeinkosten auf, da die Zinsen den Erzeugnissen lediglich auf indirektem Wege zugerechnet werden können. Dieser Gedanke kann anhand des folgenden Beispiels verdeutlicht werden: Eine angeschaffte Maschine bindet stets einen bestimmten Kapitalbetrag und verursacht daher Zinskosten. Wenn auf der betrachteten Maschine mehrere Produktarten hergestellt werden, so kann nicht exakt bestimmt werden, welche Produktart welchen Anteil an den Zinskosten verursacht hat. Bei der Verrechnung der Zinskosten kann somit das Verursachungsprinzip i. d. R. nicht eingehalten werden. Im einfachsten Fall wird daher in der Praxis ein bestimmter Prozentsatz auf die übrigen Kosten zugeschlagen. Meist wird jedoch versucht, die kalkulatorischen Kosten proportional zur Kapitalbindung, und zwar direkt als Stelleneinzelkosten bzw. als Trägereinzelkosten, zu verrechnen.

Beispiel: Ausgangspunkt der Berechnung sind die in den Abb. 2.19 und Abb. 2.20 dargestellten Handelsbilanzen der Zuckerpuppen & Söhne GmbH.[108]

Aktiva		Bilanz 31.12.01 [in GE]	Passiva	
Grundstücke	250.000	Eigenkapital		950.000
Betriebsgebäude	500.000	Rückstellungen		120.000
Maschinen	750.000	Bankdarlehen		550.000
Betriebs- und Geschäftsausstattung	85.000	Verbindlichkeiten aus Lieferungen und Leistungen		150.000
Wertpapiere	75.000	Kundenanzahlungen		130.000
Roh-, Hilfs-, Betriebsstoffe	120.000			
Forderungen	90.000			
Bank	30.000			
	1.900.000			1.900.000

Abb. 2.19 Beispiel zur Berechnung kalkulatorischer Zinsen (I)

---

[108] Vgl. hierzu z. B. Coenenberg (2007), S. 67–70; Freidank (2008), S. 128; Schweitzer u. Küpper (2008), S. 112.

Aktiva		Bilanz 31.12.02 [in GE]		Passiva
Grundstücke	250.000	Eigenkapital		980.000
Betriebsgebäude	475.000	Rückstellungen		150.000
Maschinen	800.000	Bankdarlehen		520.000
Betriebs- und Ge-		Verbindlichkeiten aus Lie-		
schäftsausstattung	80.000	ferungen und Leistungen		165.000
Wertpapiere	60.000	Kundenanzahlungen		110.000
Roh-, Hilfs-, Betriebsstoffe	135.000			
Forderungen	100.000			
Bank	25.000			
	1.925.000			1.925.000

Abb. 2.20 Beispiel zur Berechnung kalkulatorischer Zinsen (II)

Anhand der abgebildeten Bilanzen sowie einiger ergänzender Informationen des Rechnungswesens sollen die kalkulatorischen Zinsen für das Jahr 02 berechnet werden. Dabei wird ein Zinssatz von 6 % zugrunde gelegt. Es ist weiterhin zu beachten, dass die vorliegende Bilanz nach handelsrechtlichen Vorschriften erstellt worden ist. Um das betriebsnotwendige Vermögen bzw. Kapital kostenrechnerisch ermitteln zu können, sind einige Korrekturen vorzunehmen. Dabei seien folgende Informationen bekannt:

1. Eine nicht mehr für die Produktion verwendbare Fabrikhalle mit einem Buchwert von 65.000 GE am 31.12.01 und von 60.000 GE am 31.12.02 wird verpachtet.
2. Der Zeitwert der Maschinen beträgt 850.000 GE am 31.12.01 und 900.000 GE am 31.12.02.
3. Die Wertpapiere wurden zu Spekulationszwecken angeschafft.
4. Insgesamt wurden im Betrachtungszeitraum geringwertige Wirtschaftsgüter in Höhe von 20.000 GE abgeschrieben.
5. Die Grundstücke enthalten am 31.12.02 stille Reserven in Höhe von 80.000 GE.

Die Bilanzwerte entsprechen ansonsten den kostenrechnerischen Zielsetzungen. Abb. 2.21 demonstriert die Berechnung der kalkulatorischen Zinsen.

Vermögensgegenstände	Nebenrechnung	durchschnittliche Zeitwerte [in GE]
Grundstücke	(5) 250.000 + 80.000	330.000
Betriebsgebäude	(1) (500.000 - 65.000 + 475.000 - 60.000) / 2	425.000
Maschinen	(2) (850.000 + 900.000) / 2	875.000
Betriebs- und Geschäftsausstattung	(85.000 + 80.000) / 2	82.500
Geringwertige Wirtschaftsgüter	(4) + 20.000	20.000
Wertpapiere	(3) nicht betriebsnotwendig	
Roh-, Hilfs-, Betriebsstoffe	(120.000 + 135.000) / 2	127.500
Forderungen	(90.000 + 100.000) / 2	95.000
Bank	(30.000 + 25.000) / 2	27.500
durchschnittliches betriebsnotwendiges Vermögen		**1.982.500**

betriebsnotwendiges Vermögen	Nebenrechnung	1.982.500
- Abzugskapital		
• Rückstellungen	(120.000 + 150.000) / 2	135.000
• Verbindlichkeiten aus Lieferungen und Leistungen	(150.000 + 165.000) / 2	157.500
• Kundenanzahlungen	(130.000 + 110.000) / 2	120.000
= betriebsnotwendiges Kapital		1.570.000

→ kalkulatorische Zinsen (6% von 1.570.000 GE)	94.200

Abb. 2.21 Beispiel zur Berechnung kalkulatorischer Zinsen (III)

Um Schwankungen während der Abrechnungsperiode auszugleichen, wird das betriebsnotwendige Kapital auf der Basis von Durchschnittswerten zwischen Anfangs- und Endbestand ermittelt. Grundsätzlich wäre auch eine noch genauere Durchschnittsermittlung, z. B. auf der Basis monatlicher Endbestände, möglich.

Innerhalb der in Abb. 2.21 dargestellten Berechnung werden einige Korrekturen vorgenommen. Gemäß Information (1) wird ein Betriebsgebäude verpachtet, das deshalb als betriebsfremd auszuweisen ist. Es verbleiben betriebsnotwendige Gebäude mit einem durchschnittlichen Buchwert von 425.000 GE.

Da nach Information (2) der Zeitwert der Maschinen 850.000 GE bzw. 900.000 GE beträgt, ist eine Umbewertung auf 875.000 GE notwendig.

Die gemäß Information (3) zu Spekulationszwecken angeschafften und nicht der betrieblichen Leistungserstellung dienenden Wertpapiere sind als betriebsfremd – bzw. nicht sachzielbezogen – auszusondern. Sie gehen nicht in das betriebsnotwendige Vermögen ein.

Die geringwertigen Wirtschaftsgüter sind laut Information (4) sofort vollständig abgeschrieben worden und deshalb nicht in der Bilanz enthalten.[109] Für kostenrechnerische Zwecke müssen sie jedoch im vollen Umfang von 20.000 GE wieder hinzugerechnet werden.

Die Grundstücke enthalten nach Information (5) stille Reserven von 80.000 GE. Aus kostenrechnerischer Sicht ist daher der handelsrechtliche Wertansatz nicht zutreffend. Die stillen Reserven müssen bei der Ermittlung des betriebsnotwendigen Vermögens berücksichtigt werden. Durch bedarfsgerechte Umbewertung in Höhe von 80.000 GE ergibt sich ein neuer Zeitwert der Grundstücke von 330.000 GE.

Nachdem nun die Informationen (1) bis (5) berücksichtigt worden sind, können die übrigen Aktivposten unverändert übernommen werden. Es ergibt sich eine Summe der Zeitwerte in Höhe von 1.982.500 GE. Dieser Betrag entspricht dem betriebsnotwendigen Vermögen. Von diesem ist zur Ermittlung des betriebsnotwendigen Kapitals das Abzugskapital zu subtrahieren. Das Abzugskapital setzt sich im Beispiel aus Rückstellungen, Verbindlichkeiten aus Lieferungen und Leistungen sowie Kundenanzahlungen zusammen. Subtrahiert man diese Positionen vom betriebsnotwendigen Vermögen, ergibt sich ein betriebsnotwendiges Kapital in Höhe von 1.570.000 GE.

Im letzten Schritt wird das betriebsnotwendige Kapital mit dem kalkulatorischen Zinssatz von 6 % verknüpft, und es resultieren die kalkulatorischen Zinskosten. Im betrachteten Beispiel ergeben sich Zinskosten in Höhe von $0,06 \cdot 1.570.000$ GE = 94.200 GE.

Kalkulatorische Wagnisse

Die unternehmerische Tätigkeit ist stets mit Risiken (Wagnissen) verbunden, die einen unvorhersehbaren Werteverzehr zur Folge haben können. Bei den Wagnissen, die ein Unternehmen zu berücksichtigen hat, sind *allgemeine Unternehmenswagnisse* und *betriebliche Einzelwagnisse* zu unterscheiden (vgl. Abb. 2.22).[110]

Allgemeine Unternehmerwagnisse wie Streiks, Konjunkturschwächen oder Fehlinvestitionen werden durch den Gewinn bzw. durch die Aussicht auf zukünftige Gewinne abgegolten. Sie stellen *keinen Kostenbestandteil* dar, da diesen Wagnissen auch entsprechende Gewinnchancen gegenüberstehen.[111]

---

[109] Dieses auch steuerlich zulässige Verfahren wird in der Regel von allen Unternehmen angewendet, die in der Gewinnzone operieren, da es dann zu einer Ertragsteuerstundung führt.

[110] Vgl. Haberstock (2005), S. 101–103.

[111] Vgl. Freidank (2008), S. 137.

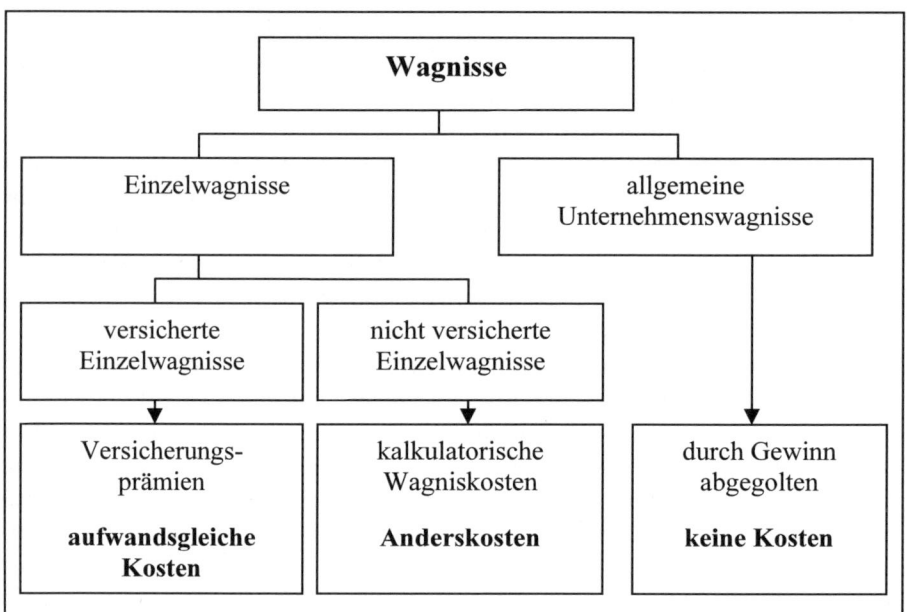

Abb. 2.22 Wagnisse unternehmerischer Tätigkeit

Die *Einzelwagnisse* stellen kalkulierbare Risiken dar, die direkt mit der betrieblichen Leistungserstellung im Zusammenhang stehen. Durch ihr unregelmäßiges und oft unerwartetes Auftreten können sie zu unterschiedlichen Belastungen in den einzelnen Perioden führen. Die Einzelwagnisse können weiter in *versicherte* und *unversicherte* Einzelwagnisse unterteilt werden.

Im Fall von *versicherten Wagnissen* wird die Verlustgefahr auf eine Versicherungsgesellschaft abgewälzt. Das zu versichernde Unternehmen hat für die Gewährung des Versicherungsschutzes eine Prämie zu zahlen. Solche Prämien sind in der Kostenrechnung als Fremdleistungskosten zu verrechnen. Hierbei handelt es sich um Kosten für die Inanspruchnahme einer Leistung von außerhalb des Unternehmens. Da bei versicherten Wagnissen die Versicherungsprämien in der Kostenrechnung angesetzt werden, stellen sie aufwandsgleiche Kosten dar. Kalkulatorische Kosten werden nur für solche Wagnisse verrechnet, die *nicht* durch Fremdversicherungen abgedeckt sind.[112]

Bei *nicht versicherten Wagnissen* hat das Unternehmen die Verlustgefahr dagegen selber zu tragen. Da die Schadensfälle aus solchen Risiken zufällig und unregelmäßig eintreten, werden die tatsächlichen Aufwen-

---

[112] Vgl. Hummel u. Männel (1986), S. 180.

dungen nicht als Kosten verrechnet, sondern in periodendurchschnittliche Kosten transformiert, die den einzelnen Perioden als *kalkulatorische Wagniskosten* zugerechnet werden. Indem über diese kalkulatorische Kostenart zwischen tatsächlichen Schäden und kalkulatorischen Periodenergebnissen ein Ausgleich geschaffen wird [113], werden außerordentliche Sachverhalte wie ordentliche behandelt.

Einzelwagnisse lassen sich darüber hinaus in verschiedene Hauptgruppen gliedern:[114] Durch *Beständewagnisse* lassen sich Güterverbräuche an Vorräten wie bspw. Rohstoffen oder Zwischenprodukten erfassen, die aufgrund von Schwund, Qualitätsminderung oder Verlust von Lagerbestand verursacht wurden. Darüber hinaus können Güter durch technischen oder wirtschaftlichen Fortschritt unbrauchbar geworden sein.

Das *Anlagewagnis* umfasst alle außerordentlichen Schäden an Anlagegütern, die durch Katastrophen sowie Betriebs- oder Verkehrsunglücke hervorgerufen werden können.[115] Ferner fällt unter diese Wagnisart auch das Abschreibungswagnis, das die Auswirkungen von Fehlern bei der Schätzung der Nutzungsdauer oder der Totalkapazität umfasst.

Ungewöhnliche Mehrkosten (Ausschuss, Nacharbeit) infolge von Material-, Arbeits- und Konstruktionsfehlern werden unter dem Begriff *Fertigungswagnisse* zusammengefasst. Regelmäßig auftretende, meist genau bestimmbare Mehrkosten werden hingegen in der entstandenen Höhe unmittelbar als Kosten angesetzt.

Gewährleistungswagnisse werden für alle Güterverzehre aufgrund von Nacharbeiten an bereits abgesetzten Produkten im Rahmen von Garantie- oder Gewährleistungsverpflichtungen gegenüber Kunden angesetzt.

Entwicklungswagnisse treten auf, indem Kosten für misslungene Entwicklungsarbeiten anfallen, die bei Forschungs-, Konstruktions- oder Versuchsarbeiten entstehen können. Industrielle Unternehmen werden zu einer laufenden Forschungs- und Entwicklungsarbeit gezwungen, da das aktuelle Fertigungsprogramm eines Unternehmens ständig der Gefahr der technischen und wirtschaftlichen Überholung ausgesetzt ist. Aus kostenrechnerischer Sicht ist es daher sinnvoll, ggf. stoßweise auftretende Entwicklungskosten – im Rahmen des Entwicklungswagnisses – gleichmäßig auf die einzelnen Rechnungsperioden zu verteilen.[116]

Vertriebswagnisse werden für etwaige Zahlungsausfälle, Kulanznachlässe sowie Währungsverluste, wie sie bspw. durch Kursschwankungen bei Forderungen in ausländischer Währung auftreten können, angesetzt.

---

[113] Vgl. Hummel u. Männel (1986), S. 181.
[114] Vgl. im Folgenden Freidank (2008), S. 137–138.
[115] Vgl. Kloock et al. (2005), S. 83.
[116] Vgl. Kloock et al. (2005), S. 83.

Die Grundlage für die Berechnung von kalkulatorischen Wagniskosten stellen die während eines längeren Zeitraums tatsächlich eingetretenen Wagnisverluste dar. Die Aufwendungen, die beim Eintritt eines Wagnisses tatsächlich entstehen, werden in der Kostenrechnung normalisiert. Es wird hierbei für eine Vielzahl von vergangenen Perioden eine Betrachtung pro Wagnisart durchgeführt und schließlich ein durchschnittlicher Wagnissatz pro Wagnisart berechnet. Sollten keine eigenen Aufzeichnungen vorliegen bzw. sollte ein bestimmtes Wagnis in dem Unternehmen noch nie aufgetreten sein, kann auf branchenspezifische Wagnissätze zurückgegriffen werden.

Bei der Berechnung von durchschnittlichen Wagnissätzen ist es wichtig, eine adäquate Bezugsgröße zu wählen, von der die Wagnisse abhängen.[117] Tabelle 2.10 enthält einige Beispiele für mögliche Bezugsgrößen.

Tabelle 2.10 Beispiele für Bezugsgrößen bei Wagnissen

Beispiel	Wagnisart	Bezugsgröße
Gewährleistungen	Gewährleistungswagnis	Selbstkosten der abgesetzten Produkte
Forderungsverluste	Vertriebswagnis	Wert aller Zielverkäufe
Lagerverluste	Beständewagnis	Anschaffungsausgaben der gelagerten Produkte

Bei den Gewährleistungen können die Selbstkosten der abgesetzten Produkte als Bezugsgröße der Wagnissätze angesetzt werden. Es wäre aber ebenso denkbar, die Umsatzerlöse als Bezugsgröße zu verwenden. Bei Forderungsverlusten ist der Wert aller Zielverkäufe als Bezugsgröße denkbar. Bei den Lagerverlusten stellen gemäß Tabelle 2.10 die Anschaffungsausgaben eine mögliche Bezugsgröße der gelagerten Güter dar.

Die Berechnung von kalkulatorischen Wagniskosten soll im Folgenden anhand der Kalkulation von Forderungsverlusten verdeutlicht werden.

Beispiel: Die Zuckerpuppen & Söhne GmbH musste in den letzten 5 Perioden die aus Tabelle 2.11 ersichtlichen Forderungsverluste hinnehmen. In Periode t = 6 wird mit Außenständen in Höhe von 520.000 GE gerechnet.

Zur Lösung: Es wird ein Wagnissatz gebildet, der das Verhältnis von Wagnisverlusten in der Vergangenheit zu einer bestimmten Bezugsgröße zum Ausdruck bringt:

---

[117] Vgl. Freidank (2008), S. 138.

$$\text{Wagnissatz} = \frac{\text{Wagnisverluste vergangener Perioden}}{\text{Bezugsgröße}}$$

Tabelle 2.11 Forderungsverluste

Periode t	Außenstände [in GE]	effektive Forderungsverluste [in GE]
1	470.000	6.500
2	580.000	7.200
3	980.000	9.900
4	720.000	8.300
5	420.000	5.900
$\sum$	**3.170.000**	**37.800**

Im betrachteten Beispiel entsprechen den Wagnisausfällen die effektiven Forderungsverluste. Als Bezugsgröße wird die Höhe der Außenstände verwendet.

$$\text{Wagnissatz} = \frac{37.800 \text{ GE}}{3.170.000 \text{ GE}} \cdot 100\% \approx 1{,}19\%$$

In den vergangenen 5 Perioden konnten demnach durchschnittlich 1,19 % aller Außenstände nicht realisiert werden und stellen somit effektive Forderungsverluste dar. Dieser Prozentsatz entspricht einem durchschnittlichen Forderungsausfall von 7.560 GE in den letzten 5 Perioden. Der berechnete Wagnissatz ist die Grundlage für die Ermittlung der kalkulatorischen Wagniskosten für Forderungsausfälle in Periode t = 6.

$$\text{Wagniskosten der Periode} = 0{,}0119 \cdot 520.000 \text{ GE} = 6.188 \text{ GE}$$

Es werden 1,19 % der erwarteten Außenstände als kalkulatorische Wagniskosten für Forderungsausfälle angesetzt, so dass in Periode t = 6 Wagniskosten in Höhe von 6.188 GE anzusetzen sind.

Kalkulatorischer Unternehmerlohn

Aus dem Begriff des kalkulatorischen Unternehmerlohns folgt, dass es sich hierbei um Kosten zur Berücksichtigung der Arbeitsleistung des Unternehmers handelt. In Kapitalgesellschaften wird kein kalkulatorischer Unternehmerlohn angesetzt, da der Arbeitseinsatz der Anteilseigner über ein tatsächlich gezahltes Gehalt kompensiert werden kann. In einem solchen Fall stellt das Gehalt Grundkosten dar, die direkt aus der Finanzbuchhaltung übernommen werden können. Bei Einzelunternehmen und Personengesellschaften werden die geschäftsführenden Gesellschafter hingegen über den erzielten Gewinn entlohnt. Die Arbeitsleistung, die sie für das Unternehmen erbringen, darf nach den Grundsätzen ordnungsgemäßer

Buchführung nicht als Aufwand verbucht werden. Trotzdem kann man sie als bewerteten Güterverzehr zur Erreichung des Sachziels des Unternehmens auffassen. Daher sollte die Arbeitsleistung der Gesellschafter in der Kostenrechnung berücksichtigt werden.[118]

Die Berücksichtigung dieses Güterverzehrs sollte nicht von der gesellschaftsrechtlichen Einkleidung des Betriebes abhängen. Wenn der Einzelunternehmer sein Unternehmen in eine GmbH umwandeln würde, dürfte er sich ein Geschäftsführergehalt zahlen. Als Einzelunternehmer ist er dazu indes nicht berechtigt. Die beschriebenen rechtlichen Ausgestaltungen sollten sich jedoch nicht auf die Ergebnisse der Kostenrechnung auswirken. Wenn der kalkulatorische Unternehmerlohn allerdings keine Berücksichtigung findet, weist – bei ansonsten gleicher Ertragslage – eine Personengesellschaft oder ein Einzelunternehmen stets einen höheren Gewinn aus als eine Kapitalgesellschaft.

Beispiel: Das Einzelunternehmen A und die Kapitalgesellschaft B weisen – exklusive der Zahlungen an die Unternehmensleitung – einen Gewinn von 1 Million (Mio.) GE auf. Der Geschäftsführer der Kapitalgesellschaft B erhält ein Gehalt in Höhe von 100 TGE. Dagegen darf der Einzelunternehmer A kein Gehalt für seine Tätigkeiten ansetzen. Daher weist die handelsrechtliche GuV des Einzelunternehmens A einen Gewinn von 1 Mio. GE auf. Der Kostenrechnung kommt nun die Aufgabe zu, diesen Gewinn zu korrigieren. Wenn in der Kostenrechnung ein kalkulatorischer Unternehmerlohn in Höhe von 100.000 GE angesetzt wird, werden die Betriebsergebnisse des Einzelunternehmens und der Kapitalgesellschaft vergleichbar gemacht. Die Einflüsse unterschiedlicher Rechtsformen auf den Gewinn sollten in der Kostenrechnung beseitigt werden. Die Zielsetzungen bei der Berücksichtigung von Unternehmerlohn in der kalkulatorischen Buchhaltung können wie folgt zusammengefasst werden:

1. Vollständige Erfassung des Ressourcenverzehrs (inkl. der Leistung des Unternehmers);
2. Eliminierung des Einflusses unterschiedlicher Rechtsformen.

Dem Unternehmerlohn stehen bei Einzelunternehmen und Personengesellschaften keine Aufwendungen gegenüber. Daher hat er den Charakter von Zusatzkosten.[119]

Bei der Kalkulation der Höhe des Unternehmerlohns können zwei Methoden angewendet werden. Zum einen kann man die im Sinne des Opportunitätskostengedankens für den Unternehmer mit dem höchsten Gewinn

---

[118] Vgl. Kloock et al. (2005), S. 86–87 und Männel (1992), 433–434.
[119] Vgl. Freidank (2008), S. 139.

verbundene alternative Tätigkeit bestimmen. Da der Unternehmer auf dieses Gehalt durch die Tätigkeiten im eigenen Betrieb verzichtet, muss ihm – gemäß dem Opportunitätskostengedanken – die Geschäftsführung mindestens ein Gehalt in dieser Höhe liefern.[120] Zum anderen kann sich die Höhe des kalkulatorischen Unternehmerlohns aus Vereinfachungsgründen auch an den Gehältern vergleichbarer Angestellter (Vorstandsmitglieder, Geschäftsführer) in Kapitalgesellschaften ausrichten.[121]

Bei dem kalkulatorischen Unternehmerlohn muss es sich nicht um ein fixes Gehalt handeln. Vielmehr können in ihm auch erfolgsabhängige Komponenten enthalten sein, d. h. der Unternehmerlohn auch umsatz- oder gewinnabhängig berechnet werden.

Kalkulatorische Miete

Für gemietete Gebäude oder Räume muss von den Unternehmen Miete oder Pacht gezahlt werden. Diese Mietaufwendungen können direkt aus der Finanzbuchhaltung in die Kostenrechnung übernommen werden. Wenn die Gebäude und Räume für betriebliche Zwecke genutzt werden und ein Miet- oder Pachtvertrag existiert, fallen dafür aufwandsgleiche Mietkosten an.[122]

Kalkulatorische Mietkosten treten dagegen nur bei Einzelunternehmen und Personengesellschaften auf, wenn ein Unternehmer Privaträume für betriebliche Zwecke nutzt. Für die betrieblich genutzten Gebäude und Räume im Eigentum des Unternehmens wäre in diesem Fall alternativ zu der Ermittlung kalkulatorischer Abschreibungen und Zinsen die kalkulatorische Miete anzusetzen. In der Finanzbuchhaltung wird für diese Gebäude und Räume hingegen kein Mietaufwand verrechnet. Hintergrund hierfür ist, dass der Einzelunternehmer mit sich selbst keine Verträge schließen darf. Dieses Selbstkontrahierungsverbot ergibt sich aus § 181 Bürgerliches Gesetzbuch (BGB). In diesem Zusammenhang wird auch von dem Verbot der In-sich-Geschäfte gesprochen. Für die Kostenrechnung gilt jedoch, dass die Nutzung privater Räume zu betrieblichen Zwecken einen betriebsbedingten Güterverzehr darstellt. Dem Opportunitätskostengedanken entsprechend muss daher der kalkulatorische Mietwert für eigengenutzte betriebliche Räume als Kostenbestandteil verrechnet werden.

Als Wertansatz der kalkulatorischen Miete ist der Mietzins anzusetzen, den das Unternehmen erzielen könnte, wenn es die betreffenden betrieblichen Räume vermieten würde. Die entsprechenden Werte sind bspw. aus den ortsüblichen Mieten, ggf. unter Rückgriff auf die von den Gemeinde-

---

[120] Vgl. Männel (1992), 433–434.
[121] Vgl. Freidank (2008), S. 139.
[122] Vgl. Kloock et al. (2005), S. 112–113.

verwaltungen erstellten Mietspiegel, abzuleiten. Sollte ein konkretes, höheres Angebot von einem Interessenten vorliegen, könnte nach dem Opportunitätskostengedanken auch dieser höhere Wert berücksichtigt werden.[123]

2.3 Leistungsartenrechnung im Sinne einer Erlösartenrechnung

2.3.1 Aufgaben der Erlösartenrechnung

Die Leistungsartenrechnung im Sinne einer Erlösartenrechnung[124] ist als erste Stufe der Erlösrechnung anzusehen. Ihr kommt die Aufgabe zu, einzelne Erlösarten zu klassifizieren und zu erfassen. Eine zweckadäquate Datenbasis von Erlösen ist als notwendige Rechengrundlage für weiterführende Stufen der Erlösrechnung (Erlösstellen- und Erlösträgerrechnung) anzusehen. Aufgrund von komplexen Abrechnungskonditionen vieler Unternehmen ist es insbesondere auch als eine wesentliche Aufgabe der Erlösartenrechnung anzusehen, Erlösschmälerungen bzw. Erlöserhöhungen zu erfassen.

2.3.2 Erlösgliederungskriterien

Erlösarten charakterisieren die in einer Periode erfassten positiven und negativen Bestandteile des Erlöses. Bei den Erlösarten gelten prinzipiell alle bereits zu den Kostenarten getroffenen Aussagen analog. So sind Erlöse im Rahmen der Erlösartenrechnung zunächst von den Erträgen der Bilanzrechnung abzugrenzen. Dabei wird festgelegt, welche Erlöse in welcher Höhe in die Erlösrechnung eingehen sollen.

Tabelle 2.12 liefert einen Überblick über Möglichkeiten der Klassifizierung von Erlösen nach spezifischen Merkmalen.[125]

---

[123] Vgl. Freidank (2008), S. 139.
[124] Zur Abgrenzung von Leistungs- und Erlösrechnung siehe Kapitel 1.3.1.
[125] Vgl. hierzu auch Schweitzer u. Küpper (2008), S. 83.

Tabelle 2.12 Möglichkeiten der Klassifizierung von Erlösarten

Klassifikationsmerkmal	Ausprägungen
Verhalten bei Beschäftigungs-änderungen	• proportionale Erlöse • abschnittsweise proportionale Erlöse • fixe Erlöse • Kombinationen aus fixen und proportionalen Erlösen
Zurechenbarkeit	• Einzelerlöse • Gemeinerlöse
Objektbezug	• Art der Ausbringungsgüter (Produkterlöse, Sachmittelerlöse, Informationserlöse, Nominalerlöse etc.) • Erlösstellen • Erlösträger • räumlich-geographische Teilmärkte • Vertriebswege • Stückerlöse • Periodenerlöse • etc.
positive und negative Erlösbestandteile	• Erlöserhöhungen und Erlösminderungen • Brutto- und Nettoerlöse

Gliederung nach dem Verhalten bei Beschäftigungsänderungen

Im Folgenden werden jeweils die Gesamterlöse E und die Stückerlöse E/x in Abhängigkeit von der Beschäftigung x betrachtet. Bezogen auf ihr Verhalten bei Beschäftigungsänderungen werden vier typische Erlösverläufe unterschieden:[126]

1. proportionale Erlöse
2. abschnittsweise proportionale Erlöse
3. fixe Erlöse
4. Kombinationen aus fixen und proportionalen Erlösen

Proportionale Erlöse

Proportionale Erlöse sind dadurch gekennzeichnet, dass der Gesamterlös mit der Ausbringungsmenge proportional ansteigt. Bei dieser Konstellation

---

[126] Vgl. Kloock et al. (2005), S. 59–62.

liegen konstante Stückerlöse E/x vor. Abb. 2.23[127] veranschaulicht diesen Zusammenhang.

Als Beispiel für proportionale Erlöse können Verkaufserlöse von Produkten genannt werden, bei denen kein Mengenrabatt gewährt wird wie etwa bei einem Dienstleistungsunternehmen, das seine Leistungen zu einem konstanten Stundensatz verkauft. Mit der Anzahl der geleisteten Stunden steigt somit der Gesamterlös proportional an.

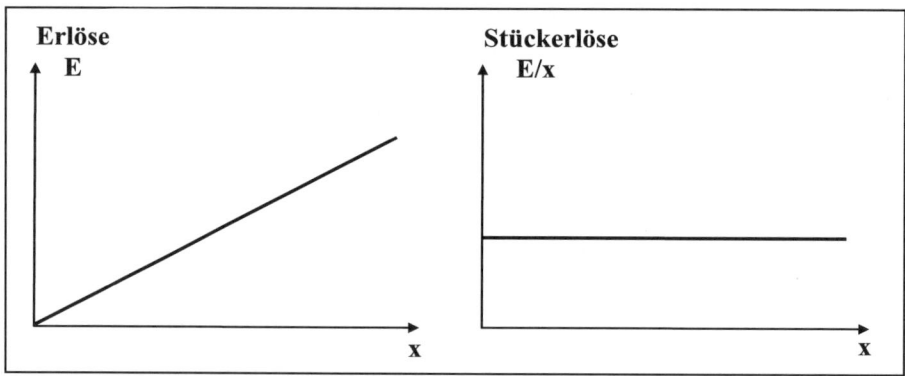

Abb. 2.23 Proportionale Erlöse

Abschnittsweise proportionale Erlöse
Der Gesamterlös nimmt in diesem Fall innerhalb bestimmter Grenzen mit steigender Ausbringungsmenge linear zu. Dabei ergeben sich für unterschiedliche Abschnitte unterschiedliche Steigungen der Geraden (vgl. Abb. 2.24[128]). Bei Überschreiten bestimmter Ausbringungsmengen kommt es zu einem sprunghaften Absinken der Stückerlöse, wobei der Stückerlös innerhalb der Intervalle abschnittsweise konstant bleibt. Die Stückerlösminderung bezieht sich dabei auf die gesamte Ausbringungsmenge.

Abschnittsweise proportionale Erlöse ergeben sich z. B. bei einem Unternehmen, das seine Produkte an spezifische Kunden unter Gewährung eines gestaffelten Mengenrabatts veräußert. Bis zu einer Ausbringungsmenge x_1 werden bspw. keine Rabatte gewährt, während im Intervall $x_1 < x < x_2$ ein Rabatt von 10 % und bei Überschreiten von x_2 ein Rabatt von 20 % gewährt wird. Dabei beziehe sich der Rabatt stets auf die gesamte Ausbringungsmenge.[129]

---

[127] In Anlehnung an Kloock et al. (2005), S. 60.
[128] In Anlehnung an Kloock et al. (2005), S. 60.
[129] Vgl. Kloock et al. (2005), S. 61.

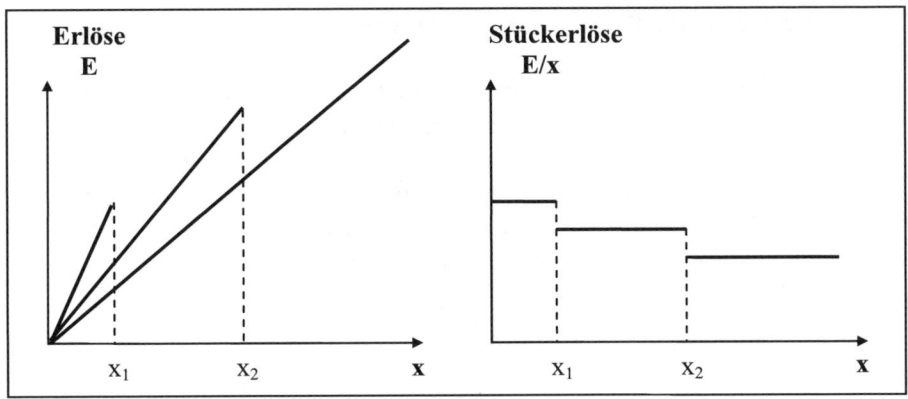

Abb. 2.24 Abschnittsweise proportionale Erlöse

Fixe Erlöse

Fixe Erlöse sind dadurch gekennzeichnet, dass der Gesamterlös unabhängig von der Ausbringungsmenge (d. h. der Beschäftigung) ist.[130] Wie Abb. 2.25[131] verdeutlicht, ergibt sich hieraus, dass die Stückerlöse mit steigender Ausbringungsmenge sinken.

Fixe Erlöse erzielt bspw. ein Dienstleistungsunternehmen, das seine Leistungen – etwa Kopierer- und Druckerwartung in Büros – pauschal zu einem bestimmten Festpreis anbietet. Angenommen, der Kunde nimmt nun mehr Servicestunden in Anspruch, so sinkt für das Dienstleistungsunternehmen der Erlös pro geleisteter Stunde.

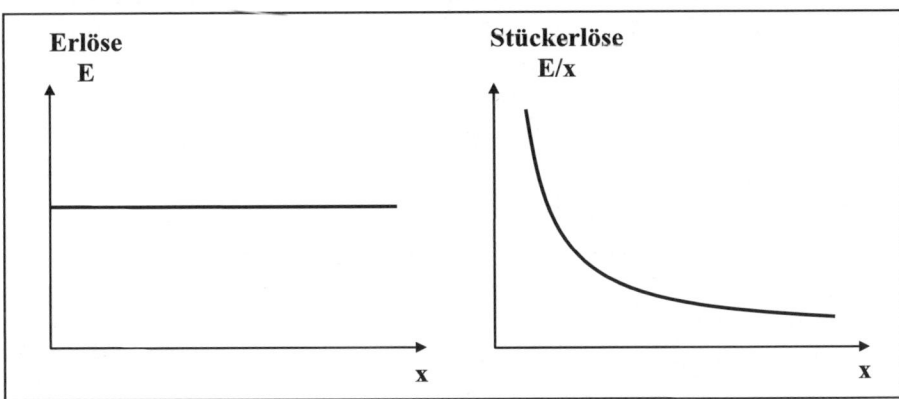

Abb. 2.25 Fixe Erlöse

---

[130] Vgl. Schweitzer u. Küpper (2008), S. 84.
[131] In Anlehnung an Kloock et al. (2005), S. 61.

Kombinationen aus fixen und proportionalen Erlösen

Bei diesem Erlösverlauf steigen die Gesamterlöse – ausgehend von einem Anfangsniveau, das durch den fixen Erlösbestandteil determiniert ist – linear an. Für die Stückerlöse ergibt sich der Verlauf einer Hyperbel. Dies impliziert, dass mit zunehmender Ausbringungsmenge die fixen Erlöse immer weniger Gewicht erhalten und sich somit eine asymptotische Annäherung an die durch die Stückpreise festgelegte Gerade ergibt. Dieser Zusammenhang wird in Abb. 2.26[132] veranschaulicht.

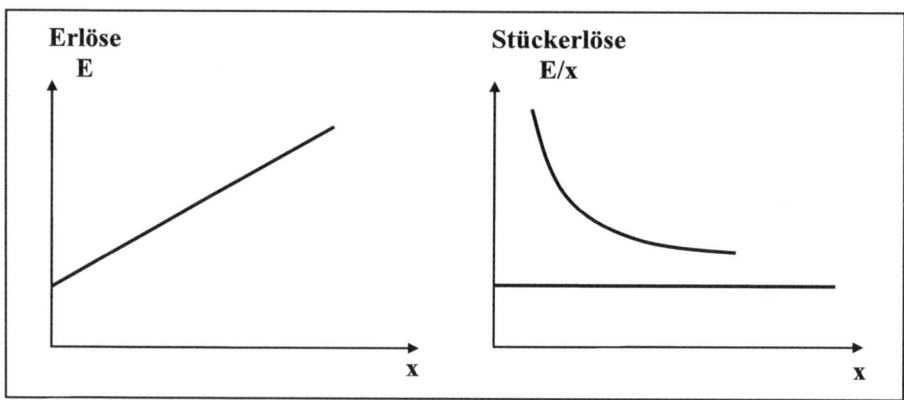

Abb. 2.26 Kombination von fixen und proportionalen Erlösen

Als Beispiel für eine Kombination von fixen und proportionalen Erlösen kann wiederum ein Unternehmen angeführt werden, das Wartungsleistungen im Kopierer- und Druckerbereich anbietet. Eine Kombination aus fixen und proportionalen Erlösen liegt vor, wenn das Unternehmen für die Wartung der Geräte eine Grundgebühr (quasi als Bereitschaftsgebühr) und zusätzlich einen Preis pro geleisteter Wartungsstunde in Rechnung stellt.

Gliederung nach der Zurechenbarkeit

Diese Klassifikation von Erlösen basiert auf den *Zurechnungsprinzipien*[133] der Kosten- und Erlösrechnung. Gemäß dem *Verursachungsprinzip* kann danach differenziert werden, ob Erlöse bestimmten Objekten[134] direkt zurechenbar sind, weil sie ursächlich allein auf dieses Bezugsobjekt zurück-

---

[132] In Anlehnung an Kloock et al. (2005), S. 61.
[133] Vgl. z. B. Kloock et al. (2005), S. 62–68.
[134] Solche Objekte können sowohl Erlösträger als auch Erlösstellen (wie räumlich-geographische Teilmärkte, bestimmte Kundengruppen oder spezifische Vertriebswege) sein.

gehen. Ist diese Forderung erfüllt, handelt es sich um *Einzelerlöse*. Lassen sich dagegen Erlöse oder Erlösschmälerungen unter Anwendung des Verursachungsprinzips nicht direkt einem Objekt zurechnen, liegen *Gemeinerlöse* vor.[135]

Insgesamt lassen sich mittels der oben angestellten Überlegungen folgende Abgrenzungen vornehmen:[136]

- Als *Einzelerlöse* werden die einem Produkt *direkt zurechenbaren* Erlöse bezeichnet (bspw. Verkaufserlöse, die ausschließlich auf ein bestimmtes Produkt zurückgehen).
- *Gemeinerlöse* sind den Bezugsobjekten *nicht direkt zurechenbar* (bspw. Erlöse aus dem Verkauf eines Werkzeugkastens in Bezug auf die einzelnen Werkzeuge).

Werden Erlösstellen als Bezugsobjekte herangezogen, lässt sich zusätzlich folgende Einteilung angeben:

- *Stelleneinzelerlöse* lassen sich den in einer Erlösstelle zusammengefassten Produkten unter Einhaltung des Verursachungsprinzips *direkt* zuordnen (bspw. bei einer räumlich-geographischen Erlösstelle (z. B. Deutschland) alle Erlöse, die in diesem räumlich-geographischen Teilmarkt erzielt werden).
- *Stellengemeinerlöse* lassen sich den in einer Erlösstelle zusammengefassten Produkten nicht unter Anwendung des Verursachungsprinzips und daher nur *indirekt* zuordnen (bspw. bei einer räumlich-geographischen Erlösstelle (z. B. Deutschland) alle Erlöse aus Aufträgen, die die Grenzen des räumlich-geographischen Teilmarktes überschreiten (z. B. Erlöse aus Aufträgen verschiedener Unternehmen eines nicht nur deutschland-, sondern europaweit agierenden Konzerns)).

Auch Perioden können als Zurechnungsobjekte angesetzt werden. Demnach ergibt sich folgende Klassifizierung:

- *Periodeneinzelerlöse* sind die einer Periode unter Anwendung des Verursachungsprinzips *direkt* zurechenbaren Erlöse (z. B. falls die Periode einem Kalanderjahr entspricht: Mieterlöse für ein Jahr).
- *Periodengemeinerlöse* sind dagegen einer Periode unter Anwendung des Verursachungsprinzips nicht zuzuordnen (z. B. falls die Periode einem Kalanderjahr entspricht: Mieterlöse für einen Zeitraum von 5 Jahren).

---

[135] Vgl. Kloock et al. (2005), S. 69.
[136] Vgl. im Folgenden Kloock et al. (2005), S. 71; vgl auch Schweitzer u. Küpper (2008), S. 82–83.

Das Auftreten von Gemeinerlösen bedingt, dass eine Erlösverteilung mit Hilfe von Heuristiken durchgeführt werden muss. Als mögliche Heuristiken sind hier die *Divisionsrechnung* und die *Zuschlagsrechnung* zu nennen. Die *Divisionsrechnung* wird angewendet, wenn bei einem zu kalkulierenden Objekt keine direkte Erlöszurechnung vorgenommen werden kann. Hier können die Erlöse also nur mittels Durchschnitts- oder Tragfähigkeitsprinzip verteilt werden. Dagegen werden den Kalkulationsobjekten in der *Zuschlagsrechnung* zunächst Einzel- und Stelleneinzelerlöse zugeordnet. Lediglich die verbliebenen Gemein- bzw. Stellengemeinerlöse werden unter Anwendung des Durchschnittprinzips auf die Bezugsobjekte verrechnet.[137]

Gliederung nach dem Objektbezug

Innerhalb einer *objektbezogenen Kategorisierung* von Erlösen werden Erlöse nach inhaltlichen Kriterien der zugrunde liegenden Transaktion bzw. Güterentstehung unterschieden. Wird als Objekt die Art der Ausbringungsgüter gewählt, so lassen sich Produkterlöse, Sachmittel- und Anlagenerlöse, Arbeitserlöse, Informationserlöse oder Nominalerlöse unterscheiden.[138] Weitere objektbezogenen Kategorien können bspw. die zugrundeliegende Produktart, die Identität und Größe des Transaktionspartners, der regionale Teilmarkt, der gewählte Vertriebsweg, das (wie auch immer abgegrenzte) Marktsegment sowie der Zeitpunkt der Transaktion sein.

Darüber hinaus kann der Stück- bzw. Periodenbezug als Differenzierungsmerkmal von Erlösen dienen. Bezieht sich ein Erlös auf eine einzelne Leistungseinheit, wird dieser als *Stückerlös* bezeichnet. Liegen dagegen bspw. stückbezogene Zurechnungsprobleme vor und können Erlöse daher lediglich für einen bestimmten Zeitraum angegeben werden, wird von *Periodenerlösen* gesprochen.

Gliederung nach positiven und negativen Erlösbestandteilen

Erlöserhöhungen und -minderungen
Grundpreise bzw. *Listenpreise* bilden den Ausgangspunkt von Erlösbetrachtungen. Den Grundpreisen kann aufgrund von besonderen Leistungen (z. B. Sonderausstattungen in der Automobilindustrie) ein Aufpreis zugeschlagen werden. Dies führt schließlich zum *Effektivpreis*. Neben diesen Erlösen aus Preisen können konditions- bzw. abwicklungsbedingte Mehrerlöse erzielt werden. *Konditionsbedingte Mehrerlöse* resultieren bspw. bei

---

[137] Vgl. Kloock et al. (2005), S. 71–72.
[138] Vgl. Schweitzer u. Küpper (2008), S. 82.

Exportgeschäften aus schwankenden Wechselkursen oder durch das Anfallen von Verzugszinsen aufgrund der Überschreitung der Zahlungsfristen durch einen Abnehmer. *Abwicklungsbedingte Mehrerlöse* entstehen z. B. durch pfandähnliche Gebühren für Mehrwegverpackungen oder nicht korrigierbare Falsch- oder Fehlmengenlieferungen zu Gunsten des liefernden Unternehmens.[139]

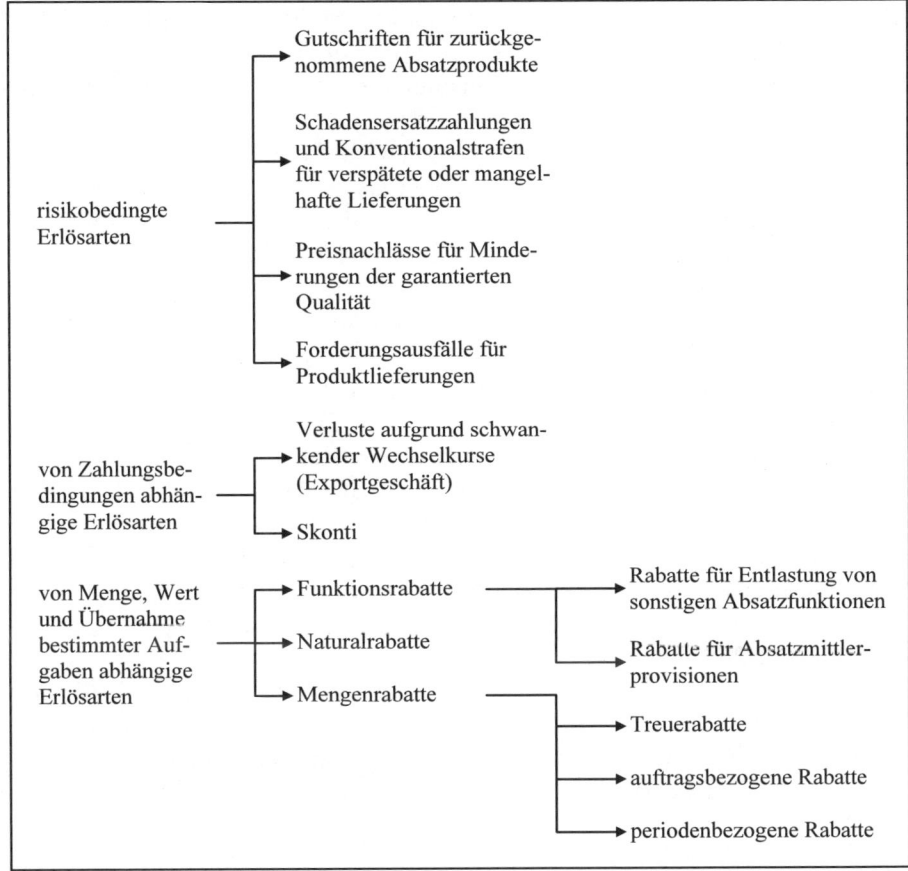

Abb. 2.27 Arten von Erlösminderungen

Neben den vorgestellten Erlöserhöhungen sind in der Praxis insbesondere Erlösminderungen von großer Bedeutung. Erlösminderungen schmälern den Unternehmenserfolg und wirken somit wie Kosten, ihnen liegt jedoch

---

[139] Vgl. Hoitsch u. Lingnau (2007), S. 210–211.

kein Einsatz von Produktionsfaktoren zugrunde.[140] Abb. 2.27[141] gibt einen Überblick über verschiedene Arten von Erlösminderungen.

Eine Form von Erlösminderungen sind Rabatte, die vielfältig ausgestaltet werden können. Von Bedeutung sind hierbei insbesondere *Mengenrabatte* d. h. Preisabschläge aufgrund des Überschreitens von Mindestmengen bzw. -werten. In praxi gebräuchlich sind vor allem *periodenbezogene* oder *auftragsbezogene Rabatte*. Denkbar ist auch die Gewährung von *Treuerabatten* bei Kunden, die regelmäßig Produkte nachfragen. Neben Mengenrabatten können sich auch *Naturalrabatte* sowie *Funktionsrabatte* erlösschmälernd auswirken. Als Beispiel für Naturalrabatte kann die Gewährung von Gratismengen in Abhängigkeit von der nachgefragten Menge angeführt werden. Bei Funktionsrabatten wird das verkaufende Unternehmen von bestimmten Absatzfunktionen entlastet.

Bei Einschaltung des Handels in die Distribution ist diesem bspw. eine *Absatzmittlerprovision* für die Übernahme von Verkaufsfunktionen zu gewähren. Funktionsrabatte sind aber nicht auf den Handel beschränkt, sondern können auch direkt auf den Kunden ausgedehnt werden, z. B. wenn dieser Güter direkt vom Werk abholt (*Rabatt für Selbstabholer*). Zusätzlich zu Rabatten bieten Unternehmen bei Einhaltung bestimmter Zahlungsziele häufig die Möglichkeit des Abzugs von *Skonti* an.[142]

Neben den bisher betrachteten – im Wesentlichen preispolitisch festzulegenden Tatbeständen – sind in Abb. 2.27 auch *risikobedingte Erlösminderungen* berücksichtigt. Diese können beim Ausfall von Forderungen, bei Nichteinhaltung der vereinbarten Qualität, bei verspäteten oder mangelhaften Lieferungen sowie bei zurückgerufenen Absatzgütern entstehen.[143]

Brutto- und Nettoerlöse
Der Bruttoerlös umfasst alle positiven Erlösarten, d. h. den Erlös aus Grundpreisen und Aufschlägen sowie evtl. anfallende Mehrerlöse. Werden vom Bruttoerlös die negativen Erlösarten (Erlösminderungen) subtrahiert, resultiert der Nettoerlös:[144]

---

[140] Vgl. Hoitsch u. Lingnau (2007), S. 212.
[141] In Anlehnung an Kloock et al. (2005), S. 174.
[142] Vgl. Kloock et al. (2005), S. 175. Vgl. hierzu auch Hoitsch u. Lingnau (2007), S. 212–214.
[143] Vgl. Hoitsch u. Lingnau (2007), S. 214–215. Hoitsch und Lingnau führen zudem Zahlungsverpflichtungen aus Nichterfüllung eines Vertrages auf, die jedoch nicht als Erlösschmälerungen eingeordnet werden.
[144] Vgl. auch Ewert u. Wagenhofer (2008), S. 675; Hoitsch u. Lingnau (2007), S. 215; Kilger et al. (2007), S. 552.

Erlös aus Grundpreisen (Basiserlös)
+ Erlöserhöhungen (Aufpreise, Mehrerlöse)

= *Bruttoerlös*
− Erlösminderungen

= *Nettoerlös*

2.3.3 Probleme der Erlöserfassung

Für das Ziel einer möglichst exakten Erlöserfassung ergeben sich zwei Problemfelder:

1. Identifikation von Erlösverbunden
2. Zeitpunkt der Erlösrealisation

Identifikation von Erlösverbunden

Verbundbeziehungen *innerhalb einer Erlösart* treten auf, wenn Güter nur in bestimmten Mengen abgesetzt werden bzw. wenn das für die Leistung zu entrichtende Entgelt von der abgesetzten Menge abhängt. Derartige Verbundbeziehungen können somit durch die Festlegung von Mindestabnahmemengen, Pauschalentgelten oder Mindestabnahmewerten bzw. durch die Gewährung von Rabatten entstehen.

Verbundbeziehungen *zwischen mehreren Erlösarten* treten auf, wenn eine Leistung nur in Kombination mit anderen Leistungen angeboten wird oder das Entgelt von der Abnahme anderer Leistungen abhängt. Hierunter fallen Produkt- und Preisbündelungen sowie Sammlungen von Rabattpunkten.

Zeitpunkt der Erlösrealisation

Beim Konzept der *zeitpunktbezogenen* Erlösrealisation werden alle Erlöse als Periodeneinzelerlöse aufgefasst. In praxi wird hier häufig auf den handelsrechtlichen Realisationszeitpunkt abgestellt. Bei Transaktionen mit Unternehmensexternen ist dieses nach herrschender Lehre der Zeitpunkt, an dem die tatsächliche Verfügungsmacht über Gegenstände übergeht bzw. an dem die Dienstleistung erbracht wird. Bei selbsterstellten Vermögensgegenständen ist der Verzehr der hierfür verbrauchten Einsatzgüter maßgeblich.

Beim Konzept der *zeitraumbezogenen* Erlösrealisation wird auf die sog. Realisationsphase abgestellt, die die gesamte rechtliche oder wirtschaftliche Bindungsdauer zwischen Käufer und Verkäufer erfasst.

Beispiel: Die Zuckerpuppen & Söhne GmbH bietet Schokoladentafeln in den drei Gewichtsklassen „XXL", „Standard" und „Mini" an. Preise sowie Absatzmengen sind aus Tabelle 2.13 ersichtlich.

Tabelle 2.13 Verrechnungsbeispiel Erlöse – Preise und Absatzmengen

	Preis	Absatzmenge
Tafeln XXL	2,00 GE/ME	3.000 TME
Tafeln Standard	0,80 GE/ME	5.000 TME
Tafeln Mini	0,20 GE/ME	2.500 TME
		Σ 10.500 TME

Die Tafeln werden über die Einzelhändler EH 1 und EH 2 sowie den Discounter A abgesetzt. Die Verteilung der Absatzmengen auf die Händler ergibt sich aus Tabelle 2.14.

Tabelle 2.14 Verrechnungsbeispiel Erlöse – Verteilung der Absatzmengen

	EH 1	EH 2	Discounter A
Tafeln XXL	1.000 TME	500 TME	1.500 TME
Tafeln Standard	1.000 TME	1.500 TME	2.500 TME
Tafeln Mini	500 TME	1.000 TME	1.000 TME
	Σ 2.500 TME	Σ 3.000 TME	Σ 5.000 TME

Periodenrabatte werden mit dem Handel individuell vereinbart. Die Staffelung ergibt sich gemäß Tabelle 2.15, wobei als Basis die gesamte Bestellmenge einer Periode dient.

Tabelle 2.15 Verrechnungsbeispiel Erlöse – Periodenrabatte

	EH 1	EH 2	Discounter A
Bis 999 TME	2 %	1 %	4 %
Bis 4.999 TME	3 %	2 %	5 %
5.000 TME und mehr	4 %	3 %	6 %

Aufgrund individueller Verhandlungen ergeben sich die in Tabelle 2.16 angegebenen Abnehmerrabatte.

Tabelle 2.16 Verrechnungsbeispiel Erlöse – Abnehmerrabatte

Händler	Abnehmerrabatt
EH 1	3 %
EH 2	3 %
Discounter A	4 %

Zunächst werden die *Bruttoerlöse pro Produkt* berechnet, die hier den *Einzelerlös*en entsprechen, da sie direkt den einzelnen Produkten zugerechnet werden können:

Tafeln XXL: $3.000 \, TME \cdot 2,00 \, \frac{GE}{ME} = 6.000 \, TGE$

Tafeln Standard: $5.000 \, TME \cdot 0,80 \, \frac{GE}{ME} = 4.000 \, TGE$

Tafeln Mini: $2.500 \, TME \cdot 0,20 \, \frac{GE}{ME} = 500 \, TGE$

Für die *Bruttoerlöse je Händler* ergeben sich folgende Werte:

$$EH \, 1 \colon 1.000 \, TME \cdot 2,00 \, \frac{GE}{ME} + 1.000 \, TME \cdot 0,80 \, \frac{GE}{ME} + 500 \, TME \cdot 0,20 \, \frac{GE}{ME}$$

$$= 2.900 \, TGE$$

$$EH \, 2 \colon 500 \, TME \cdot 2,00 \, \frac{GE}{ME} + 1.500 \, TME \cdot 0,80 \, \frac{GE}{ME} + 1.000 \, TME \cdot 0,20 \, \frac{GE}{ME}$$
$$= 2.400 \, TGE$$

Discounter A:
$$1.500 \, TME \cdot 2,00 \, \frac{GE}{ME} + 2.500 \, TME \cdot 0,80 \, \frac{GE}{ME} + 1.000 \, TME \cdot 0,20 \, \frac{GE}{ME}$$
$$= 5.200 \, TGE$$

Auf Basis der gesamten Bestellmengen der Händler lassen sich folgende *Periodenrabatte je Händler* ermitteln:

EH 1 (3 %): $0,03 \cdot 2.900 \, TGE = 87 \, TGE$
EH 2 (2 %): $0,02 \cdot 2.400 \, TGE = 48 \, TGE$
Discounter A (6 %): $0,06 \cdot 5.200 \, TGE = 312 \, TGE$
$$\Sigma \; = 447 \, TGE$$

Analog können die Abnehmerrabatte berechnet werden:

EH 1 (3 %): $0,03 \cdot 2.900 \, TGE = 87 \, TGE$
EH 2 (3 %): $0,03 \cdot 2.400 \, TGE = 72 \, TGE$
Discounter A (4 %): $0,04 \cdot 5.200 \, TGE = 208 \, TGE$
$$\Sigma \; = 367 \, TGE$$

Rabatte sind Erlösschmälerungen. Sie können den einzelnen Produkten nicht direkt zugerechnet werden, da ihre Höhe von dem jeweiligen Händler abhängig ist. Die Rabatte können daher auch als negative Gemeinerlöse angesehen werden.

Zusammengefasst ergeben sich die in Tabelle 2.17 aufgelisteten Bruttoerlöse und Erlösschmälerungen.

Tabelle 2.17 Verrechnungsbeispiel Erlöse – Bruttoerlöse und Erlösschmälerungen

	Bruttoerlöse [in TGE]	Erlösschmälerungen [in TGE]	
		Periodenrabatt	Abnehmerrabatt
Tafeln XXL	6.000		
Tafeln Standard	4.000		
Tafeln mini	500		
		447	367
	Σ 10.500	Σ 814	

Der Nettoerlös der Periode beträgt somit:

10.500 TGE – 814 TGE = 9.686 TGE.

2.4 Kostenstellenrechnung

2.4.1 Aufgaben der Kostenstellenrechnung

Nach Durchführung der Kostenartenrechnung sollte im Idealfall die Höhe aller Kosten vollständig dokumentiert worden sein. Durch die Erfassung der Kosten pro Kostenart ist darüber hinaus auch eine entsprechende Gliederung der Kosten möglich. Nach Abschluss der Kostenartenrechnung ist allerdings noch nicht bekannt, in welchen Unternehmensbereichen die Kosten angefallen sind.

Die Zielsetzung der Kostenstellenrechnung liegt in einer möglichst *verursachungsgerechten* Verteilung der erfassten Kosten. In dieser Verrechnungsphase der Kostenrechnung soll die Frage beantwortet werden, *wo* die in der Kostenartenrechnung ermittelten Kosten angefallen sind. Dabei wird der Ort der Kostenentstehung als Kostenstelle bezeichnet. Da sich die angefallenen Gemeinkosten – im Gegensatz zu den Einzelkosten – nicht ohne weiteres auf die Kostenträger verrechnen lassen, werden sie im Rahmen der Kostenstellenrechnung gesondert behandelt, indem sie auf die Betriebsbereiche verteilt werden, in denen sie angefallen sind. Letztendlich dient dieser Schritt dazu, die angefallenen Gemeinkosten „behelfsmäßig" den Kostenträgern zuzuordnen.

Im Folgenden werden Kriterien für die Einteilung eines Unternehmens in Kostenstellen vorgestellt. Darüber hinaus werden der Betriebsabrechnungsbogen sowie verschiedene Verfahren der innerbetrieblichen Leistungsverrechnung dargestellt und diskutiert. Auf Basis dieses Instrumentariums ist es möglich, Zuschlagssätze für die Kalkulation von Produkten zu berechnen.

Abb. 2.28[145] veranschaulicht, warum die Kostenstellenrechnung auch als Bindeglied zwischen Kostenarten- und Kostenträgerrechnung bezeichnet wird.

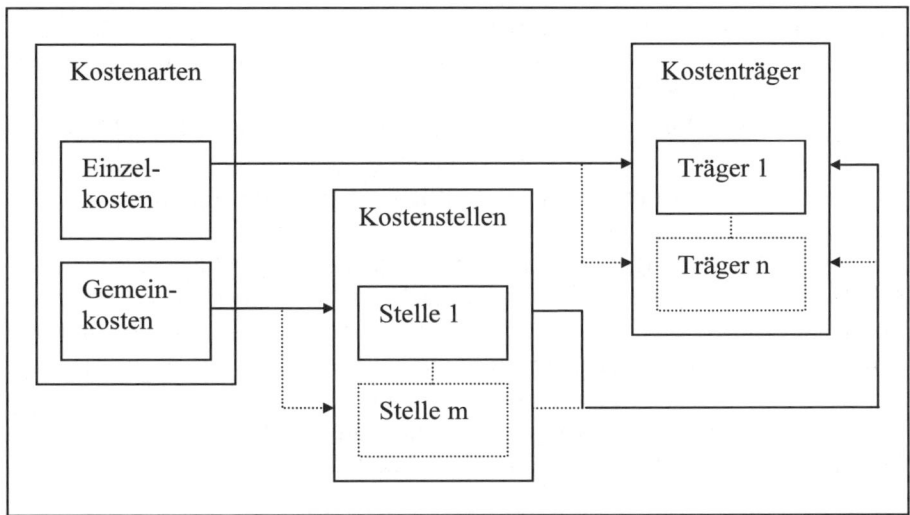

Abb. 2.28 Kostenstellenrechnung als Bindeglied zwischen Kostenarten- und Kostenträgerrechnung

Die Kostenstellenrechnung schafft bei Mehrproduktunternehmen die Voraussetzung für die Verrechnung der erfassten Gemeinkosten auf die hergestellten Produkte bzw. Kostenträger. Bei Einproduktunternehmen stellt sich dieses Verrechnungsproblem hingegen nicht, da alle Kosten des Betriebes genau von dem einen hergestellten Produkt zu tragen sind.

Neben den Gemeinkosten werden auch die Einzelkosten in der Kostenstellenrechnung auf Kostenstellen verteilt. Vordergründig betrachtet handelt es sich hierbei um einen überflüssigen Rechenschritt, da Einzelkosten den Kostenträgern per definitionem direkt zurechenbar sind. Trotzdem werden Einzelkosten in der Kostenstellenrechnung ausgewiesen, da ihre Berücksichtigung die Bildung von Zuschlagssätzen erleichtern kann.

Zur Klärung, für welche Kostenträger die in der Kostenartenrechnung ermittelten Gemeinkosten angefallen sind, ist zunächst zu untersuchen, an welchen Stellen im Unternehmen die Kosten entstanden sind. Dieser Schritt wird in der Kostenstellenrechnung vorgenommen, indem ermittelt wird, welche Kosten in einer Kostenstelle angefallen sind. Die verschiedenen Produkte beanspruchen die betrieblichen Produktionsfaktoren i. d. R.

---

[145] In Anlehnung an Coenenberg et al. (2007), S. 38.

in unterschiedlichem Maße. Entsprechend der Beanspruchung der Kostenstellen durch die gefertigten Produkte werden die Kosten auf die Kostenträger verrechnet. Hier wird bereits eine wichtige Aufgabe der Kostenstellenrechnung deutlich: Sie soll eine differenzierte Zurechnung der angefallenen Gemeinkosten auf die Kostenträger ermöglichen. Bei diesen Kostenträgern kann es sich sowohl um fertige als auch um unfertige Erzeugnisse handeln.[146]

Der Kostenstellenrechnung kommt darüber hinaus jedoch auch eine eigenständige – von der Kostenträgerrechnung unabhängige – Bedeutung zu. Sie soll eine Kontrolle der Wirtschaftlichkeit der sachzielbezogenen Gütererstellung ermöglichen. Durch die Verrechnung der Kostenarten auf die Orte ihrer Entstehung wird die Grundlage dafür geschaffen, die Wirtschaftlichkeit einzelner Verantwortungsbereiche anhand des Vergleichs der entstandenen Periodenkosten mit den Sollkosten zu kontrollieren[147] Sollkosten sind Ausdruck sparsamen Wirtschaftens in den Kostenstellen. Sie geben an, wie viel Kosten bei effizientem Handeln angesichts der jeweils vorliegenden Beschäftigung anfallen dürfen. Der Begriff der Sollkosten wird im Kapitel 3 noch ausführlicher diskutiert werden.

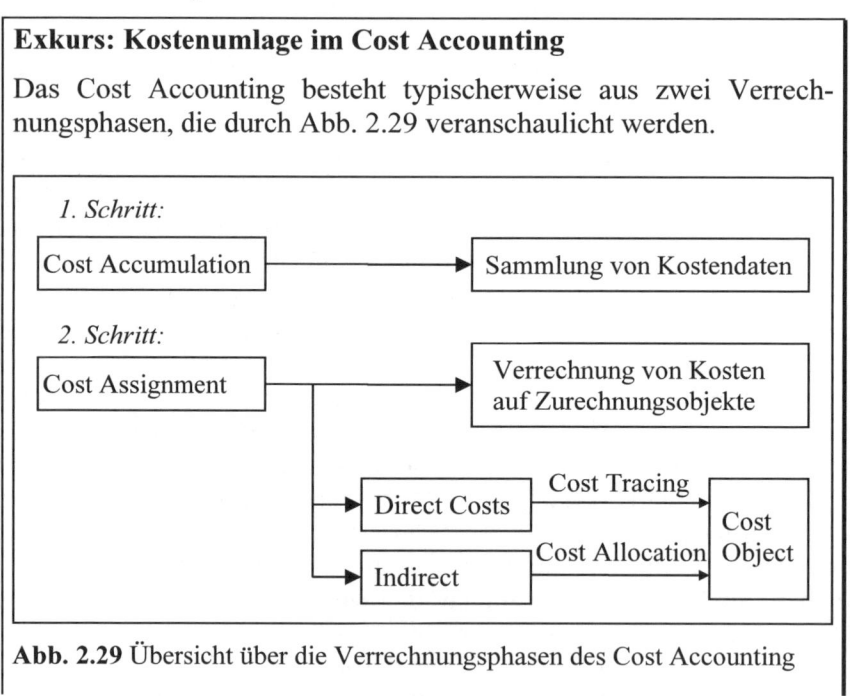

Exkurs: Kostenumlage im Cost Accounting

Das Cost Accounting besteht typischerweise aus zwei Verrechnungsphasen, die durch Abb. 2.29 veranschaulicht werden.

1. Schritt:

Cost Accumulation ⟶ Sammlung von Kostendaten

2. Schritt:

Cost Assignment ⟶ Verrechnung von Kosten auf Zurechnungsobjekte

Direct Costs — Cost Tracing ⟶ Cost Object
Indirect — Cost Allocation ⟶

Abb. 2.29 Übersicht über die Verrechnungsphasen des Cost Accounting

---

[146] Vgl. Freidank (2008), S. 139–140.
[147] Vgl. Kloock et al. (2005), S. 120–121.

In der Phase der Cost Accumulation werden Kosteninformationen gesammelt und dann in der Phase des Cost Assignment auf spezifische Zurechnungsobjekte verteilt. Die letztere Phase besteht wiederum aus zwei Schritten: Im Rahmen des Cost Tracing werden Direct Costs (Einzelkosten) auf die Cost Objects (Zurechnungsobjekte) verrechnet, während Indirect Costs (Gemeinkosten) im Rahmen einer Cost Allocation den Cost Objects zugeordnet werden.

Der Verrechnungsschritt der Cost Allocation weist eine konzeptionelle Ähnlichkeit zur Kostenstellenrechnung auf, da beide Subsysteme auf eine Verrechnung von Gemeinkosten abzielen. Hierbei ist zu beachten, dass Indirect Costs häufig einen beträchtlichen Anteil an den Gesamtkosten eines Unternehmens darstellen können. Daher kommt ihrer möglichst verursachungsgerechten Zuordnung eine besondere Bedeutung zu. Mit dem Verrechnungsschritt der Cost Allocation werden folgende Ziele verfolgt:[148]

1. Bereitstellung von Informationen für betriebswirtschaftliche Entscheidungen,
2. Motivation der Manager und Angestellten,
3. Rechtfertigung der Kosten oder Berechnung von Rückvergütungen,
4. Messung von Erträgen und Vermögen für das Reporting an externe Parteien.

Diese vier Ziele der Cost Allocation lassen sich bei genauer Betrachtung unter die Zielsetzungen der Kostenstellenrechnung subsumieren. So ist das Ziel der Kostenstellenrechnung, Gemeinkosten möglichst verursachungsgerecht zu verteilen, letztlich darauf ausgerichtet, Informationen für ökonomische Entscheidungen bereitzustellen (Ziel 1), Kosteninformationen zu rechtfertigen (Ziel 3) oder Kostenrechnungsinformationen für die externe Rechnungslegung bereitzustellen (Ziel 4). Die Zielsetzung der Wirtschaftlichkeitskontrolle in der Kostenstellenrechnung dient in gewisser Weise auch dazu, Mitarbeiter zu motivieren (Ziel 2). Die Ausführungen verdeutlichen die konzeptionelle Ähnlichkeit, die die Kostenstellenrechnung und die Phase der Cost Allocation aufweisen. Ein wesentlicher Unterschied der beiden Subsysteme ist jedoch darin zu sehen, dass in der Kostenstellenrechnung die Kosten lediglich auf Kostenstellen,

---

[148] Vgl. Bhimani et al. (2008), S. 138. Nicht alle vier Ziele werden sich im Regelfall durch ein System des Cost Allocation simultan realisieren lassen.

nicht jedoch auf Kostenträger verrechnet werden. Im Rahmen der Phase des Cost Allocation wird zunächst eine Verrechnung auf Cost Objects wie Betriebsbereiche bzw. Kostenstellen vorgenommen. Darüber hinaus kann jedoch auch eine direkte Verrechnung auf Produkte erfolgen.

2.4.2 Systematisierung der Kostenstellen

Prinzipiell kann unter einer Kostenstelle der Ort der Kostenentstehung verstanden werden. Zur adäquaten Erfassung werden im Unternehmen betriebliche Abrechnungseinheiten eingerichtet. Eine solche zweckentsprechende Untergliederung des Unternehmens ist als Voraussetzung für eine Kostenstellenrechnung anzusehen. Jede Abrechnungseinheit, für die Kosten gesondert geplant, erfasst und kontrolliert werden, wird somit als Kostenstelle bezeichnet.[149] Allgemein kann ein Unternehmen nach räumlichen oder funktionalen Gesichtspunkten, nach Verantwortungsbereichen sowie nach rechnungstechnischen Gesichtspunkten in Kostenstellen eingeteilt werden.[150]

Bildung von Kostenstellen nach räumlichen Gesichtspunkten

Bei der Bildung von Kostenstellen nach räumlichen Gesichtspunkten werden jeweils Einheiten, die sich in einem vorgegebenen räumlichen Bereich befinden, zu einer Kostenstelle zusammengefasst. Beispielsweise könnte es sich hierbei um alle Maschinen in einer Halle inkl. des zugehörigen Bedienungspersonals handeln. Die Verwendung dieses Kriteriums kann indes zu Problemen führen. In dem betrachteten Beispiel könnten Mensch-Maschine-Kombinationen mit sehr unterschiedlichen Eigenschaften und Kostenstrukturen Bestandteil einer Kostenstelle sein. Beispielsweise könnten in einem räumlichen Abrechnungsbereich eine moderne Maschine mit wenig Bedienungspersonal und eine ältere Maschine mit deutlich mehr Bedienungspersonal zusammengefasst sein. In diesem Fall kann die Gemeinkostensumme, die dieser Kostenstelle zugerechnet wird, den Kostenträgern nur sehr ungenau zugerechnet werden. Probleme können weiterhin dann auftreten, wenn sich ein räumlicher Abrechnungsbereich nicht mit den Verantwortungsbereichen des betrachteten Unternehmens deckt. Sind bspw. zwei Meister für einen Teil des räumlichen Bereiches gemeinsam

---

[149] Vgl. Hummel u. Männel (1986), S. 190.
[150] Vgl. im Folgenden Kloock et al. (2005), S. 121–123 ; Freidank (2008), S. 140–141.

verantwortlich, können aufgetretene Abweichungen zwischen Soll- und Ist-Kosten nicht eindeutig einem der Meister zugerechnet werden.

Bildung von Kostenstellen nach funktionalen Gesichtspunkten

Bei der Bildung der Kostenstellen nach funktionalen Gesichtspunkten werden funktional gleiche Arbeitsgänge zu einer Kostenstelle zusammengefasst (z. B. alle Maschinen zur Vorbehandlung von Metallen in einer Lackiererei bzw. alle Stanzmaschinen zur Befestigung von Vorrichtungen).

Auch wenn die funktionale Kostenstellengliederung in der Praxis am häufigsten auftritt, ist sie dennoch mit einigen Problemen behaftet. So weisen funktional gleiche Arbeitsgänge nicht unbedingt die gleiche Kostenstruktur auf. Ist z. B die Leistungsfähigkeit der Maschinen unterschiedlich, garantiert eine funktionale Gliederung der Kostenstellen keine verursachungsgerechte Umlage der Gemeinkosten auf die Kostenträger. Weitere Probleme entstehen, wenn Verantwortungsbereich und Kostenstelle nicht deckungsgleich sind.

Bildung von Kostenstellen nach Verantwortungsbereichen

Eine weitere Möglichkeit besteht darin, das Unternehmen in nach Verantwortungsbereichen getrennte Kostenstellen einzuteilen. Der Leiter einer Kostenstelle ist für sämtliche Kosten verantwortlich, die in seinem Leitungsbereich anfallen. Diese Verantwortlichkeit besteht auch dann, wenn der Kostenanfall in unterschiedlichen räumlichen Bereichen oder bei unterschiedlicher Funktionserfüllung auftritt. Die Bildung von Kostenstellen nach Verantwortungsbereichen ist besonders für eine wirksame Kostenkontrolle geeignet. Dadurch, dass der Kostenstellenleiter für alle auftretenden Abweichungen verantwortlich ist, können Abweichungsursachen eindeutig zugeordnet werden. Aus diesem Grund wird der Kostenstellenleiter bestrebt sein, auftretende Abweichungen möglichst gering zu halten. Sind produktive Einheiten mit unterschiedlichen Kostenstrukturen in einer Kostenstelle vereint, treten bei einer Kostengliederung nach Verantwortungsbereichen Verzerrungen der Kostenverrechnung auf Kostenträger auf.

Bildung von Kostenstellen nach rechnungstechnischen Gesichtspunkten

Eine weitere Möglichkeit der Kostenstellengliederung besteht darin, Kostenstellen nach rechnungstechnischen Gesichtspunkten zu unterteilen. Nach diesem Kriterium werden Kostenstellen so eingeteilt, dass die Kostenverrechnung auf Kostenträger möglichst weitgehend nach der Beanspruchung der Kostenstelle durch die entsprechenden Kostenträger erfolgt. Es werden somit lediglich solche produktiven Einheiten zu einer Kostenstelle zusammengefasst, die weitgehend gleiche Kostenstrukturen haben. Treten kaum produktive Einheiten mit ähnlichen Kostenstrukturen auf, muss im Extremfall für jeden Arbeitsplatz eine eigene Kostenstelle eingerichtet werden. Diese Einteilung ermöglicht zwar eine sehr genaue Kostenverrechnung, hat aber gleichzeitig einen erhöhten Rechenaufwand zur Folge.[151] Zusätzlich müssten zahllose Belege erstellt werden, um das betriebliche Geschehen zu dokumentieren. Daher ist bei der Kostenstelleneinteilung ebenfalls das Prinzip der Wirtschaftlichkeit zu beachten. Der Nutzen einer aus der genaueren Einteilung des Unternehmens resultierenden größeren Exaktheit der Ergebnisse ist gegen die Kosten eines erhöhten Erfassungsaufwandes abzuwägen.

Im Hinblick auf die vier vorgestellten Kriterien zur Einteilung eines Unternehmens in Kostenstellen ist weiterhin zu beachten, dass sich die Kriterien nicht gegenseitig ausschließen. Eine nach räumlichen Gesichtspunkten eingerichtete Kostenstelle kann durchaus auch andere Kriterien erfüllen. So kann ein Unternehmen etwa in einem räumlichen Bereich produktive Einheiten mit gleicher Funktion zusammenfassen und diesem Bereich dann einen verantwortlichen Mitarbeiter zuweisen. Welches Kriterium bei der Einteilung eines Unternehmens in Kostenstellen dominieren sollte, kann nur in Abhängigkeit vom verfolgten Zweck beurteilt werden. Wenn ein Unternehmen eine möglichst genaue Kostenverrechnung anstrebt, sollte die Kostenstellengliederung weitgehend nach *rechnungstechnischen* Gesichtspunkten erfolgen. Wenn dagegen in erster Linie eine möglichst wirksame Kostenkontrolle erreicht werden soll, ist eine Einteilung der Kostenstellen nach *Verantwortungsbereichen* vorzuziehen.

Ist das Unternehmen in Kostenstellen eingeteilt, müssen die gebildeten Kostenstellen zweckmäßig gruppiert werden. In Abb. 2.30 werden einige Kriterien dargestellt, mit deren Hilfe sich Kostenstellen zu Gruppen zusammenfassen lassen.[152]

Die Kostenkontrollfunktion in den einzelnen Kostenstellen hängt nicht davon ab, wie die bereits gebildeten Kostenstellen in Gruppen zusammengefasst werden. Aus diesem Grund kann die Gruppierung von Kostenstellen verstärkt unter dem Aspekt der innerbetrieblichen Abrechnung vorgenommen werden.[153] Echte Gemeinkosten lassen sich – wie ausgeführt – per definitionem nicht verursachungsgerecht auf Kostenträger zurechnen. Geht

---

[151] Vgl. Kloock et al. (2005), S. 122.
[152] Vgl. hierzu auch Schweitzer u. Küpper (2008), S. 123–125; Coenenberg et al. (2007), S. 86–87; Freidank (2008), S. 142.
[153] Vgl. Kloock et al. (2005), S. 123.

man indes von unterschiedlichen Graden an Verursachungsgerechtigkeit aus, macht es Sinn, von einer Verrechnung echter Gemeinkosten den Versuch einer möglichst guten Annäherung an das Prinzip der Verursachungsgerechtigkeit zu fordern.

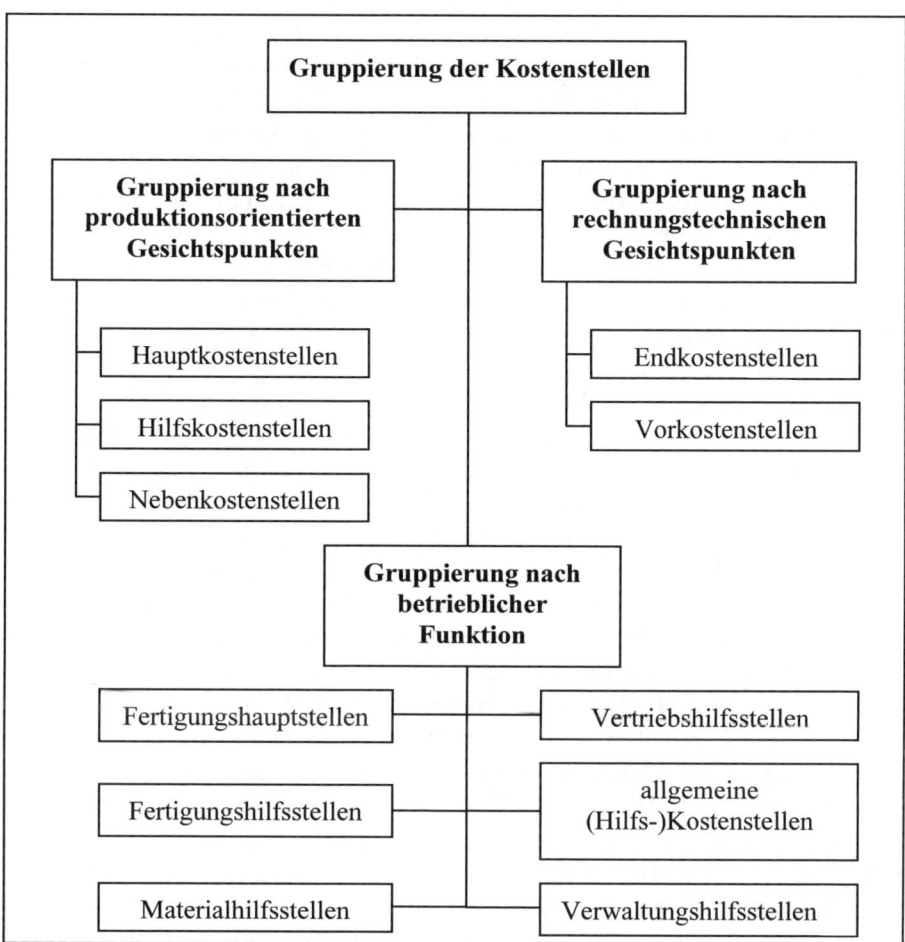

Abb. 2.30 Gruppierung der Kostenstellen

Wie aus Abb. 2.30 deutlich wird, können Kostenstellen nach rechnungstechnischen Gesichtspunkten in Vorkostenstellen und Endkostenstellen gruppiert werden. Kosten von Vorkostenstellen werden im Rahmen der Kostenstellenrechnung auf andere Vorkostenstellen und auf Endkostenstellen umgelegt. Kosten von Endkostenstellen werden insgesamt (Vollkostenrechnung) bzw. zu Teilen (Teilkostenrechnung) auf die Kostenträger verrechnet.[154]

Für den Zweck einer verursachungsgerechten Kostenzurechnung ist es ebenfalls sinnvoll, die Kostenstellen nach dem Ausmaß ihrer Beteiligung am Produktionsprozess zu untergliedern. Dieses Gliederungskriterium wird häufig auch als produktionsorientiertes Gliederungskriterium bezeichnet. Gemäß diesem Kriterium werden die Kostenstellen in Hauptkostenstellen, Nebenkostenstellen und Hilfskostenstellen eingeteilt.[155] In Hauptkostenstellen werden die zum Produktionsprogramm des Unternehmens gehörenden Hauptprodukte be- bzw. verarbeitet (z. B. Endmontage in der Automobilindustrie).[156] In Nebenkostenstellen findet die Bearbeitung von Produkten statt, die nicht zum eigentlich geplanten Produktionsprogramm des Unternehmens gehören (bspw. Kuppelprodukte oder Abfallgüter). Hilfskostenstellen tragen nur mittelbar zur Gütererstellung bei (z. B. Planung und Steuerung, Verwaltung, Lohnabrechnung, Informationsbeschaffung und -verarbeitung).

Vielfach werden Kostenstellen nach betrieblichen Funktionsbereichen in Gruppen zusammengefasst. Hierbei kann zwischen Fertigungsstellen, Materialstellen, Vertriebsstellen, allgemeinen Stellen und Verwaltungsstellen differenziert werden.[157] In Fertigungshauptstellen werden die Arbeitsgänge an Werkstoffen und Zwischenprodukten vollzogen, die zur Erzeugung der Haupt- und Nebenprodukte erforderlich sind.[158] Fertigungshilfsstellen sind Stellen des Fertigungsbereichs, welche die Fertigungsplanung und Fertigungssteuerung, die Informationsverarbeitung, die Herstellung von Werkzeugen und Maschinen für den Fertigungsprozess sowie Reparaturen auszuführen haben (z. B. Fertigungsvorbereitung, technische Betriebsleitung, Werkzeugmacherei, Reparaturwerkstätte). Die Aufgabe von Materialhilfsstellen liegt in der Bestellung, Annahme, Prüfung, Lagerung sowie Bereitstellung von Roh-, Hilfs- und Betriebsstoffen, die im Fertigungsprozess eingesetzt werden. Da in ihnen außer bei Gärungs- und Reifungsprozessen keine substanzielle Bearbeitung von Produkten vorgenommen wird, sind Materialstellen als Hilfskostenstellen zu klassifizieren. Vertriebshilfsstellen sind für sämtliche Aufgaben zuständig, die der Verwertung von Produkten am Markt dienen (z. B. Fertigwarenlager, Verkauf, Versand, Vertreterdienst sowie Reparaturdienst für Kunden). Allgemeine Hilfskostenstellen erstellen Leistungen, die dem gesamten Unternehmen zur Verfü-

---

154 Vgl. Hummel u. Männel (1986), S. 192-193.
155 Vgl. Kloock et al. (2005), S. 123.
156 Vgl. hierzu und zum Folgenden Hummel u. Männel (1986), S. 193.
157 Vgl. Freidank (2008), S. 140–142.
158 Vgl. hierzu und zum Folgenden Schweitzer u. Küpper (2008), S. 125.

gung stehen (z. B. Energieversorgung, Heizung sowie Einrichtungen wie Kantine, Grundstücke und Gebäude, Druckerei, Transport und Instandhaltung). Bei Verwaltungshilfsstellen handelt es sich um Hilfskostenstellen, deren Gegenstand Verwaltungsaufgaben wie z. B. Buchhaltung, Kalkulation und Statistik sind. Ferner zählt aus kostenrechnerischer Sicht auch die Geschäftsleitung zu der Gruppe der Verwaltungshilfsstellen.

Durch eine kombinierte Anwendung der vorgestellten Kriterien ist es möglich, Kostenstellen übersichtlich in einem Kostenstellenplan festzuhalten. Ein Kostenstellenplan kann sich dabei an der aus Abb. 2.31[159] ersichtlichen Systematisierung der Kostenstellen orientieren.

Vorkostenstellen		Endkostenstellen					
Hilfskostenstellen		Hauptkosten-stellen	Hilfskostenstellen			Neben-und Aus-gliede-rungs-stellen
allgemeine Hilfskosten-stellen	Fertigungs-hilfs-stellen	Material-hilfs-stellen	Fertigungs-haupt-stellen	Verwal-tungs-hilfs-stellen	Vertriebs-hilfs-stellen	

Abb. 2.31 Systematisierung der Kostenstellen

An dieser Stelle sei darauf hingewiesen, dass die Systematisierung der Kostenstellen in der Literatur divergierend behandelt wird. Da die Einteilung des Betriebsabrechnungsbogens i. d. R. nach produktionsorientierten Gesichtspunkten in Hilfskosten- und Hauptkostenstellen erfolgt, werden häufig Hilfskostenstellen mit Vorkostenstellen und Hauptkostenstellen mit Endkostenstellen gleichgesetzt. Diese inhaltliche Übereinstimmung zwischen den produktionstechnisch und den abrechnungstechnisch gegliederten Kostenstellen ist jedoch nicht zwingend.[160] Zur deutlichen Abgrenzung der Begrifflichkeiten wird daher der in Abb. 2.31 dargestellten Systematisierung nach Schweitzer/Küpper gefolgt.

Exkurs: Systematisierung der Kostenstellen im Cost Accounting

Im Rahmen des Cost Accounting lassen sich unterschiedliche Betriebsbereiche auf der ersten Gliederungsebene in Support Departments bzw. in Operating Departments einteilen. In Support Depart-

---

[159] In Anlehnung an Schweitzer u. Küpper (2008), S. 124.
[160] Die Verwaltungsstelle wird z. B. häufig als Hauptkostenstelle behandelt, obwohl sie nicht unmittelbar an der Fertigung des Produktes beteiligt ist und daher eine Hilfsstelle ist.

ments, bzw. synonym: Service Departments, werden produktions-
unterstützende Leistungen für andere Betriebsbereiche bereitgestellt.
Die Leistungen von Support bzw. Service Departments werden im
Rahmen der innerbetrieblichen Leistungsverrechnung auf Operating
Departments (synonym auch: Production Departments) verteilt. Daher lässt sich eine Ähnlichkeit der Support Departments mit den
Vorkostenstellen der deutschen Kostenrechnung feststellen. Operating bzw. Production Departments sind mit den Endkostenstellen
vergleichbar.

Als Beispiele für Support Departments lassen sich zum einen Ver-
waltungsbereiche wie die Rechtsabteilung (Legal Department), die
Personalabteilung (Personnel Department) und der Bereich „Informationssysteme" (Information Systems) anführen. Auf der anderen
Seite zählen auch produktionsnahe Bereiche wie z. B. die Werksin-
standhaltung (Plant Maintenance) zu den Support bzw. Service Departments. Bei den Operating Departments sind bspw. Montagebe-
reiche (Assembly) zu nennen.[161]

Nachdem nunmehr Kriterien für die Einteilung sowie für die anschließende Gruppierung von Kostenstellen vorgestellt wurden, sollen im Folgenden
Möglichkeiten der Verteilung der in der Kostenartenrechnung ermittelten
Gemeinkosten auf die Kostenstellen dargestellt werden. Im Gegensatz zu
den Gemeinkosten werden die Einzelkosten direkt auf die Kostenträger,
d. h. auf die Absatzleistungen, verrechnet. Für die Verteilung der Gemeinkosten wird aus Gründen der Übersichtlichkeit ein Betriebsabrechnungsbogen (BAB) benutzt, der im folgenden Abschnitt behandelt wird.

2.4.3 Betriebsabrechnungsbogen

Ein wichtiges Instrument der Kostenstellenrechnung bildet der BAB. Darin
werden in tabellarischer Form die Gemeinkosten für die einzelnen Kostenstellen erfasst und verrechnet. Die Einzelkosten sind den Kostenträgern direkt zurechenbar und müssten aus diesem Grund nicht in der Kostenstellenrechnung berücksichtigt werden. Aus Gründen der Information sowie
der Vereinfachung der späteren Berechnung von Zuschlagssätzen für die

---

[161] Vgl. Bhimani et al. (2008), S. 147–148.

Kalkulation[162] werden i. d. R. jedoch die Einzelkosten im BAB aufgeführt.[163]

Beim BAB handelt es sich um eine Tabelle zur Kostenverrechnung. Darin wird für jede Kostenstelle des Unternehmens eine Spalte eingerichtet. In den Zeilen des BAB werden hingegen zunächst die verschiedenen primären sowie die sekundären Kostenarten ausgewiesen.[164] Die nachfolgenden Arbeitsschritte sollen den Vorgang der Betriebsabrechnung mittels BAB verdeutlichen.

Verrechnung der primären Gemeinkosten

Aus Tabelle 2.18 ist der Vorgang der Verrechnung der primären Gemeinkosten ersichtlich. Dabei ist zunächst in der ersten Spalte für jede Kostenart der Gesamtbetrag ausgewiesen. Die jeweiligen Beträge werden aus der Kostenartenrechnung übernommen und nach primären Einzel- und Gemeinkosten getrennt ausgewiesen. Im ersten Schritt der Kostenstellenrechnung soll eine Verteilung der primären Gemeinkosten auf die Kostenstellen erfolgen. Wie bereits erwähnt, handelt es sich bei den primären Gemeinkosten um Gemeinkosten, die in den einzelnen Kostenstellen als tatsächlicher Verbrauch von auf externen Märkten beschafften Produktionsfaktoren entstehen. Von den primären Gemeinkosten sind die sekundären Gemeinkosten abzugrenzen, welche beim Austausch von innerbetrieblichen Gütern, d. h. bei der Lieferung von Gütern von einer Kostenstelle an eine andere Kostenstelle, entstehen.

Beispiel: Dic Zuckerpuppen & Söhne GmbH weist zum Zwecke der Information und Vereinfachung auch die primären Einzelkosten der Kostenträger aus. Die Ausgangsdaten des Beispiels sind in Tabelle 2.18 aufgeführt.

In dem Beispiel sind Fertigungsmaterialeinzelkosten in Höhe von 15.000 TGE in der Materialhilfsstelle entstanden sowie insgesamt 8.000 TGE an Fertigungslöhnen in den Fertigungshauptstellen A und B angefallen. Die primären Gemeinkosten sind abgesehen von den Energiekosten und den sonstigen Kosten aufgrund von Belegen feststellbar und damit direkt zurechenbar. Für die Energiekosten und die sonstigen Kosten erfolgt die Verrechnung der primären Gemeinkosten über Schlüsselgrößen.

---

[162] Bei der Berechnung von Zuschlagssätzen können die Einzelkosten als Bezugsgröße dienen.

[163] Vgl. Schweitzer u. Küpper (2008), S. 131-132.

[164] Vgl. Schweitzer u. Küpper (2008), S. 131-132.

Tabelle 2.18 Erfassung der primären Gemeinkosten

Kostenarten / Kostenstellen	Summe	Vorkostenstellen				Endkostenstellen				
		allgemeine Hilfsstelle		Fertigungshilfsstelle		Fertigungshauptstelle		Material-hilfsstelle	Verwaltungs-hilfsstelle	Vertriebs-hilfsstelle
		A1	A2	H1	H2	A	B			
Einzelkosten										
Fertigungsmaterial [in TGE]	15.000							15.000		
Fertigungslöhne [in TGE]	8.000					3.000	5.000			
primäre Gemeinkosten										
Hilfs- und Betriebsstoffe [in TGE]	4.000	80	70	600	650	800	1.050	300	180	270
Energiekosten [in TGE]	1.000									
Hilfslöhne [in TGE]	7.500	350	400	600	750	1.850	1.950	650	400	550
Gehälter [in TGE]	6.000	155	178	517,50	615,50	1.300	1.200	440	700	894
Abschreibungen [in TGE]	2.400	75	85	240	300	700	750	90	75	85
sonstige Kosten [in TGE]	3.000									
Summe primäre GK [in TGE]	23.900									

Im nächsten Schritt werden die primären Gemeinkosten auf alle Hilfs- und Hauptkostenstellen verrechnet. Hierbei können die primären Gemeinkostenarten – wie aus Abb. 2.32 ersichtlich – in zwei Gruppen eingeteilt werden.

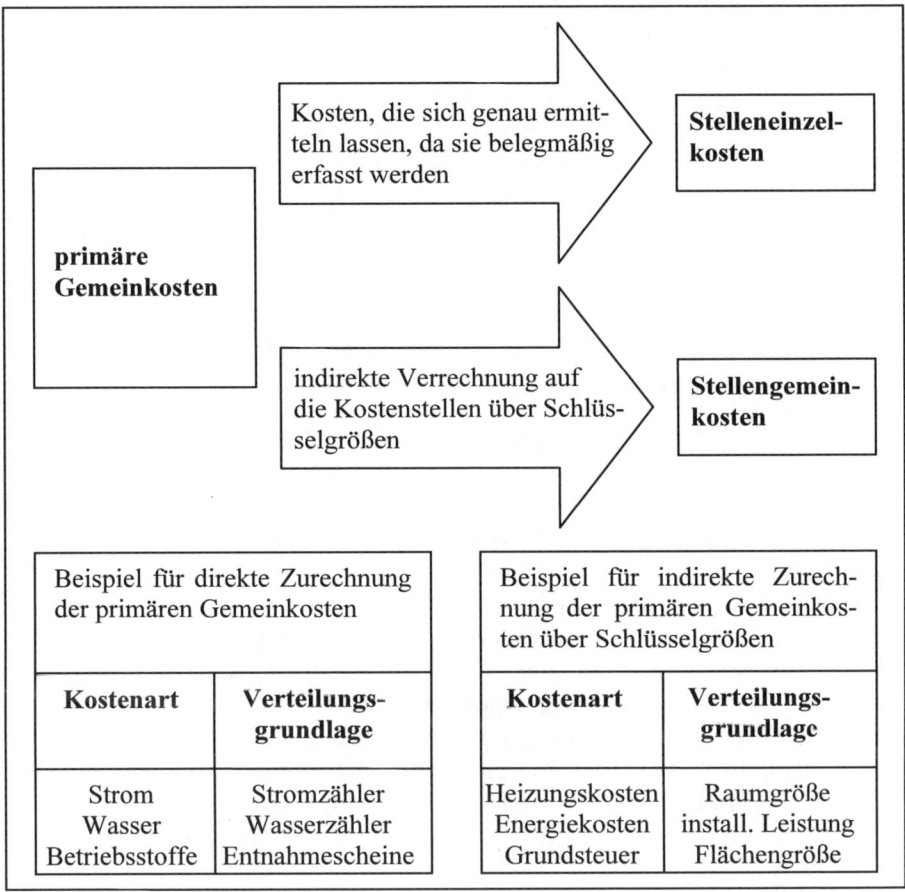

Abb. 2.32 Differenzierte Verteilung der primären Gemeinkosten

Alle bislang betrachteten primären Gemeinkosten sind auf die Kostenträger bezogen, lassen sich aber nicht auf die zum Absatz bestimmten Produkte direkt verteilen und sind daher zunächst den Kostenstellen zuzurechnen. Werden Kostenstellen als relevante Bezugsgrößen für die Kostenverrechnung angesetzt, so ist zwischen (Kostenträger-)Gemeinkosten, die eindeutig einer Kostenstelle zugeordnet werden können und solchen (Kostenträger-)Gemeinkosten zu unterscheiden, die sich nicht eindeutig einer Kostenstelle zurechnen lassen. In diesem Sinne kann auch zwischen kostenstellenbezogenen Einzel- und Gemeinkosten differenziert werden. Bei einer eindeutigen Zurechenbarkeit spricht man von Kostenstellen*einzel*kosten.[165] Ist diese eindeutige Zurechenbarkeit nicht erfüllt, wird der Begriff der Kostenstellen*gemein*kosten verwendet. An dieser Stelle wird erneut deutlich, dass von Einzel- oder Gemeinkosten stets im Zusammenhang mit einem spezifischen Bezugsrahmen die Rede ist.

Im Zusammenhang mit der oben vorgenommenen Differenzierung der Kosten*träger*gemeinkosten in Kostenstelleneinzel- bzw. -gemeinkosten stellt sich die Frage, welche Kosten sich den Kostenstellen direkt, also als Kosten*stelleneinzel*kosten, zuordnen lassen. Direkt können solche Kosten Kostenstellen zugeordnet werden, die sich durch Aufzeichnungen und Belege nachweisen lassen. Hierunter fällt etwa eine kostenstellenmäßige Zuordnung von

- Gemeinkostenlöhnen anhand von Lohnzetteln und Gehaltslisten,
- Hilfs- und Betriebsstoffen anhand von Materialentnahmescheinen,
- Fremdreparaturen per Rechnung.

Bei den Kosten*stellengemein*kosten handelt es sich um primäre Gemeinkosten, die den Kostenstellen nicht direkt zurechenbar sind (echte Kostenstellengemeinkosten) oder deren direkte Zurechnung zwar möglich, aber zu aufwändig ist (unechte Kostenstellengemeinkosten). Beispiele für primäre Gemeinkosten als Kostenstellengemeinkosten sind etwa Heizkosten für eine Zentralheizung. Da Heizkosten i. d. R. nicht für jeden Raum getrennt gemessen werden, lassen sie sich nicht direkt Räumen zuordnen. Stattdessen werden sie nur indirekt auf die Räume verteilt, d. h. den Kostenstellen mittels Hilfsgrößen zugerechnet. Um diese Kosten zu verteilen, muss eine Bezugs- oder Schlüsselgröße gefunden werden, die sich möglichst proportional zur Beanspruchung der in den Kostenstellen eingesetzten bzw. verbrauchten Güter verhält. Für das Beispiel der Heizkosten wird in der Praxis häufig die Fläche des Raumes (in m^2) als Schlüsselgröße gewählt.[166]

Beispiel: In dem betrachteten Ausgangsbeispiel zur Kostenstellenrechnung sind alle primären Gemeinkosten, bis auf die Energiekosten und die sonstigen Kosten, aufgrund von Belegen feststell- und damit direkt zurechenbar. Daher erfolgt für diese beiden Kostenarten eine Verrechnung mit Hilfe von Schlüsselgrößen, so dass sich die aus Tabelle 2.19 ersichtliche Situation ergibt.

---

[165] Vgl. Kloock et al. (2005), S. 126.
[166] Vgl. Kloock et al. (2005), S. 126.

Der Tabelle ist zu entnehmen, dass die Energiekosten anhand der installierten Leistung und die sonstigen Kosten anhand der Zahl der Arbeiter verteilt werden sollen. Die Energiekosten werden nach Maßgabe des Anteils verteilt, den die installierte Leistung der betrachteten Kostenstelle an der gesamten installierten Leistung des Betriebes aufweist. Die Zurechnung der Energiekosten zur Kostenstelle richtet sich somit nach folgendem Ausdruck:

$$\frac{\text{primäre GK}}{\text{der Kostenst.}} = \frac{\text{in Kostenst. installierte Leistung} \cdot \text{Energiekosten}}{\text{gesamte im Betrieb installierte Leistung}} \quad (2.15)$$

Für die allgemeine Hilfsstelle A1 betragen die primären Gemeinkosten für Energie somit:

$$\text{Energiekosten Hilfsstelle A1} = \frac{40\,\text{kW} \cdot 1.000\,\text{TGE}}{800\,\text{kW}} = 50.000\,\text{GE}$$

Die sonstigen Kosten werden anhand der relativen Mitarbeiteranzahl der Kostenstelle verteilt:

$$\frac{\text{primäre GK}}{\text{in Kostenst.}} = \frac{\text{in Kostenst. beschäftigte Arbeiter} \cdot \text{sonstige Kosten}}{\text{Anzahl der Arbeiter insgesamt}} \quad (2.16)$$

Die sonstigen Kosten der allgemeinen Hilfsstelle A1 betragen demnach:

$$\text{sonstige Kosten Hilfsstelle A1} = \frac{15 \cdot 3.000\,\text{TGE}}{500} = 90.000\,\text{GE}$$

Werden die Berechnungen nach diesen Schlüsseln für sämtliche Kostenstellen durchgeführt, ergeben sich die aus Tabelle 2.19 ersichtlichen Verteilungen der Energiekosten bzw. sonstigen Kosten auf die Kostenstellen.

Nachdem die primären Gemeinkosten der einzelnen Kostenstellen berechnet worden sind, steht die Verteilung aller primären Gemeinkosten auf die Kostenstellen – wie aus Tabelle 2.20 ersichtlich – fest.

Aus Tabelle 2.20 ist ersichtlich, dass der Materialhilfsstelle Gehälter in Höhe von 440 TGE zugeordnet werden. Derartige Beträge lassen sich Gehaltslisten des betrachteten Unternehmens entnehmen. Ein Betrag von 440 TGE wird der Materialhilfsstelle zugeordnet, da die dort beschäftigten Angestellten Gehälter in dieser Höhe bezogen haben.

Tabelle 2.19 Verrechnung der primären Gemeinkosten mittels Schlüsselgrößen

Kostenstellen / Kostenarten	Schlüssel-größe	Vorkostenstellen				Endkostenstellen					Summe
		allgemeine Hilfs-stelle		Fertigungs-hilfsstelle		Fertigungs-hauptstelle		Mate-rial-hilfs-stelle	Verwal-tungs-hilfs-stelle	Ver-triebs-hilfs-stelle	
		A1	A2	H1	H2	A	B				
Energiekosten (= 1.000 TGE)	installierte Leistung	40 kW	60 kW	50 kW	50 kW	230 kW	230 kW	70 kW	40 kW	30 kW	800 kW
sonstige Kosten (= 3.000 TGE)	Zahl der Arbeiter	15	22	30	37	105	100	25	70	96	500

Verrechnung der primären Gemeinkosten mit Hilfe der Schlüsselgrößen

Kostenstellen / Kostenarten	Schlüssel-größe	Vorkostenstellen				Endkostenstellen					Summe
		allgemeine Hilfsstelle		Fertigungs-hilfsstelle		Fertigungs-hauptstelle		Mate-rial-hilfs-stelle	Verwal-tungs-hilfs-stelle	Ver-triebs-hilfs-stelle	
		1	2	1	2	A	B				
Energiekosten [in TGE]	installierte Leistung	50	75	62,5	62,5	287,5	287,5	87,5	50	37,5	1.000
sonstige Kosten [in TGE]	Zahl der Arbeiter	90	132	180	222	630	600	150	420	576	3.000

Tabelle 2.20 Betriebsabrechnungsbogen nach Umlage der primären Gemeinkosten

Kostenarten / Kostenstellen	Summe	Vorkostenstellen				Endkostenstellen				
		allgemeine Hilfsstelle		Fertigungshilfsstelle		Fertigungshauptstelle		Material-hilfsstelle	Verwaltungs-hilfsstelle	Vertriebs-hilfsstelle
		A1	A2	H1	H2	A	B			
Einzelkosten Fertigungsmaterial [in TGE]	15.000							15.000		
Fertigungslöhne [in TGE]	8.000					3.000	5.000			
primäre Gemeinkosten Hilfs- und Betriebsstoffe [in TGE]	4.000	80	70	600	650	800	1.050	300	180	270
Energiekosten [in TGE]	1.000	50	75	62,5	62,5	287,5	287,5	87,5	50	37,5
Hilfslöhne [in TGE]	7.500	350	400	600	750	1.850	1.950	650	400	550
Gehälter [in TGE]	6.000	155	178	517,5	615,5	1.300	1.200	440	700	894
Abschreibungen [in TGE]	2.400	75	85	240	300	700	750	90	75	85
sonstige Kosten [in TGE]	3.000	90	132	180	222	630	600	150	420	576
Summe primäre GK [in TGE]	23.900	800	940	2.200	2.600	5.567,5	5.837,5	1.717,5	1.825	2.412,5

Nachdem nunmehr sämtliche primären Gemeinkosten auf die Kostenstellen verteilt worden sind, geht es im folgenden Abschnitt um den nächsten Arbeitsschritt der Durchführung einer Betriebsabrechnung mittels BAB, nämlich die Verteilung der sekundären Gemeinkosten bzw. die Verrechnung innerbetrieblicher Leistungen.

Verrechnung innerbetrieblicher Leistungen

Kostenstellen beziehen Leistungen nicht nur von externen Beschaffungsmärkten, sondern auch vom eigenen Unternehmen. Kostenstellen erhalten innerbetrieblich Leistungen von anderen Kostenstellen bzw. geben innerbetrieblich Leistungen an andere Kostenstellen ab. Aus diesem Grund muss eine innerbetriebliche Leistungsverrechnung vorgenommen werden, welche auch als *Sekundärkostenrechnung* bezeichnet wird. Ohne die Durchführung dieser Rechnung ist weder eine exakte Produktkostenkalkulation noch eine aussagefähige Kostenkontrolle möglich.

Im Rahmen der Sekundärkostenrechnung wird jede Kostenstelle mit den Kosten für diejenigen innerbetrieblichen Güter belastet, die sie von anderen Kostenstellen erhalten hat. Diese Kosten werden auch als Sekundärkosten bezeichnet. Beispiele für innerbetriebliche Güter sind z. B. Reparaturen der betriebseigenen Werkstatt oder die eigene Wasser- oder Stromversorgung. In der Praxis können viele unterschiedliche Formen innerbetrieblicher Leistungsverflechtungen zwischen den Kostenstellen auftreten. Dabei lassen sich im Wesentlichen die vier in Abb. 2.33[167] dargestellten Grundtypen unterscheiden, für die unterschiedliche Verfahren zur Verrechnung der innerbetrieblichen Leistungen vorliegen.[168]

Typ 1 ist der einfachste Fall einer leistungswirtschaftlichen Beziehung zwischen zwei Kostenstellen eines Unternehmens: Sämtliche Leistungen einer Kostenstelle werden als einstufiger, einseitiger, nur in eine Richtung fließender Leistungsstrom ausschließlich an eine einzige nachgelagerte Kostenstelle abgegeben. Zwei leistungswirtschaftlich derart miteinander verknüpfte Kostenstellen werden im Allgemeinen nur dann getrennt im Kostenstellenplan ausgewiesen, wenn sie unterschiedlichen Verantwortungsbereichen angehören und deshalb separat kontrolliert werden sollen. Andernfalls werden sie zu einer Kostenstelle zusammengefasst.

Typ 2 ist ebenfalls durch eine einseitige, einstufige Leistungsverflechtung gekennzeichnet. Anders als bei Typ 1 werden Leistungen jedoch nicht nur an eine einzige Kostenstelle, sondern an mehrere Kostenstellen abgegeben. Eine solche innerbetriebliche Leistungsverflechtung liegt etwa dann vor, wenn die Arbeitsvorbereitung als Fertigungshilfsstelle Termin- und

---

[167] In Anlehnung an Hummel u. Männel (1986), S. 211.
[168] Kloock et al. (2005), S. 127–128.

Ablaufpläne für zwei oder mehr unterschiedliche Fertigungshauptkosten-stellen ausarbeitet.

Typen innerbetrieblicher Leistungsverflechtungen	Art der Leistungsverflechtung
Typ 1	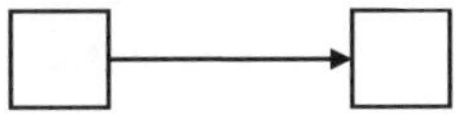 einseitige, einstufige Leistungsab-gabe an eine Kostenstelle
Typ 2	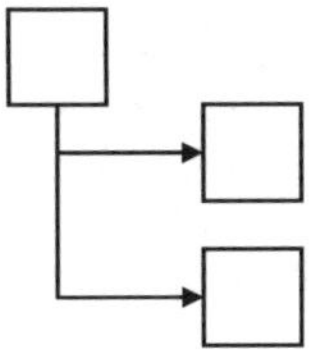 einseitige, einstufige Leistungsab-gabe an mehrere Kostenstellen
Typ 3	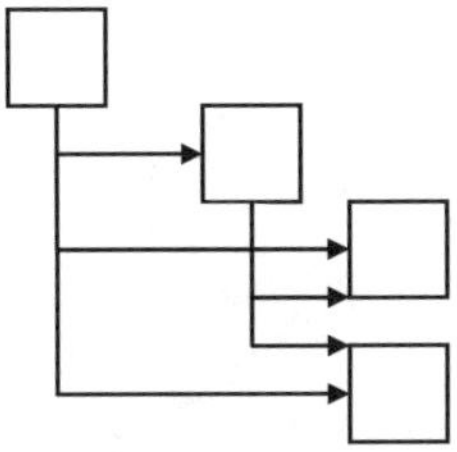 einseitige, mehrstufige Leistungsabgabe
Typ 4	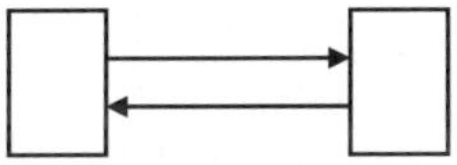 gegenseitige Leistungsabgabe

Abb. 2.33 Grundtypen innerbetrieblicher Leistungsverflechtungen

Typ 3 beinhaltet ebenfalls eine einseitige, jedoch mehrstufig ausgeprägte Leistungsverflechtung. Für diese ist charakteristisch, dass der innerbetrieb-liche Leistungsstrom zwar weiterhin nur in eine Richtung fließt, sich aber dabei weiter auffächernd über mehrere aufeinanderfolgende Stufen der Leistungserstellung erstreckt. Die bisher aufgezeigten Grundtypen der in-nerbetrieblichen Leistungsverflechtung sind allesamt durch einseitige Leis-tungsströme gekennzeichnet.

Typ 4 stellt dagegen das Grundmuster wechselseitig miteinander ver-flochtener Kostenstellen in seiner einfachsten Form dar. In der Praxis kön-nen solche wechselseitigen Leistungsverflechtungen nicht nur zwischen zwei, sondern auch zwischen vielen Kostenstellen bestehen. Dabei kann es auch zu Zirkeln kommen, wenn bspw. Stelle A an Stelle B, diese wiederum an Stelle C und Stelle C schließlich wieder an Stelle A liefert. Auch bei solchen Zirkeln handelt es sich um wechselseitige Leistungsbeziehungen.[169]

Beispiel: Bei der Zuckerpuppen & Söhne GmbH bestehen für die Kostenstellen die aus Abb. 2.34 ersichtlichen Leistungsverflechtungen.

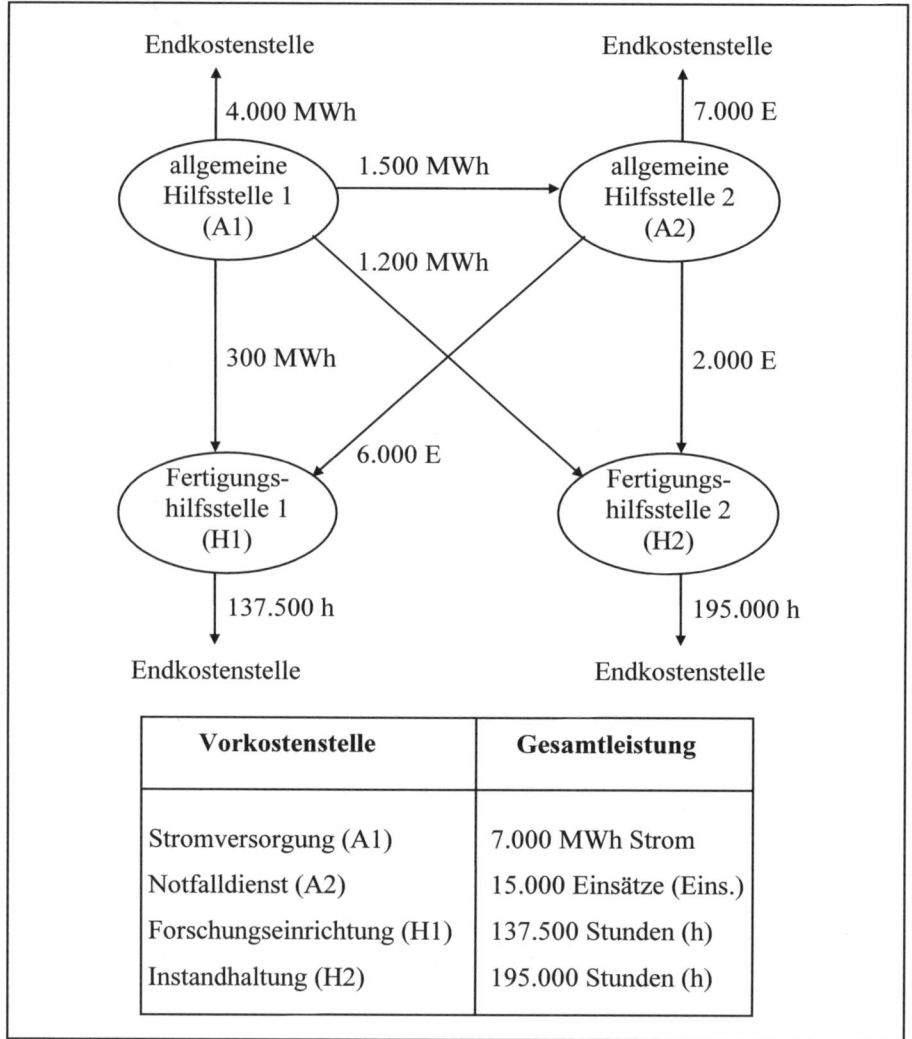

Vorkostenstelle	Gesamtleistung
Stromversorgung (A1)	7.000 MWh Strom
Notfalldienst (A2)	15.000 Einsätze (Eins.)
Forschungseinrichtung (H1)	137.500 Stunden (h)
Instandhaltung (H2)	195.000 Stunden (h)

Abb. 2.34 Leistungsverflechtungen zwischen Kostenstellen (I)

Zur Deckung des hohen Energiebedarfs verfügt die Zuckerpuppen & Söhne GmbH über eine eigene Stromversorgung (A1), die 1.500 MWh Strom an den unternehmensinternen Notfalldienst (A2), 300 MWh an die Forschungseinrichtung (H1), 1.200 MWh an die Instandhaltung (H2) sowie 4.000 MWh an eine Endkostenstelle geliefert hat.

Im Folgenden sollen exemplarisch die wichtigsten Verfahren der innerbetrieblichen Leistungsverrechnung dargestellt werden. Im Einzelnen handelt es sich dabei um

- das Blockumlageverfahren,
- das Treppen- oder Stufenleiterverfahren,
- das Gleichungsverfahren.

Hierbei soll der bereits die primären Gemeinkosten enthaltende Betriebsabrechnungsbogen die Basis für das weitere Beispiel zur Verrechnung der sekundären Gemeinkosten darstellen.

Das Blockumlageverfahren
Beim Blockumlageverfahren wird davon ausgegangen, dass Vorkostenstellen lediglich Endkostenstellen mit innerbetrieblichen Leistungen beliefern. Die primären Kosten der Vorkostenstellen werden direkt auf die Endkostenstellen verteilt. Leistungsverflechtungen zwischen den Vorkostenstellen bleiben bei diesem Vorgehen unberücksichtigt.[170] Es wird gleichsam unterstellt, dass ein derartiger Leistungsaustausch nicht stattfindet. Unter dieser Prämisse lassen sich für das Ausgangsbeispiel der Werkzeugmaschinenfabrik Verrechnungssätze für die von den Endkostenstellen in Anspruch genommenen Leistungen der Vorkostenstellen berechnen. Dabei sind zwei Verrechnungsschritte zu durchlaufen:

Im 1. Schritt sind die innerbetrieblichen Verrechnungssätze q_i für die einzelnen Vorkostenstellen i gemäß der folgenden Formel zu berechnen:

$$q_i = \frac{\text{primäre Gemeinkosten der Kostenstelle i}}{\text{an Endkostenstellen abgegebene Leistungseinheiten}} \qquad (2.17)$$

Im 2. Schritt werden die Endkostenstellen gemäß ihrer Leistungsabnahme belastet.

Beispiel: Für die Zuckerpuppen & Söhne GmbH resultieren bei Verwendung des Blockumlageverfahrens die der Tabelle 2.21 zu entnehmenden Verrechnungssätze.

---

[170] Vgl. Coenenberg et al. (2007), S. 90.

Tabelle 2.21 Ermittlung der Verrechnungssätze beim Blockumlageverfahren

Vorkosten-stelle i	Schlüssel-größe	primäre Gemein-kosten	abgegebene Leistungs-einheiten	Verrechnungssatz q_i
Strom-versorgung (A1)	gelieferte Menge Strom (MWh)	800 TGE	4.000 MWh	$q_{A1} = \dfrac{800.000\,GE}{4.000\,MWh} = 200\,\dfrac{GE}{MWh}$
Notfall-dienst (A2)	geleistete Zahl von Einsätzen (Eins.)	940 TGE	7.000 E	$q_{A2} = \dfrac{940.000\,GE}{7.000\,Eins.} \approx 134,3\,\dfrac{GE}{Eins.}$
Forschungs-einrichtung (H1)	geleistete Stunden (h)	2.200 TGE	137.500 h	$q_{H1} = \dfrac{2.200.000\,GE}{137.500\,h} = 16\,\dfrac{GE}{h}$
Instand-haltung (H2)	geleistete Stunden (h)	2.600 TGE	195.000 h	$q_{H2} = \dfrac{2.600.000\,GE}{195.000\,h} = 13,\overline{3}\,\dfrac{GE}{h}$

Zur Berechnung der Verrechnungssätze q_i für die innerbetriebliche Leistung der (Vor-) Kostenstelle i werden die primären Gemeinkosten der Kostenstelle i durch die abgegebenen Leistungseinheiten dividiert. Hierbei werden beim Blockumlageverfahren ausschließlich die an die Endkostenstellen abgegebenen Leistungseinheiten berücksichtigt. Im Hinblick auf die Stromversorgung (A1) wird als Schlüsselgröße, anhand derer die Leistungsabgabe gemessen wird, die abgegebene Menge Strom verwendet. Aus dem BAB des Ausgangsbeispiels ist bekannt, dass die primären Gemeinkosten der Kostenstelle A1 800 TGE betragen. Die an die Endkostenstelle abgegebene Leistung beträgt 4.000 Megawattstunden (MWh). Der Verrechnungssatz als Quotient dieser beiden Größen beträgt $q_{A1} =$ 200 GE/MWh. In der Berechnungsformel für die Verrechnungssätze finden beim Blockumlageverfahren nur diejenigen Leistungseinheiten Berücksichtigung, die an *Endkostenstellen* abgegeben werden. Die Stromversorgung gibt 3.000 MWh (= 1.500 MWh + 1.200 MWh + 300 MWh) an andere Vorkostenstellen ab. Diese Leistungseinheiten werden beim Blockumlageverfahren ignoriert. In den Nenner gehen demzufolge beim Blockumlageverfahren nur die 4.000 MWh ein, die an Endkostenstellen abgegeben werden. Aufgrund der fehlenden Berücksichtigung der Leistungsverflechtungen der Vorkostenstellen untereinander fällt der Verrechnungssatz $q_{A1} =$ 200 GE/MWh somit zu hoch aus.

Tabelle 2.22 Sekundärkostenverrechnung mittels Blockumlageverfahren

[in TGE] Kostenstellen / Kostenarten	Betrag	Vorkostenstellen				Endkostenstellen				
		allgemeine Hilfsstelle		Fertigungshilfsstelle		Fertigungshauptstelle		Material-hilfsstelle	Verwaltungs-hilfsstelle	Vetriebs-hilfsstelle
		A1	A2	H1	H2	A	B			
Summe der primären Gemeinkosten	23.900	800	940	2.200	2.600	5.567,5	5.837,5	1.717,5	1.825,0	2.412,5
Umlage A1 (Schlüssel: MWh Strom)		−800 (Verr. mit q_{A1})				190 (950 MWh)	180 (900 MWh)	140 (700 MWh)	130 (650 MWh)	160 (800 MWh)
Umlage A2 (Schlüssel: Anzahl Einsätze)			−940 (Verr. mit q_{A2})			282 (2.100 Eins.)	423 (3.150 Eins.)	94 (700 Eins.)	47 (350 Eins.)	94 (700 Eins.)
Umlage H1: (Schlüssel: geleistete Stunden)				−2.200 (Verr. mit q_{H1})		960 (60.000 Stunden)	1.240 (77.500 Stunden)			
Umlage H2 (Schlüssel: geleistete Stunden)					−2.600 (Verr. mit q_{H2})	1.320 (99.000 Stunden)	1.280 (96.000 Stunden)			
Summe der sekundären Gemeinkosten		−800	−940	−2.200	−2.600	2.752	3.123	234	177	254
Summe der gesamten Gemeinkosten	**23.900**	**0**	**0**	**0**	**0**	**8.319,5**	**8.960,5**	**1.951,5**	**2.002,0**	**2.666,5**

Die Verrechnungssätze sind beim Blockumlageverfahren als Preise zu interpretieren, die eine Endkostenstelle für jede in Anspruch genommene Leistungseinheit der entsprechenden Vorkostenstelle zahlen muss. Hierbei werden die Endkostenstellen mit sekundären Kosten der liefernden Vorkostenstellen belastet. Die anzusetzenden Kosten ergeben sich aus dem Produkt aus Verrechnungssatz und empfangener Leistungsmenge. In der folgenden Sekundärkostenverrechnung mittels Blockumlageverfahren ergeben sich im BAB bspw. für die Materialhilfsstelle Kosten in Höhe von 700 MWh · 200 GE/MWh = 140.000 GE.

In dem in Tabelle 2.22 abgebildeten BAB sind sämtliche Ausgangsdaten zur innerbetrieblichen Leistungsverrechnung mittels Blockumlageverfahren eingetragen.[171] Durch die vorzunehmende Sekundärkostenverrechnung ergeben sich Kostenentlastungen der leistenden Stellen und Kostenbelastungen der empfangenden Stellen. Dies bedeutet, dass die primären Gemeinkosten der Vorkostenstellen vollständig auf Endkostenstellen verteilt werden. Nach der Kostenentlastung weisen die Vorkostenstellen in den entsprechenden Spalten des BAB keine Kosten mehr auf. Diese werden entsprechend der empfangenen Leistung[172] auf die Endkostenstellen verteilt. Nachdem sämtliche Leistungen der Vorkostenstellen auf die Endkostenstellen verrechnet wurden, resultieren durch eine spaltenweise Aufsummierung der Gemeinkostenbeträge (pro Endkostenstelle) die sekundären Gemeinkosten, die die entsprechende Endkostenstelle zu tragen hat.

Im Hinblick auf eine Beurteilung des Blockumlageverfahrens ist die einfache Umsetzbarkeit als wesentlicher Vorteil festzuhalten. Allerdings weist das Blockumlageverfahren schwerwiegende Nachteile auf. So führt die Vernachlässigung des innerbetrieblichen Leistungsaustausches zwischen den Vorkostenstellen zu Kostenverzerrungen und zu ungenauen Ergebnissen bei der Kalkulation in der Kostenträgerrechnung. Darüber hinaus wird durch die fehlende Berücksichtigung des Leistungsaustausches zwischen den Vorkostenstellen die Kostenkontrolle in den Kostenstellen ungenau. Aus theoretischer Sicht fallen die beschriebenen Mängel des Blockumlageverfahrens dann nicht ins Gewicht, wenn eine Kostenstellenstruktur mit ausschließlicher Leistungsabgabe von Vorkostenstellen an Endkostenstellen vorliegt. In diesem Fall würden durch die Verrechnungsmethodik des Blockumlageverfahrens keine Leistungsbeziehungen vernachlässigt. Nur unter dieser restriktiven und eher praxisfernen Annahme führt das Blockumlageverfahren zu exakten Ergebnissen.

---

[171] Die Werte wurden mit den genauen Verrechnungssätzen berechnet und anschließend gerundet.

[172] Die Anzahl der empfangenen Leistungseinheiten muss indes – z. B. durch Belege – erfasst worden sein.

Stufenleiter- oder Treppenverfahren

Das Stufenleiterverfahren – auch Treppenverfahren genannt – setzt am wesentlichen Kritikpunkt des Blockumlageverfahrens an und berücksichtigt dementsprechend auch Leistungsbeziehungen zwischen den Vorkostenstellen. Allerdings werden hierbei einschränkend nur die Leistungen berücksichtigt, die an nachfolgende Vorkostenstellen fließen. Verrechnungstechnisch stellt sich dies so dar, dass eine bereits abgerechnete Vorkostenstelle keine Leistungen anderer Vorkostenstellen erhalten kann. Die innerbetriebliche Leistungsverrechnung erfolgt daher lediglich in eine Richtung.

Um die beim Stufenleiterverfahren entstehenden Ungenauigkeiten gering zu halten, müssen die Vorkostenstellen in eine stufenförmige Verrechnungsreihenfolge gebracht werden. Zunächst werden diejenigen Kostenstellen verrechnet, die möglichst wenige Leistungen anderer Kostenstellen empfangen, aber möglichst viele nachgelagerte Kostenstellen beliefern. Am Ende der Verrechnungshierarchie sollten dementsprechend die Kostenstellen stehen, die viele Leistungen empfangen und nur wenige nachgelagerte Stellen beliefern. Mit den berechneten Verrechnungspreisen werden die Kosten der vorgelagerten Vorkostenstellen auf die nachgelagerten Vorkostenstellen und die Endkostenstellen verrechnet. Die Verrechnung erfolgt hierbei entsprechend der Leistungsinanspruchnahme der empfangenden Kostenstellen. Die obigen Ausführungen lassen bereits erahnen, dass die Festlegung der Reihenfolge der zu verrechnenden Kostenstellen die zentrale Schwierigkeit des Stufenleiterverfahrens darstellt.[173] Das Stufenleiterverfahren führt nur dann zu exakten Verrechnungssätzen, wenn keine Vorkostenstelle Leistungen an vorgelagerte Kostenstellen erbringt. Dies ist nur im Fall der einseitigen Leistungsverflechtung gegeben. In jedem Fall werden jedoch die Gemeinkosten der Vorkostenstellen vollständig auf die Endkostenstellen überwälzt.[174]

Wenn das Verfahren auch bei wechselseitigen Leistungsverflechtungen angewendet werden soll, ist die Reihenfolge der zu verrechnenden Kostenstellen so zu wählen, dass die jeweils kleineren Leistungsströme unterdrückt werden und der Verrechnungsfehler auf diese Weise möglichst klein gehalten wird.

Im ersten Schritt gilt es, die Verrechnungssätze q_i der einzelnen Vorkostenstellen i entsprechend der folgenden Formel zu berechnen:

$$q_i = \frac{primGK_i + sekK_{vg}}{GL_i - (LA_{vg} + EV_i)} \tag{2.18}$$

---

[173] Vgl. Männel (1992), S. 497.
[174] Vgl. Kloock et al. (2005), S. 132.

mit:

primGK$_i$	primäre Gemeinkosten der Kostenstelle i
sekK$_{vg}$	sekundäre Kosten vorgelagerter Kostenstellen
GL$_i$	Gesamtleistung Kostenstelle i
LA$_{vg}$	Leistungsabgabe an vorgelagerte Kostenstellen
EV$_i$	Eigenverbrauch Kostenstelle i

Im Zähler der Berechnungsformel der Verrechnungspreise q$_i$ wird die Summe der primären Gemeinkosten der entsprechenden Kostenstelle und der sekundären Kosten gebildet, die der betrachteten Kostenstelle für innerbetriebliche Leistungen von vorgelagerten Kostenstellen zugerechnet werden. Der Nenner der Berechnungsformel ergibt sich aus der Gesamtzahl der abgegebenen Leistungseinheiten abzüglich der Leistungsabgabe an vorgelagerte Kostenstellen sowie abzüglich des Eigenverbrauches der Kostenstelle i. Hierdurch werden nur die Leistungseinheiten berücksichtigt, die an nachgelagerte Kostenstellen – also an Endkostenstellen sowie nachgelagerte Vorkostenstellen – abgegeben werden. Mittels der so ermittelten Verrechnungspreise q$_i$ können die Endkostenstellen entsprechend ihrer Leistungsabnahme belastet werden.

Beispiel: Zur Veranschaulichung der Verrechnungssystematik soll wiederum auf das Ausgangsbeispiel der Zuckerpuppen & Söhne GmbH zurückgegriffen werden. Zunächst ist die Verrechnungsreihenfolge der Vorkostenstellen festzulegen. Die Stromversorgung ist als erstes abzurechnen, da sie keine Leistungen von anderen Kostenstellen erhält. Als zweites werden die Leistungen des Notfalldienstes verrechnet, da dieser lediglich von der Stromversorgung Leistungen bezieht. Anschließend werden die Forschungseinrichtung und die Beratungsstelle abgerechnet.

Um den Zähler in der Berechnungsformel zu bestimmen, sind zunächst die anfallenden primären Gemeinkosten der Stromversorgung in Höhe von 800 TGE betrachtungsrelevant. Die Stromversorgung hat keine weiteren sekundären Kosten zu tragen, da sie keine Leistungen von vorgelagerten Kostenstellen erhält. Damit gehen 800 TGE in den Zähler der Berechnungsformel ein. Bei der Berechnung des Nenners sind auch die an nachgelagerte Vorkostenstellen abgegebenen Leistungen mit einzubeziehen. Die zu berücksichtigende Leistungsabgabe beträgt somit 7.000 MWh Strom (anstatt der bei Anwendung des Blockumlageverfahrens anzusetzenden 4.000 MWh). Ein Eigenverbrauch findet bei der Stromversorgung nicht statt. Der Verrechnungssatz beträgt somit:

$$\frac{800.000\,\text{GE}}{7.000\,\text{MWh}} \approx 114{,}29\,\frac{\text{GE}}{\text{MWh}}$$

Mit diesem Verrechnungssatz wird die Kostenstelle „Stromversorgung" entlastet. Die Endkostenstellen und die nachgelagerten Vorkostenstellen werden entsprechend der Strominanspruchnahme mit Kosten belastet. Die weiteren Verrechnungssätze können der Tabelle 2.23 entnommen werden.

Tabelle 2.23 Ermittlung der Verrechnungssätze beim Stufenleiterverfahren

Vorkosten-stelle i	Schlüssel-größe	Verrechnungssatz q_i
Stromver-sorgung (A1)	gelieferte Menge Strom (MWh)	$q_{A1} = \dfrac{800.000 \text{ GE}}{7.000 \text{ MWh}} \approx 114,29 \dfrac{\text{GE}}{\text{MWh}}$
Notfall-dienst (A2)	geleistete Zahl der Einsätze (Eins.)	$q_{A2} = \dfrac{940 \text{ TGE} + 171,4 \text{ TGE}}{15.000 \text{ Eins.}} \approx 74,09 \dfrac{\text{GE}}{\text{Eins.}}$
Forschungs-einrichtung (H1)	geleistete Stunden (h)	$q_{H1} = \dfrac{2.200 \text{ TGE} + 34,3 \text{ TGE} + 444,5 \text{ TGE}}{137.500 \text{ h}} \approx 19,482 \dfrac{\text{GE}}{\text{h}}$
Instand-haltung (H2)	geleistete Stunden (h)	$q_{H2} = \dfrac{2.600 \text{ TGE} + 137,1 \text{ TGE} + 148,2 \text{ TGE}}{195.000 \text{ h}} \approx 14,796 \dfrac{\text{GE}}{\text{h}}$

Die Sekundärkostenverrechnung mittels Stufenleiterverfahren lässt sich anhand des BAB (vgl. Tabelle 2.24) nachvollziehen.[175] Im dargestellten BAB trägt bspw. die Kostenstelle A2 (Notfalldienst) 171,4 TGE (= 1.500 MWh · 114,29 GE/MWh) sekundäre Gemeinkosten für die Nutzung des Stroms. Bei den übrigen Kostenstellen ergibt sich die Kostenbelastung analog. Der Verrechnungssatz wird hierbei mit der jeweils abgenommenen Strommenge multipliziert.

Bei der Berechnung des Verrechnungssatzes für die Kostenstelle A2 (Notfalldienst) sind im Zähler neben den primären Gemeinkosten auch jene sekundären Gemeinkosten zu berücksichtigen, die der Kostenstelle A2 von der vorgelagerten Vorkostenstelle „Stromversorgung" angelastet worden sind. Daher gehen in den Zähler die primären Gemeinkosten von 940 TGE und die sekundären Gemeinkosten von 171,4 TGE ein. Somit beträgt der Zähler insgesamt 1.111,4 TGE.

---

[175] Es wurde mit den genauen Verrechnungssätzen gerechnet und anschließend gerundet.

Tabelle 2.24 Sekundärkostenverrechnung mittels Stufenleiterverfahren

[in TGE] Kostenarten	Betrag	Vorkostenstellen allgemeine Hilfsstelle A1	A2	Fertigungshilfsstelle H1	H2	Endkostenstellen Fertigungshauptstelle A	B	Materialhilfsstelle	Verwaltungshilfsstelle	Vetriebshilfsstelle
Summe der primären Gemeinkosten	23.900	800	940	2.200	2.600	5.567,5	5.837,5	1.717,5	1.825,0	2.412,5
Umlage A1 (Schlüssel: MWh Strom)		−800 (Verr. mit q$_{A1}$)	171,4 (1.500 MWh)	34,3 (300 MWh)	137,1 (1.200 MWh)	108,6 (950 MWh)	102,9 (900 MWh)	80,0 (700 MWh)	74,3 (650 MWh)	91,4 (800 MWh)
Summe ges. GK			1.111,4	2.234,3	2.737,1	5.676,1	5.940,4	1.797,5	1.899,3	2.503,9
Umlage A2 (Schlüssel: Anzahl Einsätze)			−1.111,4 (Verr. mit q$_{A2}$)	444,5 (6.000 Eins.)	148,2 (2.000 Eins.)	155,6 (2.100 Eins.)	233,4 (3.150 Eins.)	51,9 (700 Eins.)	25,9 (350 Eins.)	51,9 (700 Eins.)
Summe ges. GK				2.678,8	2.885,3	5.831,7	6.173,8	1.849,4	1.925,2	2.555,8
Umlage H1: (Schlüssel: geleistete Stunden)				−2.678,8 (Verr. mit q$_{H1}$)		1.168,9 (60.000 Stunden)	1.509.9 (77.500 Std.)			
Summe ges. GK					2.885,3	7.000,6	7.683,7	1.849,4	1.925,2	2.555,8
Umlage H2: (Schlüssel: geleistete Stunden)					−2.885,3 (Verr. mit q$_{H2}$)	1.464,8 (99.000 Std.)	1.420,5 (96.000 Std.)			
Summe der gesamten Gemeinkosten	23.900	0	0	0	0	8.465,4	9.104,2	1.849,4	1.925,2	2.555,8

Da die Kostenstelle A2 keine Leistungen an vorgelagerte Kostenstellen abgibt und darüber hinaus auch kein Eigenverbrauch vorliegt, wird die Gesamtleistung von 15.000 Einsätzen des Notfalldienstes an nachgelagerte Kostenstellen abgegeben. Daher gehen in den Nenner 15.000 Einsätze ein. Damit ergibt sich ein Verrechnungssatz von:

$$\frac{940\,\text{TGE} + 171{,}4\,\text{TGE}}{15.000\,\text{Eins.}} = \frac{1.111.400\,\text{GE}}{15.000\,\text{Eins}} \approx 74{,}09\,\frac{\text{GE}}{\text{Eins.}}$$

Mit diesem Verrechnungssatz werden die Leistungen bewertet, die nachgelagerte Kostenstellen empfangen.

Die beschriebene Berechnung der Verrechnungssätze ist analog für die Kostenstellen H1 und H2 durchzuführen.

Bei der Beurteilung des Stufenleiterverfahrens ist festzustellen, dass dieses Verfahren nur dann zu exakten Ergebnissen führt, wenn die leistungsmäßigen Verflechtungen zwischen den Vorkostenstellen tatsächlich nur in eine Richtung verlaufen, wenn also keine rückwärtsgerichteten innerbetrieblichen Leistungsströme auftreten. Nur in diesem Fall werden durch das Verfahren keine Leistungsverflechtungen unterdrückt. Im obigen Verrechnungsbeispiel führt das Stufenleiterverfahren daher zu exakten Ergebnissen, da keine rückwärtsgerichteten Leistungsströme vorhanden sind. Wenn diese Voraussetzung nicht erfüllt ist, wenn also die Leistungsverflechtungen nicht zutreffend berücksichtigt sind, ermittelt das Verfahren verzerrte Kostenwerte.[176]

Als drittes Verfahren der innerbetrieblichen Leistungsverrechnung soll im folgenden Abschnitt das Gleichungsverfahren vorgestellt werden. Dieses Verfahren ist in der Lage, für sämtliche Fälle der innerbetrieblichen Leistungsverrechnung eine exakte Abrechnung zu gewährleisten.

Gleichungsverfahren

Es können Fälle auftreten, in denen die für das Stufenleiterverfahren erforderliche Hierarchisierung der Kostenstellen aufgrund erheblicher gegenseitiger Leistungsverflechtungen nicht sinnvoll durchführbar ist oder die Nichtberücksichtigung gegenläufiger Leistungsbeziehungen zu großen Unschärfen führen würde. In praxi treten zwischen Kostenstellen regelmäßig umfangreiche wechselseitige Leistungsbeziehungen auf. Sowohl das Blockumlage- als auch das Stufenleiterverfahren sind nicht in der Lage, diese wechselseitigen Leistungsbeziehungen zu berücksichtigen. In einer solchen Situation sollte man die innerbetriebliche Leistungsverrechnung mit Hilfe eines linearen Gleichungssystems durchführen. Hierdurch wird

---

[176] Vgl. Haberstock (2005), S. 134.

einerseits eine exakte Kostenverrechnung der Vorkostenstellen untereinander vorgenommen, andererseits werden sämtliche primären Gemeinkosten der Vorkostenstellen vollständig auf die Endkostenstellen weiterver-
rechnet.[177] Beim Gleichungsverfahren wird für jede der n Vorkostenstellen
eine lineare Gleichung folgenden Typs gebildet:

$$M_j \cdot q_j = PK_j + \sum_{i=1}^{n} m_{ij} \cdot q_i \qquad (2.19)$$

bewerteter Output = bewerteter Input (jeweils für die Kostenstelle j)

mit

M_j Gesamtleistung der Vorkostenstelle j

q_j Verrechnungspreis für jede Leistungseinheit der Vorkostenstelle j

PK_j primäre Gemeinkosten der Vorkostenstelle j

m_{ij} Leistungsabgabe der Vorkostenstelle i an die Vorkostenstelle j

q_i Verrechnungspreis für jede Leistungseinheit der Vorkostenstelle i ($\{i= 1,2,\ldots,j,\ldots,n\}$)

Ein solches Gleichungssystem ist lösbar, da die Anzahl der Gleichungen
mit der Anzahl der zu berechnenden Verrechnungspreise übereinstimmt.
Für jede Vorkostenstelle wird bei diesem Verfahren eine lineare Gleichung
aufgestellt. Wenn es n Vorkostenstellen gibt, werden somit n Gleichungen
aufgestellt. Mit Hilfe der Gleichungen werden Input und Output der betrachteten Kostenstelle bewertet und gleichgesetzt. In der obigen Gleichung drückt die linke Seite den bewerteten Output der Vorkostenstelle j
aus. Die betrachtete Kostenstelle leistet insgesamt M_j Einheiten. Diese bekannte Menge wird mit dem zu bestimmenden Verrechnungssatz q_j bewertet. Die rechte Seite der Gleichung stellt den Input dar, den die Kostenstelle in Anspruch nimmt, um den Output zu erbringen. In den Input gehen
zunächst die primären Gemeinkosten PK_j der Kostenstelle j ein. Hinzu
kommen die innerbetrieblichen Leistungen, die die Vorkostenstelle j von
den Vorkostenstellen i = 1, ..., n bezieht. Hierbei ist für i = j auch der Eigenverbrauch der Kostenstelle j enthalten. Auch beim Input sind die Men-
genangaben – und zwar mit den entsprechenden Verrechnungssätzen der
leistenden Vorkostenstellen – zu bewerten.

Durch die Verwendung des Gleichungssystems wird die Forderung gestellt, dass für jede Vorkostenstelle der Input genau dem Output entspricht.
Wäre diese Forderung nicht erfüllt, würden die Vorkostenstellen rechne-

---

[177] Vgl. Freidank (2008), S. 150.

risch einen Gewinn oder einen Verlust erzielen. Es wird durch das Gleichungssystem jedoch verlangt, dass die Vorkostenstellen exakt von ihren Kosten entlastet werden. Dies ist genau dann der Fall, wenn der Input dem Output entspricht. Wenn nun für alle Vorkostenstellen eine entsprechende Gleichung aufgestellt wird und das entstehende Gleichungssystem gelöst wird, resultieren exakte Verrechnungssätze, mit denen die innerbetrieblichen Leistungen bewertet werden können.

Beispiel: Das Gleichungsverfahren wird im folgenden Beispiel auf den bereits bekannten Fall der Zuckerpuppen & Söhne GmbH angewendet. Dabei sind die vier Vorkostenstellen „Stromversorgung", „Notfalldienst", „Forschungseinrichtung" und „Instandhaltung" mitsamt ihrer primären Gemeinkosten (vgl. Tabelle 2.25) zu berücksichtigen. Es sei daran erinnert, dass kein Eigenverbrauch der Vorkostenstellen vorliegt. Da in diesem Beispiel vier Vorkostenstellen abgerechnet werden sollen, sind insgesamt vier Gleichungen entsprechend der in Abb. 2.34 aufgeführten Beziehungsstruktur aufzustellen (vgl. Tabelle 2.26).

Tabelle 2.25 Primäre Gemeinkosten der Vorkostenstellen

Vorkostenstelle	primäre Gemeinkosten
Stromversorgung (A1)	800 TGE
Notfalldienst (A2)	940 TGE
Forschungseinrichtung (H1)	2.200 TGE
Instandhaltung (H2)	2.600 TGE

Tabelle 2.26 Gleichheitsbeziehungen entsprechend Leistungsverflechtungen zwischen Kostenstellen (I)

	abgegebene Leistungseinheiten	aufgenommene Leistungseinheiten
(A1)	$7.000 \text{ MWh} \cdot q_{A1}$	$800 \text{ TGE} + 0 \cdot q_{A1} + 0 \cdot q_{A2} + 0 \cdot q_{H1} + 0 \cdot q_{H2}$
(A2)	$15.000 \text{ Eins.} \cdot q_{A2}$	$940 \text{ TGE} + 1.500 \text{ MWh} \cdot q_{A1} + 0 \cdot q_{A2} + 0 \cdot q_{H1} + 0 \cdot q_{H2}$
(H1)	$137.500 \text{ h} \cdot q_{H1}$	$2.200 \text{ TGE} + 300 \text{ MWh} \cdot q_{A1} + 6.000 \text{ E} \cdot q_{A2} + 0 \cdot q_{H1} + 0 \cdot q_{H2}$
(H2)	$195.000 \text{ h} \cdot q_{H2}$	$2.600 \text{ TGE} + 1.200 \text{ MWh} \cdot q_{A1} + 2.000 \text{ E} \cdot q_{A2} + 0 \cdot q_{H1} + 0 \cdot q_{H2}$

Die gesamte Leistungsabgabe (d. h. der Output) der Stromversorgung A1 beträgt 7.000 MWh Strom. Diese Leistung wird mit dem noch nicht bekannten Verrechnungssatz q_{A1} bewertet. Der Term auf der linken Seite der Gleichung lautet somit $7.000 \cdot q_{A1}$. Die Stromversorgung A1 hat von keiner anderen Kostenstelle Leistungen erhalten. Daher gehen lediglich die primären Gemeinkosten in Höhe von 800 TGE als Input in die rechte Seite der Gleichung ein. Der nicht vorhandene Eigenverbrauch wird mit $0 \, q_{A1}$

dargestellt. Auch bei den übrigen Vorkostenstellen betragen die Verrechnungssätze null.

Der Notfalldienst A2 erzielt einen Output von 15.000 Einsätzen. Daher beträgt die linke Seite der Gleichung 15.000 Eins. $\cdot$ q_{A2}. Die aufgenommenen Leistungseinheiten – repräsentiert durch die rechte Seite der Gleichung – ergeben sich zum einen aus den primären Gemeinkosten in Höhe von 940 TGE und zum anderen aus dem Bezug von 15.000 MWh Strom von der internen Stromversorgung A1 (ausgedrückt durch den Term 15.000 MWh $\cdot$ q_{A1}). Die anderen Verrechnungssätze betragen wiederum null.

Die beiden weiteren Gleichungsansätze für die Forschungseinrichtung H1 und die Instandhaltung H2 ergeben sich analog. Durch Lösung des Gleichungssystems resultieren die gesuchten Verrechnungssätze:

(A1): $7.000 \text{ MWh} \cdot q_{A1} = 800 \text{ TGE}$

$$\rightarrow q_{A1} \approx 114{,}29 \frac{GE}{MWh}$$

(A2): $15.000 \text{ Eins.} \cdot q_{A2} = 940 \text{ TGE} + 1.500 \text{ MWh} \cdot q_{A1}$

$$= 940 \text{ TGE} + 1.500 \text{ MWh} \cdot 114{,}29 \frac{GE}{MWh}$$

$$= 940 \text{ TGE} + 171{,}4 \text{ TGE}$$

$$\rightarrow q_{A2} \approx 74{,}09 \frac{GE}{Eins.}$$

(H1): $137.500 \text{ h} \cdot q_{H1} = 2.200 \text{ TGE} + 300 \text{ MWh} \cdot q_{A1} + 6.000 \text{ Eins.} \cdot q_{A2}$

$$= 2.200 \text{ TGE} + 34{,}3 \text{ TGE} + 444{,}5 \text{ TGE}$$

$$\rightarrow q_{H1} \approx 19{,}482 \frac{GE}{h}$$

(H2): $195.000 \text{ h} \cdot q_{H2} = 2.600 \text{ TGE} + 1.200 \text{ MWh} \cdot q_{A1} + 2.000 \text{ Eins.} \cdot q_{A2}$

$$= 2.600 \text{ TGE} + 137{,}1 \text{ TGE} + 148{,}2 \text{ TGE}$$

$$\rightarrow q_{H2} \approx 14{,}796 \frac{GE}{h}$$

Die mit Hilfe des Gleichungsverfahrens berechneten Bewertungsansätze stimmen mit denen des Stufenleiterverfahrens exakt überein. Das Gleichungsverfahren führt stets – unabhängig vom Verflechtungstyp der innerbetrieblichen Leistung – zu korrekten Lösungen. Dagegen liefert das Stufenleiterverfahren nur dann richtige Verrechnungsansätze, wenn ausschließlich einseitige Lieferbeziehungen vorliegen. Im Beispiel der Zuckerpuppen & Söhne GmbH sind diese Voraussetzung erfüllt. Daher stimmen in dem hier betrachteten Sonderfall die Ergebnisse beider Verfahren überein.

Beispiel: Im Folgenden soll das Gleichungsverfahren anhand eines Beispiels betrachtet werden, bei dem gegenseitige Leistungsverflechtungen bestehen. Hierzu wird angenommen, dass die Zuckerpuppen & Söhne GmbH neben der eigenen Stromversorgung auch über ein eigenes Wasserwerk verfügt. Die Leistungsverflechtungen der Kostenstellen sind aus Abb. 2.35 ersichtlich.

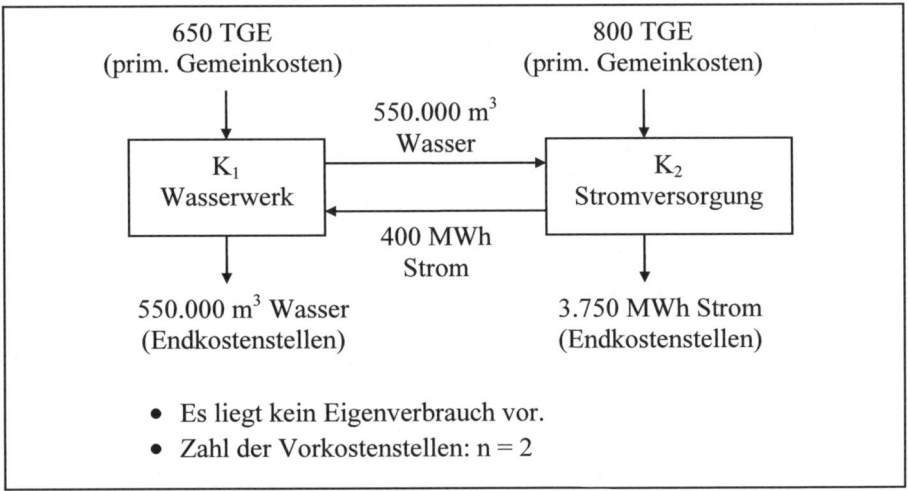

Abb. 2.35 Leistungsverflechtungen zwischen Kostenstellen (II)

Die Kostenstelle K_1 (Wasserwerk) gibt insgesamt 550.000 m³ Wasser an die Kostenstelle K_2 (Stromversorgung) und 550.000 m³ an die Endkostenstellen ab. Insgesamt beträgt die Leistungsabgabe somit 1,1 Mio. m³ Wasser (= 550.000 m³ + 550.000 m³). Hierzu werden insgesamt 400 MWh Strom von K_2 verbraucht. Zusätzlich fallen noch primäre Gemeinkosten in Höhe von 650 TGE an. Die Stromversorgung leistet insgesamt 4.150 MWh Strom (= 400 MWh + 3.750 MWh) an das Wasserwerk und die Endkostenstellen. Hierzu werden 550 Tm³ Wasser von K_1 verwendet. Darüber hinaus entstehen bei der Stromversorgung 800 TGE primäre Gemeinkosten. Für das zu bildende lineare Gleichungssystem werden die folgenden Verrechnungssätze definiert:

- 1.000 m³ (1 Tm³) Wasser kosten q_1 TGE
- 1 MWh Strom kostet q_2 TGE

Damit können die aus Tabelle 2.27 ersichtlichen Gleichheitsbeziehungen aufgestellt werden.

Tabelle 2.27 Gleichheitsbeziehungen entsprechend Leistungsverflechtungen zwischen Kostenstellen (II)

Kostenstelle	abgegebene Leistungs-einheiten	=	aufgenommene Leistungs-einheiten
K_1	$1.100 \, \text{Tm}^3 \cdot q_1$	=	$650 \, \text{TGE} + 400 \, \text{MWh} \cdot q_2$
K_2	$4.150 \, \text{MWh} \cdot q_2$	=	$800 \, \text{TGE} + 550 \, \text{Tm}^3 \cdot q_1$

In das lineare Gleichungssystem gehen die Mengen der innerbetrieblichen Leistungen sowie die primären Gemeinkosten als bekannte Größen ein. Dagegen stellen die gesuchten Verrechnungssätze q_i die *unbekannten* Größen dar. Die Anzahl der Gleichungen entspricht der Anzahl der in die gegenseitige Leistungsverflechtung einbezogenen Vorkostenstellen.

Damit ist folgendes Gleichungssystem zu lösen:

I) $$1.100 \, \text{Tm}^3 \cdot q_1 = 650 \, \text{TGE} + 400 \, \text{MWh} \cdot q_2$$

II) $$4.150 \, \text{MWh} \cdot q_2 = 800 \, \text{TGE} + 550 \, \text{Tm}^3 \cdot q_1$$

I') $$550 \, \text{Tm}^3 \cdot q_1 = 325 \, \text{TGE} + 200 \, \text{MWh} \cdot q_2$$

I') in II) $$4.150 \, \text{MWh} \cdot q_2 = 800 \, \text{TGE} + 325 \, \text{TGE} + 200 \, \text{MWh} \cdot q_2$$

$$3.950 \, \text{MWh} \cdot q_2 = 1.125 \, \text{TGE} \rightarrow q_2 \approx 0,285 \, \tfrac{\text{TGE}}{\text{MWh}}$$

I'') $$q_1 = 0,59 \, \tfrac{\text{TGE}}{\text{Tm}^3} + 0,364 \, \tfrac{\text{MWh}}{\text{Tm}^3} \cdot q_2 \rightarrow q_1 \approx 0,694 \, \tfrac{\text{TGE}}{\text{Tm}^3}$$

Aus der Lösung des Gleichungssystems resultieren die folgenden Verrechnungspreise:

$$q_1 = 0,694 \, \tfrac{\text{TGE}}{\text{Tm}^3} \quad \text{bzw.} \quad 0,694 \, \tfrac{\text{GE}}{\text{m}^3}$$

$$q_2 = 0,285 \, \tfrac{\text{TGE}}{\text{MWh}} \quad \text{bzw.} \quad 0,285 \, \tfrac{\text{GE}}{\text{kWh}}$$

Somit können die von den Kostenstellen K_1 und K_2 insgesamt zu tragenden Gemeinkosten bestimmt werden:

- gesamte Gemeinkosten K_1:

$$K_1 = \left(650\,\text{TGE} + 400\,\text{MWh} \cdot 0{,}285\,\tfrac{\text{TGE}}{\text{MWh}}\right) - \left(550\,\text{Tm}^3 \cdot 0{,}694\,\tfrac{\text{TGE}}{\text{Tm}^3}\right)$$

$$= 764\,\text{TGE} - 381{,}7\,\text{TGE} = 382{,}3\,\text{TGE}$$

- gesamte Gemeinkosten K_2:

$$K_2 = \left(800\,\text{TGE} + 550\,\text{Tm}^3 \cdot 0{,}694\,\tfrac{\text{TGE}}{\text{Tm}^3}\right) - \left(400\,\text{MWh} \cdot 0{,}285\,\tfrac{\text{TGE}}{\text{MWh}}\right)$$

$$= 1.181{,}7\,\text{TGE} - 114\,\text{TGE} = 1.067{,}7\,\text{TGE}$$

Mit den derart gewonnenen Verrechnungspreisen können nun unter Zuhilfenahme des BAB alle Kosten der Vorkostenstellen auf die Endkostenstellen verrechnet werden. Die pro Endkostenstelle resultierenden gesamten Gemeinkosten stellen die Basis für die Kostenträgerrechnung dar.

Es lässt sich somit feststellen, dass beim Gleichungsverfahren sämtliche Leistungsverflechtungen berücksichtigt werden und das Gleichungsverfahren daher bei *allen* Typen innerbetrieblicher Leistungsverflechtungen zu unverzerrten Ergebnissen führt.[178]
Mittels Vergleichsrechnungen zwischen Gleichungsverfahren und Blockumlage- oder. Stufenleiterverfahren lässt sich bei mehrstufigen einseitigen bzw. wechselseitigen Lieferbeziehungen feststellen, in welchem Maße die Anwendung eines der beiden letztgenannten Verfahren Kostenverzerrungen zur Folge hätte.
Als Kritik am Gleichungsverfahren wird häufig angeführt, dass die Ermittlung der Verrechnungssätze zu zeitaufwändig sei. Dieses Argument ist jedoch im Zeitalter leistungsfähiger computergestützter Informationsverarbeitungssysteme[179] als nahezu bedeutungslos anzusehen. Vor dem Hintergrund der Möglichkeiten der Informationstechnik gibt es somit keinen überzeugenden Grund, der gegen die Anwendung des Gleichungsverfahrens bei der innerbetrieblichen Leistungsverrechnung spricht. In der betrieblichen Praxis ist dennoch das Stufenleiterverfahren sehr beliebt. Um dessen Grenzen zu erkennen, ist es wichtig, sich der Funktionsweise des Verfahrens und seiner Anwendungsvoraussetzungen bewusst zu werden. Erst die Kenntnis aller drei Verfahren versetzt die verantwortlichen Mitarbeiter des Rechnungswesens in die Lage, eine gute und begründete Auswahl zu treffen.

---

[178] Vgl. Haberstock (2005), S. 129.
[179] Vgl. z. B. zum Einsatz von Tabellenkalkulationsprogrammen bereits Ossadnik u. Maus (1994), S. 477–480.

Exkurs: Methoden der innerbetrieblichen Leistungsverrechnung im Cost Accounting

Das Cost Accounting verwendet im Rahmen der innerbetrieblichen Leistungsverrechnung Methoden, die mit denjenigen der deutschen Kostenrechnung vergleichbar sind. Die entsprechenden Methoden werden als „direct method" (Blockumlageverfahren), „step-down method" (Stufenleiterverfahren) und als „reciprocal method" (Gleichungsverfahren) bezeichnet. [180]

Ermittlung von Zuschlagssätzen für die Kalkulation

Die ermittelten Gemeinkosten können mit Hilfe von Zuschlagssätzen auf die Kostenträger verrechnet werden. Diese stellen die Verbindung zwischen der Kostenstellenrechnung und der Kostenträgerrechnung her. Die Berechnung der Zuschlagssätze kann anhand der Abb. 2.36 veranschaulicht werden.

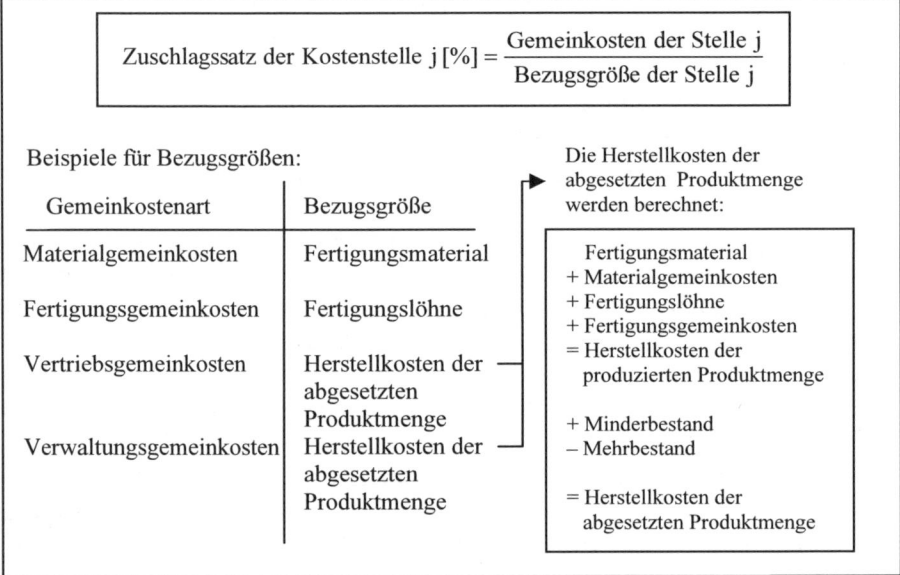

Abb. 2.36 Allgemeine Form der Berechnung von Zuschlagssätzen

Die Gemeinkostenzuschlagssätze werden ermittelt, indem die Gemeinkosten der betrachteten Endkostenstelle durch die entsprechende Bezugsgröße

---

[180] Vgl. Bhimani et al. (2008), S. 149–153.

dividiert werden. Mögliche Bezugsgrößen sind in der Abb. 2.36 aufgeführt. So kann man die Materialgemeinkosten etwa unter Zuhilfenahme des Fertigungsmaterials oder die Fertigungsgemeinkosten anhand der Fertigungslöhne verrechnen. Die Bezugsgrößen werden häufig ebenfalls im BAB aufgeführt, obwohl es sich hierbei vielfach um Einzelkosten handelt. Die Begründung hierfür liegt in der einfacheren Berechnung von Zuschlagssätzen.

Beispiel: Zur Verdeutlichung der Bildung von Gemeinkostenzuschlagssätzen soll auf den BAB der Zuckerpuppen & Söhne GmbH (vgl. Tabelle 2.18) zurückgegriffen werden. Nach der Verrechnung der sekundären Gemeinkosten mit Hilfe des Stufenleiterverfahrens (vgl. Tabelle 2.24) ergibt sich der aus Tabelle 2.28 ersichtliche BAB. Für diesen werden nun die Gemeinkostenzuschlagssätze wie folgt ermittelt:

Fertigungshauptstelle A:

$$\frac{\text{Stellengemeinkosten}}{\text{Fertigungslohn}} = \frac{8.465,4 \text{ TGE}}{3.000 \text{ TGE}} = 2,8218$$

Fertigungshauptstelle B:

$$\frac{\text{Stellengemeinkosten}}{\text{Fertigungslohn}} = \frac{9.104,2 \text{ TGE}}{5.000 \text{ TGE}} \approx 1,8208$$

Materialhilfsstelle:

$$\frac{\text{Stellengemeinkosten}}{\text{Fertigungsmaterial}} = \frac{1.849,4 \text{ TGE}}{15.000 \text{ TGE}} \approx 0,1233$$

Verwaltungshilfsstelle:

$$\frac{\text{Stellengemeinkosten}}{\text{Herstellkosten}}$$

$$= \frac{1.925,2 \text{ TGE}}{\left(\begin{array}{c} 15.000 \text{ TGE} + 1.849,4 \text{ TGE} + 3.000 \text{ TGE} \\ + 5.000 \text{ TGE} + 8.465,4 \text{ TGE} + 9.104,2 \text{ TGE} \end{array}\right)} \approx 0,0454$$

Tabelle 2.28 Ermittlung von Zuschlagssätzen

Kostenstellen / Kostenarten		Betrag	Vorkostenstellen				Endkostenstellen				
			allgemeine Hilfsstelle		Fertigungshilfsstelle		Fertigungshauptstelle		Material-hilfsstelle	Verwaltungs-hilfsstelle	Vertriebs-hilfsstelle
			A1	A2	H1	H2	A	B			
Einzel-kosten	Fertigungs-material [in TGE]	15.000							15.000		
	Fertigungs-lohn [in TGE]	8.000					3.000	5.000			
Gemein-kosten	Summe der primären Gemeinkosten [in TGE]	23.900	800	940	2.200	2.600	5.567,5	5.837,5	1.717,5	1.825,0	2.412,5
	Summe der sekundären Gemeinkosten [in TGE]						2.897,9	3.266,7	131,9	100,2	143,3
	Summe der ges. Gemeinkosten [in TGE]						8.465,4	9.104,2	1.849,4	1.925,2	2.555,8
	Zuschlagssätze [in %]						282,18	182,08	12,33	4,55	6,03

Vertriebshilfsstelle:

$$\frac{\text{Stellengemeinkosten}}{\text{Herstellkosten}}$$

$$= \frac{2.555,8 \text{ TGE}}{\left(\begin{array}{c} 15.000 \text{ TGE} + 1.849,4 \text{ TGE} + 3.000 \text{ TGE} \\ + 5.000 \text{ TGE} + 8.465,4 \text{ TGE} + 9.104,2 \text{ TGE} \end{array}\right)} \approx 0,0603$$

Für die Materialhilfsstelle resultiert ein Zuschlagssatz von 12,33 %. Dieser ergibt sich durch Division der Summe der Gemeinkosten dieser Kostenstelle durch die Fertigungsmaterialkosten. Der Zuschlagssatz der Fertigungshauptstelle A in Höhe von 282,18 % wird mittels Division der angefallenen Gemeinkosten durch den Fertigungslohn der Fertigungshauptstelle ermittelt. Die Berechnung des Zuschlagssatzes der Fertigungshauptstelle B erfolgt analog.

Die Zuschlagssätze der Verwaltungs- und Vertriebshilfsstelle ergeben sich in dem Beispiel durch Division der angefallenen Gemeinkosten durch die Herstellkosten der abgesetzten Produktmenge.

Mit Hilfe der ermittelten Zuschlagssätze können die Gemeinkosten auf die Kostenträger verrechnet werden. Zuschlagssätze werden gebildet, um Gemeinkosten auf Kostenträger zu verrechnen. Die Zurechnung von Gemeinkosten auf Kostenträger ist jedoch per definitionem nicht durch das Verursachungsprinzip begründbar.

2.5 Leistungsstellenrechnung im Sinne einer Erlösstellenrechnung

2.5.1 Begriffliche Grundlagen und Aufgaben

Erlösstellen lassen sich als (rekonstruierte) Entstehungsbereiche von Erlösen auffassen. Sie werden gebildet, um „eine definierte Kategorie von Erlösen zusammenzufassen, die in sich homogen in Bezug auf das Definitionsmerkmal sind."[181] Durch die Untergliederung sollen bessere Aussagen über die Struktur des Gesamterlöses sowie über ihre Veränderung im Zeitablauf gewonnen werden.[182] Die Erlösstellenrechnung übernimmt dabei

---

[181] Plinke (2002), Sp. 464.
[182] Vgl. Plinke (2002), Sp. 464.

verrechnungstechnische Aufgaben sowie Planungs- und Kontrollaufgaben, die im Folgenden erläutert werden.[183]

Verrechnungstechnische Aufgabe

Den Ausgangspunkt der Leistungsstellenrechnung im Sinne einer Erlösstellenrechnung bildet eine zweckentsprechende Untergliederung von Erlösstellen.[184] Im Rahmen der Leistungserstellung eines Unternehmens fallen i. d. R. sowohl *Stelleneinzelerlöse* d. h. den Erlösstellen unter Einhaltung des Verursachungsprinzips zurechenbare Erlöse, als auch *Stellengemeinerlöse* an, bei denen die Einhaltung des Verursachungsprinzips nicht möglich ist.

Allgemein ist festzustellen, dass die Erlösstellenrechnung in praxi nicht das gleiche Gewicht wie die Kostenstellenrechnung besitzt. Die Verteilung von Gemeinerlösen erfolgt in deutlich geringerem Umfang. Im Rahmen einer Erlösstellenrechnung tritt *nicht* das Problem der innerbetrieblichen Verrechnung von Markterlösen auf, da sämtliche Leistungsaustausche zwischen Erlösstellen (z. B. ein Austausch von absatzbestimmten Gütern für einen erlösstellenübergreifenden Auftrag, Beratungsdienstleistungen etc.) bereits im Rahmen der innerbetrieblichen Leistungsverrechnung berücksichtigt werden. Die Erlösstellenrechnung umfasst daher – im Unterschied zur Kostenrechnung – lediglich die Zuordnung von Einzel und Gemeinerlösen auf die Erlösstellen und ist (ohne Verrechnung von Markterlösen zwischen den Stellen) mit der Ermittlung der Erlösarten je Stelle abgeschlossen.[185]

Obwohl in der Erlösstellenrechnung keine Verrechnung von innerbetrieblichen Leistungsaustauschen erfolgt, stellt sich dennoch das Problem der *Verrechnung von Stellengemeinerlösen* Je nach Segmentierung der Gesamtnachfrage in Erlösstellen kann die Aufteilung mit erheblichen Zurechnungsschwierigkeiten verbunden sein.[186] Ein Beispiel hierfür ist die Gewährung von Periodenrabatten in Abhängigkeit vom Gesamtumsatz. Wird bei den Erlösstellen bspw. nach Vertriebswegen differenziert, stellt sich das Problem der Verrechnung der Gemeinerlöse (z. B. Erlösschmälerungen durch den Periodenrabatt des Kunden) auf die einzelnen Vertriebswege. Unter Anwendung des Tragfähigkeitsprinzips[187] könnte man

---

[183] Vgl. hierzu auch Plinke (2002), Sp. 465.
[184] Zur Abgrenzung von Leistungs- und Erlösrechnung vgl. Kapitel 1.3.1.
[185] Vgl. Schweitzer u. Küpper (2008), S. 153–155.
[186] Vgl. Kloock et al. (2005), S. 179.
[187] Eine Einhaltung des Verursachungsprinzips ist bei Stellengemeinerlösen – per definitionem – nicht möglich.

im Falle des gewährten Periodenrabatts eine Verrechnung der Stellengemeinerlöse anhand der Erlöse des Kunden in den einzelnen Vertriebswegen vornehmen.

Planungs- und Kontrollsaufgabe

Zur Erfüllung der Planungs- und Kontrollaufgabe soll der Gesamterlös geeignet gegliedert werden, um Aussagen über die Struktur des Erlöses sowie seine Veränderungen zu erlangen. Insbesondere gilt es aber, Erkenntnisse über Erlöseinflussgrößen zu gewinnen und diese im Rahmen der
Absatzpolitik gezielt einzusetzen. Entscheidend für fundierte Analysen ist,
einen den betrieblichen und marktlichen Gegebenheiten sowie den absatzpolitischen Zielen des betrachteten Unternehmens entsprechenden Zu-
schnitt der Erlösstellen[188] zu finden.[189]

Wird die Erlösstellenrechnung als Planungs- und Kontrollrechnung
durchgeführt wird, erlangt sie die größte absatzpolitische Bedeutung:
Durch Saldierung von entscheidungsrelevanten Planerlösen sowie Plankosten, die aus der Grenzplanerlös- bzw. aus der Grenzplankostenrechnung stammen, wird es im Rahmen von Deckungsbeitragsrechnungen
schließlich möglich, optimale Lösungen von Entscheidungsproblemen zu
finden.[190]

2.5.2 Bildung von Erlösstellen

Die in diesem Abschnitt zu behandelnde Bildung von Erlösstellen bezieht
sich primär auf Stellen, in denen Markterlöse erzielt werden. Um eine fundierte Planung und Steuerung der Markterlöse gewährleisten zu können,
sollte die Erlösstelleneinteilung eines Unternehmens so erfolgen, dass
Größen und Bedingungen der Erlösentstehung (d. h. der Struktur des Erlöses sowie seiner Einflussgrößen) deutlich erkennbar sind. Die Abgrenzung
von Erlösstellen erfolgt (im Gegensatz zur Einteilung von Kostenstellen)
in erster Linie nach externen (d. h. marktlichen) Gesichtspunkten. Im Rahmen der Stellenbildung sollten möglichst homogene Absatzbedingungen
innerhalb der Erlösstellen sowie eindeutige Vertriebsverantwortung angestrebt werden.[191]

Die im Folgenden vorzustellenden Kriterien zur Bildung von Erlösstellen orientieren sich an den Strukturen der Märkte und des Absatzpro-

---

[188] Zur Bildung von Erlösstellen vgl. den nachfolgenden Abschnitt 2.5.2.
[189] Vgl. Plinke (2002), Sp. 466; Schweitzer u. Küpper (2008), S. 125..
[190] Vgl. Plinke (2002), Sp. 470. Zur Deckungsbeitragsrechnung vgl. Kapitel 3.6.
[191] Vgl. Schweitzer u. Küpper (2008), S. 125–126.

gramms sowie an dem Einsatz des marketingpolitischen Instrumentariums. Im Einzelnen werden folgende Kriterien vorgestellt:[192]

1. Bildung von Erlösstellen nach Produktarten und Produktgruppen,
2. Bildung von Erlösstellen nach Marktsegmenten und räumlich-geographischen Teilmärkten,
3. Bildung von Erlösstellen nach Kunden und Kundengruppen,
4. Bildung von Erlösstellen nach Absatzwegen und Absatzmethoden,
5. Bildung von Erlösstellen nach organisatorischen sowie rechnungstechnischen Gesichtspunkten.

Bildung von Erlösstellen nach Produktarten und Produktgruppen

Der Ausgangspunkt einer Bezugsgrößenhierarchie wird häufig durch die Struktur des Absatzprogramms eines Unternehmens determiniert. Als zentrale Erlösträger haben Produktarten und -gruppen in vielen Fällen Einfluss auf die Gliederung der Vertriebsorganisation. Durch eine entsprechende Aufteilung können rechnungstechnische und organisatorische Aspekte vereint und somit Verantwortlichkeitsgesichtspunkte berücksichtigt werden.

Bildung von Erlösstellen nach Marktsegmenten und räumlich-geographischen Teilmärkten

Bei der Einteilung nach bestimmten Marktsegmenten ist vor allem ein ähnliches Kaufverhalten der zu einem Segment gehörenden Nachfrager von Bedeutung. Häufig werden durch Vertriebseinheiten ganz gezielt spezifische Produkt-Markt-Kombinationen bearbeitet. Für die Erlösrechnung kann es daher sinnvoll sein, sich an diesen Einteilungen zu orientieren. Im Hinblick auf das Kriterium der räumlich-geographisch abgegrenzten Teilmärkte wird in den meisten Unternehmen zumindest zwischen Inlands- und Auslandsgeschäft unterteilt. Eine weitere Untergliederung kann nach Kontinenten oder Ländern vorgenommen werden.

Bildung von Erlösstellen nach Kunden und Kundengruppen

Im Hinblick auf das Kriterium der Differenzierung nach Kunden kann z. B. zwischen Einzelhändlern und Großhändlern, Firmenkunden und Privatkunden oder Großkunden und Kleinkunden differenziert werden. Besonders relevante Kunden können z. B. vom Vertrieb im Rahmen eines

---

[192] Vgl. Schweitzer u. Küpper (2008), S. 125–127.

Key Accounts betreut und rechnungstechnisch durch eine separate Erlösstelle erfasst werden.

Bildung von Erlösstellen nach Absatzwegen und Absatzmethoden

Auch unter diesem Kriterium werden wichtige Vertriebskomponenten berücksichtigt. Bei den Absatzwegen kann z. B. zwischen direktem und indirektem Vertrieb unterschieden werden. Die Einschaltung von Intermediären in den Absatz erfordert es bspw. i. d. R., den Absatzmittlern spezifische Konditionen und hierbei insbesondere Rabattsätze zu gewähren. Aus diesem Grund kann in vielen Fällen eine rechnungstechnische Berücksichtigung dieser vertrieblichen Gegebenheiten sinnvoll sein.

Bildung von Erlösstellen nach organisatorischen sowie rechnungstechnischen Gesichtspunkten

Dieses Kriterium berücksichtigt organisatorische Besonderheiten des Vertriebes. Als Beispiel kann hier eine Vertriebsorganisation angeführt werden, die auf bestimmte Personen zugeschnitten ist. Für die Erlösrechnung ergibt sich die Aufgabe, sinnvolle Erlösstellenabgrenzungen unter Berücksichtigung von Besonderheiten der spezifischen Vertriebsorganisation vorzunehmen.

Bei der Einteilung der Erlösstellen ist zwischen den einzelnen anzuwendenden Gliederungskriterien abzuwägen. So kann etwa danach differenziert werden, welches Gliederungsprinzip auf welcher Ebene der *Bezugsgrößenhierarchie* angewendet wird.

Beispiel: In Abb. 2.37 ist eine Bezugsgrößenhierarchie am Beispiel des Süßwarenherstellers Zuckerpuppen & Söhne GmbH dargestellt. Auf der ersten Gliederungsebene wird nach Produktgruppen differenziert. Auf weiteren Ebenen erfolgt eine Gliederung nach räumlich-geographischen Teilmärkten, nach Kundengruppen und nach Vertriebsregionen. Auf der untersten Ebene werden die Erlöse den Erlösstellen zugeordnet. Die Erlösstelle ES 9 repräsentiert also einen Absatz von Tafeln am deutschen Markt an den Discounter B, für den durch das absetzende Unternehmen keine weitere Einteilung in Vertriebsregionen vorgenommen wird.

Das Beispiel veranschaulicht, dass auf der Absatzseite eine Hierarchiebildung von Stellen – unter Anwendung von mehreren Gliederungsprinzipien – eher möglich ist, als dies innerbetrieblich bei der Einteilung in Kostenstellen der Fall ist. Der Grund hierfür liegt darin, dass sich die einzelnen Merkmale vielfach in geringerem Maße überschneiden. Häufig weist eine solche absatzgerichtete Hierarchie enge Beziehungen zur organisatorischen

Gliederung eines Unternehmens auf, wodurch eine Zurechnung von Erlösen zu verantwortlichen Stelleninhabern erreicht wird.[193]

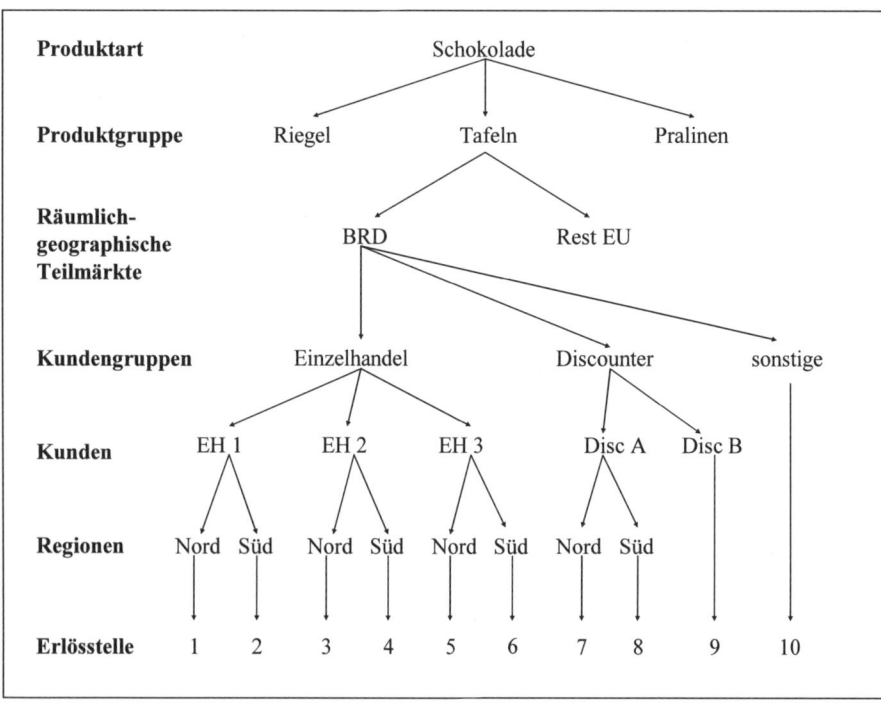

Abb. 2.37 Bezugsgrößenhierarchie

2.5.3 Probleme der Erlöszurechnung

Mit Hilfe der vorgestellten Kriterien können die Voraussetzungen für eine Zuordnung von Erlösen zu Erlösstellen geschaffen werden. Ist jedoch die Wirkung bestimmter absatzpolitischer Maßnahmen – wie in praxi häufig der Fall – nicht genau auf eine Erlösstelle begrenzt, entstehen Gemeinerlöse mehrerer Erlösstellen. Vor diesem Hintergrund stellt sich die Frage nach dem optimalen Aggregationsniveau von Erlösstellen:[194]

- Je mehr die Erlösrechnung darauf abzielt, eine exakte Erlöszurechnung zu ermöglichen und damit das Problem der Gemeinerlösverrechnung zu umgehen, desto größer werden zwangsläufig die Erlösstellen ausfallen.

---

[193] Vgl. Schweitzer u. Küpper (2008), S. 127.
[194] Vgl. Plinke (2002), Sp. 468–469.

• Je detaillierter eine Erlösstellengliederung vorgenommen wird, um spezifische Aussagen über bestimmte absatzpolitische Maßnahmen zu ermöglichen, desto größere Probleme ergeben sich bei der Verrechnung von Gemeinerlösen.

Letztlich muss die Aufgliederung von Erlösstellen sowohl rechnungstechnischen Gesichtspunkten als auch Wirtschaftlichkeitsaspekten genügen. Die Praxis wird entsprechende Entscheidungen aber eher unter Ausrichtung auf die situativ vorliegende Fallgruppe und nicht nach Maßgabe abstrakter Regeln treffen.

Vor dem Hintergrund des Einsatzes des absatzpolitischen Instrumentariums ergeben sich ebenfalls schwerwiegende Probleme der Erlöszurechnung. Viele Marketinginstrumente erzielen *Carry-Over-Effekte*. Dies bedeutet, dass sie nicht isoliert im Hinblick auf ein bestimmtes Bezugsobjekt wirken, sondern auch *Ausstrahlungseffekte* auf andere Bezugsobjekte induzieren. Letztlich entstehen hierdurch Erlösverbunde, die nur sehr schwer zu quantifizieren sind. Ein Beispiel für den beschriebenen Sachverhalt sind Maßnahmen zur Erzeugung von Kundentreue, die prinzipiell den Einzelerlöscharakter der Erlösstelle „Auftrag" zerstören. Andererseits zerstören aus theoretischer Sicht Maßnahmen der Imagewerbung für eine Marke im Prinzip den Charakter von Einzelerlösen bei den Erlösstellen „Produkt" bzw. „Produktgruppe", die unter dieser Marke geführt werden.[195]

Beispiel: Nachfolgend wird an dem bereits aus Kapitel 2.3.3 bekannten Beispiel der Zuckerpuppen & Söhne GmbH angeknüpft. Der Händler EH 1 wird aufgrund der besseren Kundenbetreuungsmöglichkeiten von drei Vertriebseinheiten betreut. EH 2 und Discounter A werden jeweils von zwei Vertriebseinheiten betreut. Für jede einzelne Vertriebseinheit ist im Rechnungssystem eine eigene Erlösstelle eingerichtet worden. Um den Vertriebserfolg der Einheiten besser beurteilen zu können, soll den spezifischen Erlösstellen ihr jeweiliger Nettoerlös zugeordnet werden. Dabei geht es im Wesentlichen darum, den einzelnen Erlösstellen ihre Anteile an den (in diesem Fall negativen) Gemeinerlösen zuzuordnen. Die negativen Gemeinerlöse (Erlösschmälerungen) in Bezug auf die einzelnen Händler sind aus Tabelle 2.29 ersichtlich.

Die Verteilung der (negativen) Gemeinerlöse auf die Erlösstellen soll anhand des Anteils der Bruttoumsätze der jeweiligen Erlösstelle an dem Bruttoumsatz mit dem jeweiligen Händler erfolgen.

---

[195] Vgl. Plinke (2002), Sp. 469–470.

Tabelle 2.29 Aufzuteilende negative Gemeinerlöse

	Periodenrabatte	Abnehmerrabatte	Gesamt
EH 1	87 TGE	87 TGE	174 TGE
EH 2	48 TGE	72 TGE	120 TGE
Discounter A	312 TGE	208 TGE	520 TGE

EH 1 weist einen Bruttoumsatz von 2.900 TGE auf.[196] Der Bruttoumsatz der Erlösstelle ES 1 beträgt dabei 1.440 TGE. Daraus folgt für die Verteilung der Rabatte auf ES 1:

Periodenrabatt: $\dfrac{1.440\,\text{TGE}}{2.900\,\text{TGE}} \cdot 87\,\text{TGE} = 43.200\,\text{GE}$

Abnehmerrabatt: $\dfrac{1.440\,\text{TGE}}{2.900\,\text{TGE}} \cdot 87\,\text{TGE} = 43.200\,\text{GE}$

Tabelle 2.30 Ergebnisse Erlösstellenrechnung

	EH 1			EH 2		Discounter A		Gesamt
	ES 1	ES 2	ES 3	ES 4	ES 5	ES 6	ES 7	
Absatzmengen [in TME]								
Tafeln XXL	500	200	300	250	250	1.000	500	3.000
Tafeln Standard	500	250	250	1.000	500	1.000	1.500	5.000
Tafeln Mini	200	200	100	500	500	500	500	2.500
Bruttoumsätze [in TGE]								
Tafeln XXL	1.000	400	600	500	500	2.000	1.000	6.000
Tafeln Standard	400	200	200	800	400	800	1.200	4.000
Tafeln Mini	40	40	20	100	100	100	100	500
Σ **Bruttoumsätze**	**1.440**	**640**	**820**	**1.400**	**1.000**	**2.900**	**2.300**	**10.500**
Verteilung der (negativen) Gemeinerlöse [in TGE]								
Periodenrabatte	43,2	19,2	24,6	28	20	174	138	447
Abnehmerrabatte	43,2	19,2	24,6	42	30	116	92	367
Nettoerlöse	**1.353,6**	**601,6**	**770,8**	**1330**	**950**	**2.610**	**2.070**	**9.686**

Werden von den Bruttoerlösen die Erlösschmälerungen (Gemeinerlöse) subtrahiert, resultieren daraus die Nettoerlöse. Für ES 1 ergeben sich somit folgende Nettoerlöse:

1.440.000 GE – 43.200 GE – 43.200 GE = 1.353.600 GE.

---

[196] Vgl. das Beispiel zur Erlösartenrechnung in Abschnitt 2.3.3.

Die Berechnung der Rabatte für die anderen Erlösstellen erfolgt analog. Die Ergebnisse der Erlösstellenrechnung sind aus Tabelle 2.30 ersichtlich.

2.6 Kostenträgerrechnung

2.6.1 Grundbegriffe und Aufgaben der Kostenträgerrechnung

In den Phasen der Kostenarten- bzw. Kostenstellenrechnung wurden alle anfallenden Kosten erfasst und den Orten ihrer Entstehung zugeordnet. Nachdem festgestellt worden ist, welche Kosten angefallen sind und wo diese angefallen sind, ist in der Kostenträgerrechnung zu bestimmen, *wofür*, d. h. für welchen Kostenträger, die Kosten entstanden sind. Als Kostenträger werden hierbei die betrieblichen Leistungen bezeichnet, die die angefallenen Kosten „tragen" müssen. Beispiele für Kostenträger sind:[197]

- hergestellte Produkteinheiten (d. h. die Kosten einer Einheit eines bestimmten Produktes)
- eine Produktgruppe (z. B. Fußballschuhe im Rahmen einer Sportschuhfertigung)
- Einzelaufträge (z. B. Bau einer Talbrücke für die Bahn)
- Beratungsleistungen (z. B. Einführung von SAP[198] in einem Unternehmen)
- einzelne Kunden (z. B. Bestimmung der Höhe der Kosten für alle Lieferungen an einen bestimmten Kunden)
- Absatzgebiete (z. B. Kosten für die Region Norddeutschland)

Bei der Bestimmung der Kosten, die ein Kostenträger zu tragen hat, sind die Begriffe *Herstell*kosten und *Selbst*kosten von zentraler Bedeutung, da viele betriebliche Entscheidungen die Kenntnis der Herstell- oder Selbstkosten voraussetzen.

Die Herstellkosten resultieren aus der Summe von Material- und Fertigungskosten (vgl. Abb. 2.38[199]). Dabei setzen sich die Materialkosten aus Materialeinzel- und Materialgemeinkosten zusammen. Materialeinzelkosten sind bspw. die laut Materialentnahmeschein einem Kostenträger direkt zurechenbaren Materialverbräuche. Im Gegensatz dazu beziehen sich Materialgemeinkosten nicht auf Materialverbräuche sondern auf die Gemein-

---

[197] Vgl. hierzu auch Coenenberg et al. (2007), S. 104.
[198] SAP steht für Systems, Applications and Products. Bei SAP handelt es sich um eine betriebswirtschaftliche Standardanwendungssoftware.
[199] In Anlehnung an Kloock et al. (2005), S. 158.

kosten der Materialstellen. Hierunter fallen z. B. Personalkosten, Abschreibungen und Heizkosten im Bereich der Kostenstellen, die sich mit der Materialbewirtschaftung befassen.

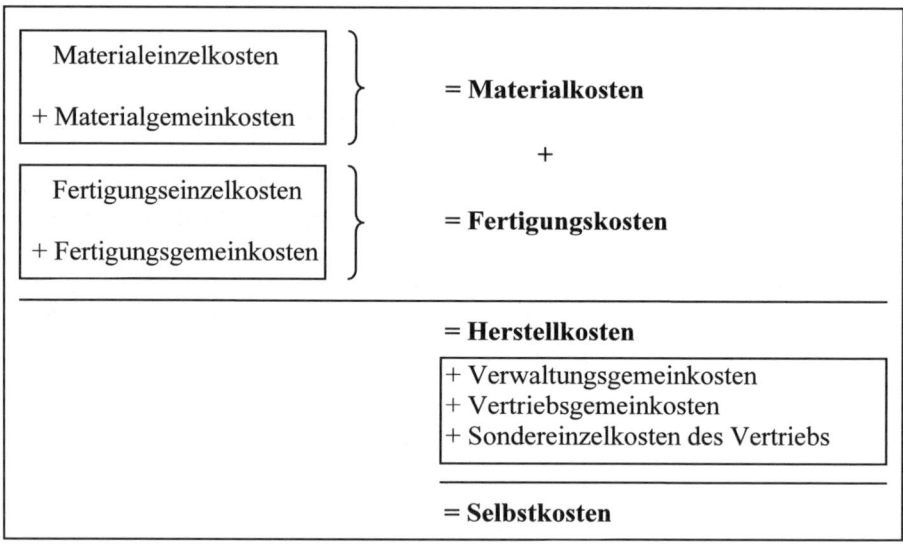

Abb. 2.38 Herstellkosten und Selbstkosten

Fertigungskosten setzen sich aus Fertigungseinzel- und Fertigungsgemeinkosten zusammen. Unter Fertigungseinzelkosten werden in der Regel Fertigungslöhne gefasst. Löhne als Einzelkosten einzuordnen, kann jedoch u. U. problematisch sein. Streng genommen sind lediglich echte Akkordlöhne als Einzelkosten zu bezeichnen. Nur bei dieser Lohnart führt eine zusätzliche Produkteinheit zu zusätzlichen Kosten. Aber in der Praxis werden auch andere Lohnarten vielfach wie Einzelkosten behandelt. Kann bspw. ein Arbeiter pro Stunde hundert Produkteinheiten bearbeiten, werden einer Produkteinheit Lohnkosten in Höhe von einem Hundertstel des Zeitlohnes pro Stunde wie Einzelkosten zugerechnet. Bei diesem Zeitlohn handelt es sich aber streng genommen nicht um (echte) Einzelkosten. Bei Zeitlöhnen führt eine zusätzliche Produkteinheit nicht zu höheren Kosten, und umgekehrt entfallen die Lohnkosten nicht, wenn diese Einheit nicht produziert wird. Dennoch wird diese Lohnart in praxi aus Gründen der Einfachheit vielfach als Fertigungseinzelkosten behandelt. Fertigungsgemeinkosten sind die Gemeinkosten der entsprechenden Fertigungskostenstellen. Die Summe der vier genannten Komponenten ergibt die *Herstell*kosten. Hierbei ist anzumerken, dass Herstellkosten nicht identisch mit handelsrechtlichen *Herstellungs*kosten sind. Herstellungskosten weisen

dem Grunde und der Höhe nach andere Ansätze auf. So dürfen handelsrechtlich keine Zusatzkosten angesetzt werden. Darüber hinaus dürfen keine kalkulatorischen Abschreibungen auf Basis von Wiederbeschaffungskosten verwendet werden. Aus den genannten Gründen ist eine saubere
Trennung der beiden Begriffe Herstellkosten und Herstellungskosten notwendig. *Herstell*kosten ist der relevante Begriff der Kosten- und Leistungsrechnung. Dagegen wird der Begriff der *Herstellungs*kosten in der
handelsrechtlichen Rechnungslegung verwendet.

Um von den Herstellkosten zu den Selbstkosten zu gelangen, müssen
die Verwaltungs- und Vertriebskosten auf die Kostenträger verteilt werden. Hierbei setzen sich die Vertriebskosten aus Vertriebsgemeinkosten
und Sondereinzelkosten des Vertriebes zusammen. Die Verteilung der
Verwaltungs- und Vertriebskosten wird noch ausführlich dargestellt. An
dieser Stelle ist zunächst festzuhalten, dass sich die Selbstkosten als Summe aus Herstellkosten, Verwaltungsgemeinkosten, Vertriebsgemeinkosten
und Sondereinzelkosten des Vertriebes ergeben.

Nachdem nunmehr die Ermittlung der Herstell- bzw. Selbstkosten erläutert wurde, werden im Folgenden die Aufgaben der Kostenträgerrechnung
dargestellt. Die Abb. 2.39 gibt einen Überblick über die einzelnen Aufgaben der Kostenträgerrechnung.

Die Kostenträgerrechnung bestimmt die Herstell- bzw. Selbstkosten der
Kostenträger. Damit können folgende Aufgaben erfüllt werden:[200]

- Beurteilung der Ertragskraft der Kostenträger: Vergleich der Umsatzerlöse eines Kostenträgers mit den Selbstkosten.
- Durchführung der kurzfristigen Erfolgsrechnung (Herstell- oder Selbstkosten).
- Bewertung der Bestände an Halb- und Fertigfabrikaten sowie selbst er-
  stellter Anlagen (zu Herstellkosten).[201]
- Gewinnung von Ausgangsdaten für Planungsrechnungen (z. B. für Losgrößen, Fertigungsverfahren, operative Make-or-buy-Entscheidungen
  oder Zusatzaufträge).
- Fundierung von preispolitischen Entscheidungen (z. B. Ermittlung von
  Preisuntergrenzen, bzw. die Ermittlung von Selbstkosten bei öffentlichen Aufträgen).

---

[200] Vgl. Haberstock (2005), S. 144–145.
[201] Der Bewertungsansatz der Herstellkosten darf nicht unkorrigiert in die Han-
  dels- und Steuerbilanz übernommen werden, sondern ist nach deren Regeln
  anzupassen.

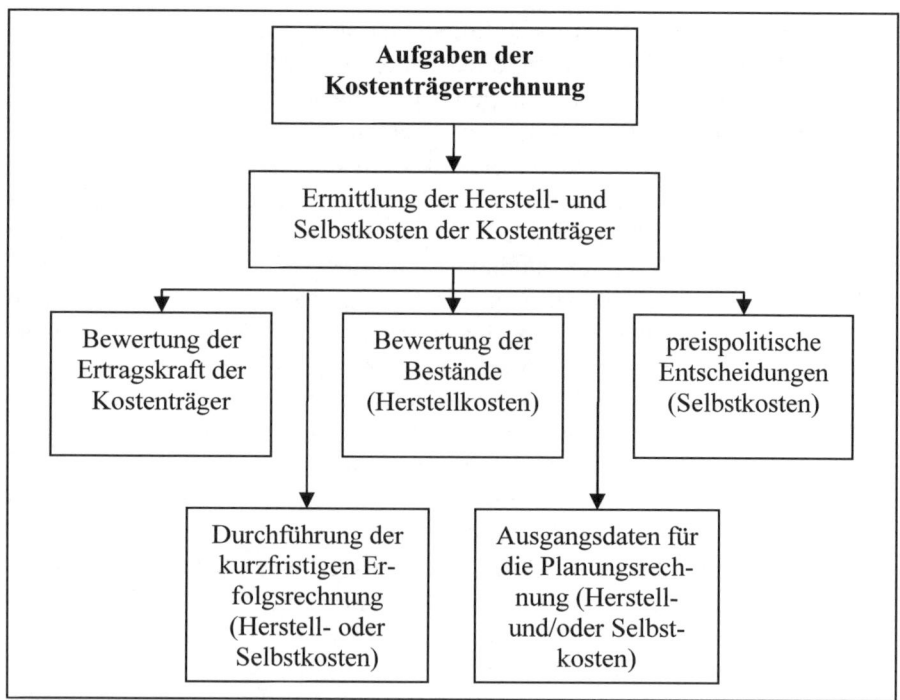

Abb. 2.39 Aufgaben der Kostenträgerrechnung

Die Kostenträgerrechnung erfüllt die obigen Aufgaben als Kostenträger-*stück*rechnung bzw. als Kostenträger*zeit*rechnung.

2.6.2 Kostenträgerstückrechnung (Kalkulation)

Die Kostenträgerstückrechnung wird auch als Kalkulation bezeichnet. Ihre Aufgabe besteht im Grundsatz darin, mit Hilfe spezifischer Kalkulations-methoden die Herstell- und Selbstkosten je betrieblicher Erzeugungsein-heit zu ermitteln.[202] Die mit Hilfe der Kostenträgerrechnung zu beantwor-tende Fragestellung könnte bspw. lauten: „Was hat die Produktion einer bestimmten Variante eines Autos gekostet?" Die zur Beantwortung dieser Fragestellungen geeigneten Kalkulationsverfahren werden im Folgenden noch eingehender behandelt.

---

[202] Vgl. Coenenberg et al. (2007), S. 104.

Zunächst soll jedoch die Kalkulation nach den Zeitpunkten ihrer Durchführung differenziert werden.[203] Abb. 2.40 veranschaulicht die verschiedenen Arten der Kalkulation.

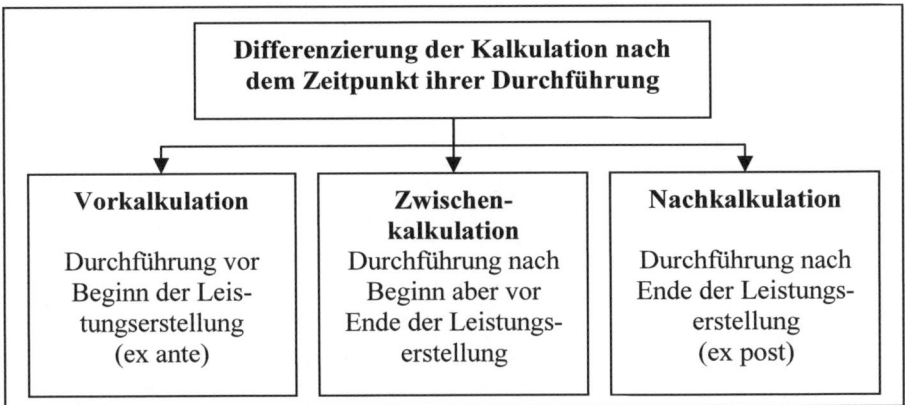

Abb. 2.40 Differenzierung der Kalkulation nach dem Zeitpunkt ihrer Durchführung

Die sog. *Vorkalkulation* wird vor Beginn der Leistungserstellung durchgeführt und für spezielle Zwecke angewendet. Sie unterstützt bspw. die Entscheidung über die Annahme oder Ablehnung von Aufträgen. Weiterhin kann eine Vorkalkulation für eigene Angebote im Rahmen einer Auftragsvergabe (i. S. einer Submission) erforderlich sein.

Die nach der Leistungserstellung durchgeführte *Nachkalkulation* dient der Ermittlung der Istkosten der während einer Abrechnungsperiode erstellten und verkauften Leistungseinheiten. Die Ergebnisse der Nachkalkulation werden zur Überprüfung der Plankalkulation und als Grundlage für die Erfolgskontrolle im Rahmen der kurzfristigen Betriebsergebnisrechnung verwendet.

Eine *Zwischenkalkulation* kann bei Kostenträgern mit langer Produktionsdauer (z. B. Schwermaschinenbau, Schiffsbau etc.) während des Leistungserstellungsprozesses durchgeführt werden. Dabei werden die für die Halbfabrikate bereits angefallenen Kosten erfasst. Diese bilden die Grundlage für die Bewertung der unfertigen Erzeugnisse und ermöglichen eine laufende Kostenkontrolle. Zusätzlich können in einer Zwischenkalkulation die Kosten der noch durchzuführenden Produktionsprozesse geplant werden.

Die unterschiedlichen Verfahren der Kalkulation werden in Abb. 2.41 systematisiert.

---

[203] Vgl. hierzu im Folgenden Haberstock (2005), S. 146; Freidank (2008), S. 155.

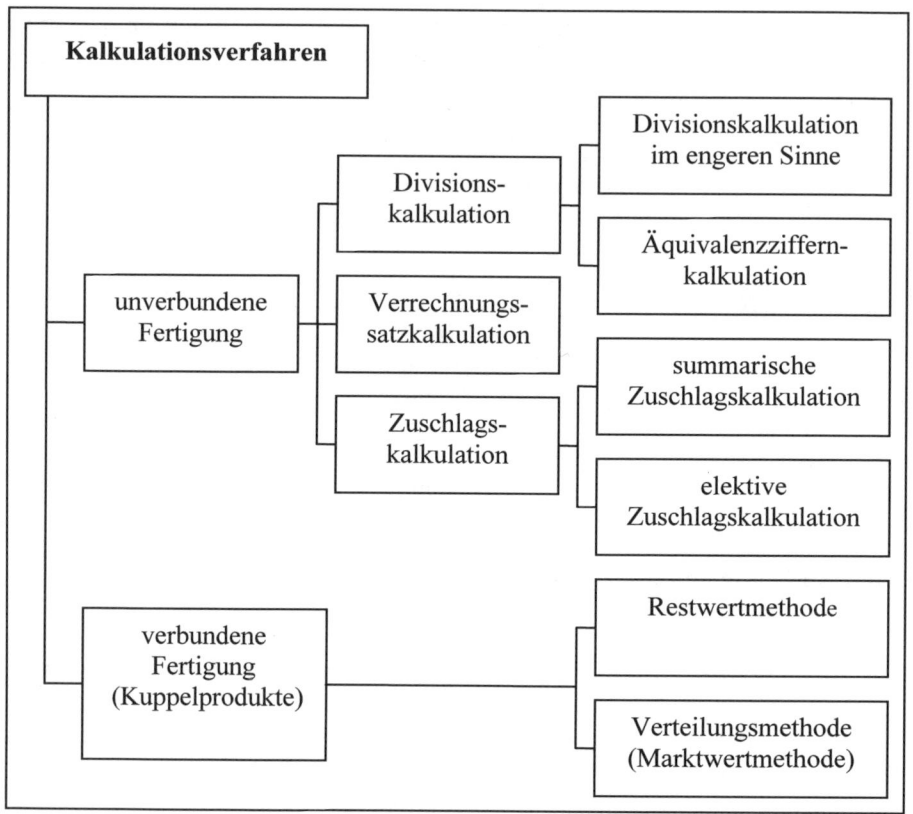

Abb. 2.41 Systematik der Kalkulationsverfahren

In der Abbildung wird auf der ersten Ebene zwischen Kalkulationsverfahren für verbundene und für unverbundene Produktionsprozesse unterschieden. Bei einem unverbundenen Produktionsprozess wird ein Produkt erstellt, ohne dass gleichzeitig ein anderes Produkt innerhalb des Prozesses entsteht. Dem gegenüber stehen verbundene Fertigungen, bei denen in einem Produktionsprozess unweigerlich mehrere Produkte gleichzeitig entstehen. Man spricht in diesem Fall auch von Kuppelprodukten, d. h. von Produkten, die aufgrund von materialmäßigen bzw. technischen Gegebenheiten zwangsläufig gemeinsam anfallen. Als Beispiele hierfür lassen sich etwa Koks, Gas, Teer und Benzol in Kokereien anführen.[204]

Abb. 2.41 ist zu entnehmen, dass Divisions-, Verrechnungssatz- und Zuschlagskalkulation bei unverbundenen Produktionsprozessen eingesetzt werden. Bei verbundenen Produktionsprozessen werden die Restwert- und die Verteilungsmethode angewendet.

---

[204] Vgl. Haberstock (2005), S. 166.

Unverbundene Fertigung

Divisionskalkulation

Divisionskalkulationen dadurch gekennzeichnet, dass stets von den Gesamtkosten des Betriebes oder einzelner Betriebsbereiche ohne Differenzierung in Einzel- und Gemeinkosten ausgegangen wird. Diese werden durch die hergestellten oder abgesetzten Stückzahlen dividiert. Für die Durchführung der Divisionskalkulation ist eine Kostenstellenrechnung i. d. R. nicht erforderlich. Dennoch wird vielfach aus Gründen der Kostenkontrolle zusätzlich eine Kostenstellenrechnung durchgeführt. *Zuschlagskalkulationen* zeichnen sich durch eine Trennung von Einzel- und Gemeinkosten aus. Die Einzelkosten werden dabei den Leistungen direkt zugerechnet. Die Gemeinkosten werden dagegen mit Hilfe von Kalkulationssätzen zugeschlagen. Bei dieser Vorgehensweise ist die Durchführung einer Kostenstellenrechnung unerlässliche Voraussetzung, da erst sie die notwendigen Kalkulations- bzw. Zuschlagssätze liefern kann. *Kuppelkalkulationen* berücksichtigen die Besonderheiten des Kuppelproduktionsprozesses. Sie lassen sich systematisch der Gruppe der Divisionskalkulationen zuordnen. Hier werden sie jedoch – in Übereinstimmung mit einem Großteil der kostenrechnerischen Literatur – als gesonderte Gruppe behandelt, da sich die Kuppelproduktionsprozesse grundlegend von anderen Verfahren unterscheiden.[205]

Divisionskalkulation i. e. S. Die Divisionskalkulation ist ein Kalkulationsverfahren für Einproduktunternehmen. Da in einem Einproduktunternehmen nur eine Produktart gefertigt wird, können bzw. müssen alle Kosten des Betriebes der Herstellung dieses Produktes zugeordnet werden.[206] Bei der Beschreibung der Divisionskalkulation ist zwischen der ein-, zwei- und mehrstufigen Divisionskalkulation zu unterscheiden. Je nachdem, ob die zu verrechnenden Gesamtkosten als ein Block in die Kalkulation einfließen oder weiter in Teilbeträge aufgespaltet werden, ist die Divisionskalkulation einstufig, mehrstufig oder mehrfach auszugestalten.

Bei der *einstufigen Divisionskalkulation* ergeben sich die Selbstkosten je Produkteinheit, indem die gesamten Kosten einer Abrechnungsperiode durch die periodenbezogene, hergestellte Menge dividiert werden:

---

[205] Vgl. Haberstock (2005), S. 147.
[206] Vgl. Hummel u. Männel (1986), S. 268.

$$k = \frac{K}{x}$$ (2.20)

mit:

k	Selbstkosten je Produkteinheit[GE/ME]
K	Gesamtkosten [GE/Periode]
x	Menge [ME/Periode]

Beispiel: In einer Abrechnungsperiode fielen bei einer Ausbringungsmenge von 8.000 ME Kosten in Höhe von 92.000 GE an. Als stückbezogene Selbstkosten resultieren 92.000 GE/ 8.000 ME = 11,50 GE/ME.

Anhand dieses Beispiels wird deutlich, dass bei der einstufigen Divisionskalkulation nicht zwischen Einzel- und Gemeinkosten unterschieden wird. Sämtliche Kosten einer Periode gehen als ein Kostenblock in den Zähler der Berechnungsformel ein. Ein wesentlicher Vorteil der einstufigen Divisionskalkulation ist die einfache Durchführbarkeit. Allerdings führt die Verrechnungsvorschrift der einstufigen Divisionskalkulation nur unter restriktiven Prämissen zu theoretisch korrekten Ergebnissen. Streng genommen können korrekten Herstell- und Selbstkosten nur bei Einproduktunternehmen, die keine Lagerbestandsveränderungen an fertigen und unfertigen Erzeugnissen aufweisen, ermittelt werden. Bei Lagerbestandsveränderungen führt die einstufige Divisionskalkulation zu Verzerrungen.

Wird in der betrachteten Periode ein Teil der hergestellten Produkte nicht verkauft, erhöht sich der Lagerbestand. In den Gesamtkosten der Periode sind auch Kosten für den Vertrieb der Produkte enthalten. Bei Anwendung der einstufigen Divisionskalkulation werden daher auch die fertigen, aber noch nicht verkauften Produkte mit Vertriebskosten belastet, obwohl diese erst später beim Verkauf der Produkte auftreten.

Den Fall der Lagerbestandsveränderungen, der durch die einstufige Divisionskalkulation nicht adäquat erfasst wird, greift die zwei- bzw. mehrstufige Divisionskalkulation auf, indem eine Aufteilung der Gesamtkosten des Unternehmens vorgenommen.[207] Bei der zweistufigen Divisionskalkulation werden die Gesamtkosten des betrachteten Unternehmens in die Bestandteile „Herstellkosten" sowie „Verwaltungs- und Vertriebskosten" aufgeteilt. Das Kalkulationsverfahren geht in drei Schritten vor: Im ersten Schritt werden die gesamten Herstellkosten durch die produzierte Menge dividiert. Dadurch resultieren die Herstellkosten pro produzierte Einheit:

---

[207] Vgl. Kloock et al. (2005), S. 145–146.

$$k_H = \frac{K_H}{x_H} \qquad\qquad (2.21)$$

mit:

k_H	Herstellkosten pro Stück [GE/ME]
K_H	gesamte Herstellkosten [GE/Periode]
x_H	hergestellte Menge [ME/Periode]

Im zweiten Schritt werden die Verwaltungs- und Vertriebskosten auf die *abgesetzten* Einheiten umgelegt. Lagerbestandsveränderungen werden somit bei der Verrechnung der Verwaltungs- und Vertriebskosten berücksichtigt. Als Ergebnis dieses Schrittes resultieren die Verwaltungs- und Vertriebskosten bezogen auf eine Absatzeinheit des Endproduktes:

$$k_{VV} = \frac{K_{VV}}{x} \qquad\qquad (2.22)$$

mit:

k_{VV}	Verwaltungs- und Vertriebskosten pro Stück [GE/ME]
K_{VV}	gesamte Verwaltungs- und Vertriebskosten [GE/Periode]
x	abgesetzte Menge [ME/Periode]

Im dritten Schritt sind die Selbstkosten pro Stück als Summe aus Herstellkosten pro Stück und Verwaltungs- und Vertriebskosten pro Stück zu berechnen:

$$k = k_H + k_{VV} \qquad\qquad (2.23)$$

mit:

k	Selbstkosten pro abgesetzter Einheit [GE/ME]
k_H	Herstellkosten pro Stück [GE/ME]
k_{VV}	Verwaltungs- und Vertriebskosten pro Stück [GE/ME]

Die dargestellte Verrechnungssystematik führt dazu, dass die abgesetzten Einheiten mit Selbstkosten pro Stück – d. h. mit Herstellkosten pro Stück zuzüglich Verwaltungs- und Vertriebskosten pro Stück – bewertet werden. Die nicht abgesetzten Einheiten werden dagegen nur mit den Herstellkosten pro Stück bewertet.[208]

Beispiel: In einer Abrechnungsperiode wurden insgesamt 8.000 ME gefertigt, von denen jedoch lediglich 6.000 ME abgesetzt werden konnten. Insgesamt sind Kosten in Höhe von 92.000 GE angefallen, von denen

---

[208] Vgl. Kloock et al. (2005), S. 146–149.

12.000 GE Verwaltungs- und Vertriebskosten sind. Bei der zweistufigen Divisionskalkulation werden die gesamten Herstellkosten durch die hergestellte Menge dividiert. Die Herstellkosten ergeben sich als die um die Verwaltungs- und Vertriebskosten verminderten Gesamtkosten:

$$92.000 \text{ GE} - 12.000 \text{ GE} = 80.000 \text{ GE}$$

Die Herstellkosten pro Einheit sind demnach zu beziffern mit:

$$\frac{80.000 \text{ GE}}{8.000 \text{ ME}} = 10 \frac{\text{GE}}{\text{ME}}$$

Die Verwaltungs- und Vertriebskosten pro Stück betragen:

$$\frac{12.000 \text{ GE}}{6.000 \text{ ME}} = 2 \frac{\text{GE}}{\text{ME}}$$

Die Selbstkosten pro verkaufte Einheit ergeben sich als Summe der beiden berechneten Komponenten:

$$10 \frac{\text{GE}}{\text{ME}} + 2 \frac{\text{GE}}{\text{ME}} = 12 \frac{\text{GE}}{\text{ME}}$$

Hierbei ist zu beachten, dass die Herstellkosten der nicht verkauften Einheiten 10 GE/ME betragen. Die einzelnen Rechenschritte des Beispiels werden in der Tabelle 2.31 zusammengefasst.

Tabelle 2.31 Zweistufige Divisionskalkulation

Herstellkosten pro Stück	k_H	= 80.000/8.000 = 10 GE/ME
Verwaltungs- und Vertriebskosten pro Stück	k_{VV}	= 12.000/6.000 = 2 GE/ME
Selbstkosten pro abgesetzter Einheit	**k**	**= 10 + 2 = 12 GE/ME**

Abschließend sei zur zweistufigen Divisionskalkulation angemerkt, dass dieses Verfahren sowohl bei Lagerbestandsveränderungen von Fertigprodukten als auch bei Lagerbestandsveränderungen von Zwischenprodukten in einem Einproduktunternehmen angewendet werden kann.

Die *mehrstufige* Divisionskalkulation kommt zur Anwendung, wenn Lagerbestandsveränderungen bei Halb- und Fertigfabrikaten auftreten und wenn zudem nur ein Produkt in einem hintereinander geschalteten stufenartigen Produktionsprozess gefertigt wird. Für jede Fertigungsstufe, in der Zwischenlager bestehen, werden die Kosten durch die in dieser Stufe bearbeitete Menge dividiert (Stufenkalkulation). Die Ermittlung der Kosten je

Fertigungsstufe ist lediglich mit Hilfe einer nach Fertigungsbereichen differenzierten Kostenstellenrechnung möglich:[209]

$K_1, ..., K_n$	Gesamtkosten der Periode auf der Stufe 1, ..., n
$x_1, ..., x_n$	hergestellte Mengen der Produkte auf den Stufen 1, ..., n
$k_1, ..., k_n$	Kosten je Einheit der auf der Stufe 1, ..., n erzeugten (Vor-)Produkte
$mx_1, ..., mx_{n-1}$	Vorproduktmengen Stufe 1, ..., (n-1), die in der betreffenden Periode auf den nachfolgenden Stufen weiterverarbeitet werden
$k_1 mx_1, ..., k_{n-1} mx_{n-1}$	Wert des von der Vorstufe übernommenen Materialeinsatzes auf der Stufe 2, ..., n

Die Kosten je Einheit des auf der ersten Stufe erzeugten Produktes betragen:

$$k_1 = \frac{K_1}{x_1} \tag{2.24}$$

Für die Kosten je Einheit auf der zweiten Stufe gilt:

$$k_2 = \frac{(k_1 mx_1 + K_2)}{x_2} \tag{2.25}$$

Die Kosten auf der n-ten Stufe betragen:

$$k_n = \frac{(k_{n-1} mx_{n-1} + K_n)}{x_n} \tag{2.26}$$

Die einzelnen Formeln lassen sich so interpretieren, dass die Vorprodukte auf den einzelnen Stufen sämtliche Kosten tragen müssen, die auf vorherigen Produktionsstufen angefallen sind und auf ihrer jeweils aktuellen Produktionsstufe anfallen. Die den Produkten auf diese Weise zugerechneten Kosten werden in der nächsten Verrechnungsstufe dem jeweils entstehenden Vorprodukt zugeschlagen. Dieser Prozess endet erst bei dem Endprodukt, das sämtliche Kosten der Vorprodukte zuzüglich der auf der letzten Produktionsstufe anfallenden Kosten zu tragen hat.

Beispiel: Die Produktion der Zuckerpuppen & Söhne GmbH ist für die Herstellung von Zartbitterschokolade in drei Stufen unterteilt. Zusätzlich zu dem mehrstufigen Produktionsprozess müssen auch zu- bzw. abnehmende Lagerbestände berücksichtigt werden. Die Lagerbestände werden

---

[209] Vgl. Haberstock (2005), S. 151.

mit den Herstellkosten der aktuellen Periode bewertet, d. h, es wird eine rein kostenrechnerische Vorgehensweise angewendet, um die gegenwärtigen Kosten des Betriebs darzustellen.[210] Zu diesem Zweck ist von vergangenheitsbezogenen Kosten abzuweichen, wenn es sachlich begründet erscheint. Derartige Abweichungen zwischen aktuellen und vergangenheitsorientierten Bewertungen können z. B. auftreten, wenn die Lagerbestände noch mit einer alten Maschine produziert wurden, die in späteren Perioden wegen ihrer Unwirtschaftlichkeit ausgesondert wurde. Die auf der alten Maschine basierenden Kostenansätze spiegeln nicht mehr die aktuelle Kostenstruktur wieder. Aus diesem Grund sind in dem beschriebenen Fall in der Kostenrechnung aktuelle Herstellkosten anzusetzen, die auf der neuen Maschine basieren.[211]

Die Zuckerpuppen & Söhne GmbH produziert die Zartbitterschokolade aus den Rohstoffen Zucker, Kakaobutter und Milchpulver. Im ersten Schritt werden die Rohstoffe vermischt und im Walzwerk zu einer hochpastösen Masse fein vermahlen. Anschließend wird die Schokoladenmasse in Conchiermaschinen erwärmt und gerieben, damit unerwünschte Aromastoffe eliminiert werden. Anschließend wird die Schokoladenmasse im Rahmen des Verpackungsprozesses in Formen gegossen, abgekühlt und verpackt.

Die Ausgangsdaten des mehrstufigen Produktionsprozesses und die Entwicklung der Lagerbestände für die Zwischenläger 1 bis 3 werden in Abb. 2.42 veranschaulicht. Es gilt die oben eingeführte Nomenklatur.

In der Abrechnungsperiode werden bspw. auf der ersten Produktionsstufe 1.600 TME der Mischung von Zucker, Kakaobutter und Milchpulver als Schokoladenmasse gewonnen. Dabei entstehen Kosten in Höhe von 144.000 GE. Anschließend werden auf der 2. Stufe des Produktionsprozesses 1.800 TME conchiert. Um die Maschinen auszulasten, müssen 200 TME Rohstoffe dem Lager entnommen werden, da in der Abrechnungsperiode nur 1.600 TME gewalzt worden sind. Das Mischen und Walzen der Rohstoffe verursacht Kosten in Höhe von 96.000 GE. In Stufe 3 wird die fertige Schokolade schließlich verpackt. Da nur 1.500 TME verpackt werden, müssen 300 TME eingelagert werden. Der Absatz von

---

[210] Bei der Bewertung der Lagerbestände ist zu beachten, dass handelsrechtlich zulässige Verbrauchsfolgeverfahren wie das LIFO- oder FIFO-Verfahren angewendet werden *können*, wenn dies als sinnvoll erachtet wird. Ihre Verwendung in der Kostenrechnung ist allerdings nicht obligatorisch, da die Kostenrechnung unabhängig von handelsrechtlichen Regelungen nach betriebswirtschaftlichen Gesichtspunkten ausgestaltet wird.

[211] Vgl. auch Freidank (2008), S. 160.

1.600 TME in der Abrechnungsperiode bedingt wiederum eine Lagerentnahme von 100 TME.

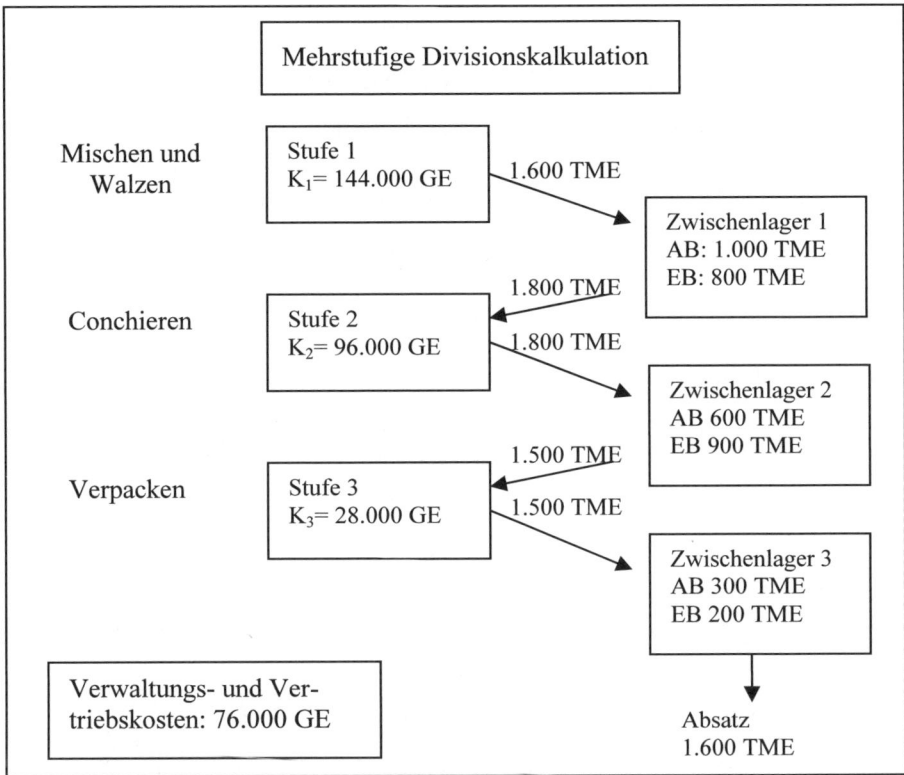

Abb. 2.42 Mehrfache Divisionskalkulation

Die Stückherstellkosten der unfertigen Erzeugnisse der Stufe 1 ergeben sich aus der Division der Gesamtkosten der Stufe 1 durch die produzierte Menge des Zwischenerzeugnisses der Stufe 1:

$$k_1 = \frac{K_1}{x_1} = \frac{144.000\,\text{GE}}{1.600\,\text{TME}} = 90\,\frac{\text{GE}}{\text{TME}}$$

Die Lagerendbestände der einzelnen Stufen werden jeweils mit den Herstellkosten der aktuellen Periode bewertet. Für die Stufe 1 ergibt sich ein Endbestand von:

$$800\,\text{TME} \cdot 90\,\frac{\text{GE}}{\text{TME}} = 72.000\,\text{GE}$$

Zur Berechnung der Herstellkosten der 2. Stufe, wird der Produktionswert der eingesetzten Vorprodukte (k_1mx_1) mit den Gesamtkosten der Stufe 2 (K_2) addiert und das Ergebnis durch die Anzahl der in Stufe 2 hergestellten Menge des Zwischenerzeugnisses (x_2) dividiert:

$$k_2 = \frac{(k_1mx_1 + K_2)}{x_2} = \frac{90 \frac{GE}{TME} \cdot 1.800 \, TME + 96.000 \, GE}{1.800 \, TME}$$

$$= 143,\overline{3} \frac{GE}{TME}$$

Der Lagerbestand der Periode 2 beträgt somit:

$$900 \, TME \cdot 143,\overline{3} \frac{GE}{TME} = 129.000 \, GE$$

Für die 3. Stufe ergeben sich Stückherstellkosten in Höhe von

$$k_3 = \frac{(k_2mx_2 + K_3)}{x_3} = \frac{143,\overline{3} \frac{GE}{TME} \cdot 1.500 \, TME + 28.000 \, GE}{1.500 \, TME}$$

$$= 162 \frac{GE}{TME}$$

Um schließlich die gesamten Herstellkosten der *abgesetzten* fertigen Erzeugnisse zu ermitteln, wird die abgesetzte Menge der Schokolade mit den Stückherstellkosten der Stufe 3 multipliziert:

$$Herstellkosten = 1.600 \, TME \cdot 162 \frac{GE}{TME} = 259.200 \, GE$$

Bei der Berechnung der Selbstkosten sind auch die bisher nicht verrechneten Verwaltungs- und Vertriebskosten zu berücksichtigen. Die Verwaltungs- und Vertriebskosten sind dabei ausschließlich den abgesetzten Erzeugnissen zuzurechnen. Die Selbstkosten für tausend Mengeneinheiten Schokolade betragen:

$$Selbstkosten = 162 \frac{GE}{TME} + \frac{76.000 \, GE}{1.600 \, TME} = 209,50 \frac{GE}{TME}$$

Die bislang vorgestellten Divisionskalkulationsverfahren legen bei der Kalkulation die Herstellung nur einer absatzbestimmten Produktart zu Grunde.

Werden in Unternehmen *mehrere* Erzeugnisse durch unterschiedliche, voneinander unabhängige Fertigungsprozesse in gleichzeitig arbeitenden Teilbetrieben hergestellt, ist die mehrfache Divisionskalkulation anzuwenden. Die mehrfache Divisionskalkulation baut auf einer Kostenstellenrechnung auf, die den verschiedenen, voneinander unabhängigen Produktionsprozessen jeweils die primären Kosten anlastet, die bei der Fertigung der unterschiedlichen Produktarten angefallen sind. Für jeden Produktionsprozess werden die Herstellkosten für jede Erzeugnisart mit Hilfe einer ein- oder mehrstufigen Divisionskalkulation ermittelt.

Beispiel: Die Zuckerpuppen & Söhne GmbH produziert drei Erzeugnisarten: Schokoladentafeln, Pralinen und Fruchtgummi. Bei diesen drei Produkten handelt es sich um homogene Erzeugnisse, die durch den eigenen Außendienst an die Kunden vertrieben werden.

Die Tabelle 2.32 gibt eine Übersicht über die in der Abrechnungsperiode angefallenen Herstell-, Verwaltungs- und Vertriebskosten. Zusätzlich werden die Fertigungs- und Absatzmengen der Periode ersichtlich.

Tabelle 2.32 Mehrfache Divisionskalkulation (I)

	Schokoladentafeln	Pralinen	Fruchtgummi	Gesamt
Herstellkosten [in GE]	200.000	150.000	350.000	700.000
Verwaltungs- und Vertriebskosten [in GE]	50.000	50.000	100.000	200.000
Produktionsmengen [TME]	1.500	1.500	3.000	6.000
Absatzmengen [TME]	1.000	1.500	2.500	5.000

Unter Verwendung der Verrechnungssystematik der mehrfachen Divisionskalkulation werden die Herstellkosten der einzelnen Produkte anhand der Produktionsmengen auf die Produkte verteilt. Bei den Verwaltungs- und Vertriebskosten wird die Verteilung unter Zuhilfenahme der Absatzmengen vorgenommen. Durch Division der entsprechenden Kostenblöcke durch die zugehörigen Mengen resultieren die stückbezogenen Herstellkosten sowie die stückbezogenen Verwaltungs- und Vertriebskosten der einzelnen Produkte. Durch Addition dieser beiden Komponenten ergeben sich die Selbstkosten der jeweiligen Produkteinheiten. Die **Fehler! Ungültiger Eigenverweis auf Textmarke.** gibt eine Übersicht über die Kalkulationsergebnisse bei Verwendung einer mehrfachen Divisionskalkulation.

Tabelle 2.33 Mehrfache Divisionskalkulation (II)

	Schokoladentafeln	Pralinen	Fruchtgummi
Herstellkosten [GE/TME]	133,$\overline{3}$	100,00	116,67
Verwaltungs- und Vertriebskosten [GE/TME]	50,00	33,$\overline{3}$	40,00
Selbstkosten [GE/TME]	183,33	133,33	156,67

Im Folgenden sollen noch einmal Voraussetzungen für die Anwendung von Divisionskalkulationsverfahren zusammengefasst werden.

Einstufige Divisionskalkulation Der Einsatz der einstufigen Divisionskalkulation ist an die Erfüllung folgender Voraussetzungen im Unternehmen gebunden:

- Es wird nur eine homogene Erzeugnisart hergestellt.
- Es erfolgen keine Lagerbestandsveränderungen an unfertigen Erzeugnissen.
- Es finden keine Lagerbestandsveränderungen an fertigen Erzeugnissen statt.

Die Kostenverursachung muss bei der einstufigen Divisionskalkulation somit völlig homogen sein. Dies bedeutet, dass sämtliche Kosten des Unternehmens durch die abgesetzten Produkteinheiten gleichmäßig verursacht werden. Eine Aufteilung des Kostenblocks ist bei Erfüllung dieser Prämisse nicht erforderlich. Da die einstufige Divisionskalkulation nur anwendbar ist, wenn alle drei Voraussetzungen gleichzeitig erfüllt sind, ist sie in der Praxis kaum relevant.[212]

Mehrstufige Divisionskalkulation Der Einsatz der mehrstufigen Divisionskalkulation bedingt, dass folgende Voraussetzungen im Unternehmen erfüllt sein müssen:[213]

- Es wird nur eine homogene Erzeugnisart hergestellt.
- Lagerbestandsveränderungen an fertigen und unfertigen Erzeugnissen können durch das Verfahren berücksichtigt werden.
- Es ist eine Aufteilung der Gesamtkosten in die Kostenblöcke *Herstellkosten* sowie *Verwaltungs- und Vertriebskosten* vorzunehmen.

Zur Beurteilung der praktischen Relevanz der mehrstufigen Divisionskalkulation ist anzumerken, dass nur wenige Unternehmen sich auf die Herstellung eines Produktes beschränken. Daher ist die mehrstufige Divisionskalkulation auch nur für wenige Unternehmen von Bedeutung.

Mehrfache Divisionskalkulation Der korrekte Einsatz der mehrfachen Divisionskalkulation erfordert, dass folgende Voraussetzungen im Unternehmen erfüllt sein müssen:[214]

---

[212] Vgl. Haberstock (2005), S. 149.
[213] Vgl. Haberstock (2005), S. 150–153.
[214] Vgl. Kloock et al. (2005), S. 149–150.

- Mehrere Erzeugnisarten werden in unterschiedlichen Fertigungsprozessen hergestellt, wobei Lagerbestandsveränderungen berücksichtigt werden können.
- Der Gesamtkostenblock ist auf die verschiedenen zu berücksichtigenden Produktionsprozesse aufgeteilt.

Im Vergleich mit der ein- bzw. mehrstufigen Divisionskalkulation ist die praktische Relevanz der mehrfachen Divisionskalkulation höher einzustufen, da sie auf unterschiedliche, voneinander unabhängige Fertigungsprozesse Bezug nimmt.

Trotz der teilweise eingeschränkten praktischen Relevanz stellen die Varianten der Divisionskalkulation eine methodische Basis für die im Folgenden zu behandelnden Kalkulationsverfahren dar. Die Kenntnis der Varianten der Divisionskalkulation erleichtert das Verständnis der komplexeren Kalkulationsverfahren.

Äquivalenzziffernkalkulation Die Äquivalenzziffernkalkulation ist eine Variante der Divisionskalkulation. Bei der Divisionskalkulation wurde – mit Ausnahme der mehrfachen Divisionskalkulation – ein Einproduktunternehmen unterstellt. Die mehrfache Divisionskalkulation stellt in Bezug auf die Produktions- und Kostenstruktur auf unterschiedliche Produkte ab. Mit der Äquivalenzziffernkalkulation lässt sich eine Kalkulation für einander ähnliche Produkte durchführen.

Mit der Äquivalenzziffernkalkulation ist es möglich, Herstell- und Selbstkosten verschiedener Produktarten zu ermitteln. Voraussetzung ist dabei, dass die Produkte bei der Herstellung die gleichen (oder die annähernd gleichen) Fertigungsstellen durchlaufen, also eine Sortenfertigung vorliegt.[215] Unternehmen mit einer solchen Fertigungsstruktur sind bspw. Brauereien, Ziegeleien oder Sägewerke. Verschiedene Biersorten sind in ihren Herstellungsverfahren einander ähnlich. Aufgrund der Ähnlichkeit der Fertigungsstruktur ist auch die Kostenstruktur ähnlich. Unterschiede in der Kostenstruktur werden in der Kalkulation durch sog. Äquivalenzziffern ausgedrückt.

Bei Äquivalenzziffern handelt es sich um Verhältniszahlen. Sie geben an, in welchem Verhältnis die Kosten einer Produktsorte zu den Kosten einer als Basis dienenden Einheitsproduktsorte stehen. Die Einheitsproduktart erhält im Rahmen der Kalkulation in der Regel die Äquivalenzziffer „1" zugewiesen. Eine Äquivalenzziffer von „1,75" besagt bspw., dass die betrachtete Produktart um 75 % höhere Kosten im Vergleich zur Einheitsproduktart verursacht.[216] Äquivalenzziffern werden auf Basis einer be-

---

[215] Vgl. Kloock et al. (2005), S. 150–152.
[216] Vgl. Fandel et al. (2004), S. 166.

stimmten Produktions- und Kostenstruktur berechnet und können solange als konstant angesehen werden, wie sich keine Veränderungen bei den Herstellungsverfahren oder anderen Sachverhalten mit Einfluss auf die Kostenstruktur ergeben.[217]

Bei der Berechnung der Äquivalenzziffern muss eine Größe – wie z. B. die Fertigungszeiten oder die Rohstoffinanspruchnahme – gewählt werden, für die ein proportionales Verhalten der Stückherstellkosten angenommen wird. Die Äquivalenzziffern bringen einen konstanten Zusammenhang zwischen der Höhe der Stückkosten und der Bezugsgröße zum Ausdruck. Hierbei wird der Bezugsproduktart die Äquivalenzziffer „1" zugeordnet. Den anderen Produktarten werden auf Basis von Hypothesen Äquivalenzziffern entsprechend der gewählten Bezugsgröße zugeordnet, durch die das Verhältnis der Stückkosten eines Kostenträgers zu denjenigen der Bezugsproduktart repräsentiert wird.[218] Soll bspw. eine Sorte – auf Basis der geschätzten Kostenverhältnisse – mit 10 % höheren Kosten pro Stück belastet werden, erhält sie kalkulatorisch die Äquivalenzziffer „1,1" zugewiesen. Wenn dagegen eine andere Sorte 50 % weniger Kosten tragen soll als die Einheitsproduktart, erhält sie die Äquivalenzziffer „0,5" zugeordnet. Durch die Verwendung der Äquivalenzziffern werden die hergestellten Produkteinheiten der verschiedenen Sorten vergleichbar gemacht, indem sie in Einheiten der Basissorte umgerechnet werden.[219]

Bei dem beschriebenen Vorgehen werden die ursprünglichen Produktionsmengen in eine Produktionsmenge der Basissorte umgerechnet, die der tatsächlichen Produktion äquivalent ist. Dabei sollten die Gesamtkosten in etwa mit denjenigen übereinstimmen, die im Falle der Herstellung einer äquivalenten Menge der Basissorte angefallen wären. Mit dieser äquivalenten Menge der Basissorte – auch als Summe der Rechnungseinheiten oder Gesamtrechnungsmenge bezeichnet – wird eine einstufige Divisionskalkulation durchgeführt. Diese ermittelt zunächst die Kosten für eine Einheit der Basissorte und erlaubt dann mit Hilfe der Äquivalenzziffern den Schluss auf die Herstellkosten der einzelnen Sorten.

Beispiel: Der Schokoladenhersteller Zuckerpuppen & Söhne produziert fünf Schokoladensorten. Bei der Produktion der insgesamt 25 Mio. ME Schokolade sind Kosten in Höhe von 10 Mio. GE angefallen. Die gesamte Produktion teilt sich auf die verschiedenen Sorten entsprechend Tabelle 2.34 auf.

---

[217] Vgl. Kloock et al. (2005), S. 150.
[218] Vgl. Hummel u. Männel (1986), S. 277–278.
[219] Vgl. Hummel u. Männel (1986), S. 278.

Tabelle 2.34 Äquivalenzziffernkalkulation

Schokoladensorte	Äquivalenzziffer	Fertigungsmenge
Joghurt	0,8	3.000 TME
Vollmilch	1,0	10.000 TME
Nuss	1,1	6.000 TME
Noisette	1,2	3.500 TME
Marzipan	1,4	2.500 TME
Summe		**25.000 TME**

Die Äquivalenzziffern sind bei Einrichtung der Produktionsanlagen festgelegt worden.

Zur Durchführung der Äquivalenzziffernkalkulation sind zunächst die Produktionsmengen der einzelnen Sorten in Produktionsmengen der Einheitsproduktart *Vollmilchschokolade* umzurechnen. Die entsprechenden Einheitsmengen ergeben sich durch Multiplikation der Produktionsmengen der einzelnen Sorten mit den jeweiligen Äquivalenzziffern. Die Summation der Einheitsmengen ergibt einen Wert von 26,7 Mio. ME. Auf Basis dieser Summe und der gegebenen Gesamtherstellkosten in Höhe von 10 Mio. GE lassen sich die Herstellkosten pro Einheitsproduktmenge berechnen:

$$\text{Herstellkosten pro Einheitsmenge} = \frac{10.000\,\text{TGE}}{26.700\,\text{TME}} \approx 0,375\,\frac{\text{GE}}{\text{ME}}$$

Tabelle 2.35 Ergebnisse bei Verwendung der Äquivalenzziffernkalkulation

Schokoladen- sorte	Einheits- menge	Herstell- kosten pro Einheitsmenge	Herstellkosten pro Sorte	Herstell- kosten pro Produkteinheit
Joghurt	2.400 TME	$0,375\,\frac{\text{GE}}{\text{ME}}$	898.876 GE	$0,300\,\frac{\text{GE}}{\text{ME}}$
Vollmilch	10.000 TME	$0,375\,\frac{\text{GE}}{\text{ME}}$	3.745.318 GE	$0,375\,\frac{\text{GE}}{\text{ME}}$
Nuss	6.600 TME	$0,375\,\frac{\text{GE}}{\text{ME}}$	2.471.910 GE	$0,412\,\frac{\text{GE}}{\text{ME}}$
Noisette	4.200 TME	$0,375\,\frac{\text{GE}}{\text{ME}}$	1.573.034 GE	$0,449\,\frac{\text{GE}}{\text{ME}}$
Marzipan	3.500 TME	$0,375\,\frac{\text{GE}}{\text{ME}}$	1.310.861 GE	$0,524\,\frac{\text{GE}}{\text{ME}}$
Summe	**26.700 TME**		**10.000.000 GE**	

Durch die Multiplikation der Herstellkosten pro Einheitsmenge mit den entsprechenden Einheitsmengen der Sorten resultieren die gesamten Herstellkosten pro Sorte. Die Division der Herstellkosten pro Sorte durch die

Fertigungsmengen der jeweiligen Sorten führt zu den Herstellkosten pro Produkteinheit der betrachteten Sorte. Der Tabelle 2.35[220] kann bspw. entnommen werden, dass eine Tafel Marzipanschokolade Herstellkosten in Höhe von 0,524 GE verursacht.

In Analogie zur Divisionskalkulation kann auch die Äquivalenzziffernkalkulation in einer ein-, zwei- oder mehrstufigen Form durchgeführt werden. Dabei wiederholt sich auf jeder Stufe das einstufige Verfahren.[221]

Zuschlagskalkulation
Die Zuschlagskalkulation wird angewendet, wenn die Voraussetzungen der Divisionskalkulation nicht vorliegen, d. h. wenn in einem Betrieb

- verschiedene Arten von Produkten
- in mehrstufigen Produktionsabläufen
- bei unterschiedlicher Kostenverursachung
- und laufender Veränderung der Lagerbestände an Halb- und Fertigfabrikaten

hergestellt werden. Diese Konstellation ist bspw. bei Serien- und Einzelfertigungen gegeben. Im Gegensatz zur Divisionsrechnung wird bei den Zuschlagskalkulationen eine Aufteilung der Kosten in Einzel- und Gemeinkosten vorgenommen. Die Einzelkosten werden den Kostenträgern direkt zugerechnet, während die Gemeinkosten den Kostenträgern indirekt mit Hilfe von Bezugsgrößen und Zuschlagssätzen „zugeschlagen" werden.[222] Prinzipiell sollten dabei möglichst viele Kosten als Einzelkosten erfasst werden. Als Begründung hierfür ist anzuführen, dass jede Kostenschlüsselung stets mit einer Ungenauigkeit behaftet ist. An dieser Stelle sei daran erinnert, dass eine Zurechnung von echten Gemeinkosten per definitionem nicht verursachungsgerecht vorgenommen werden kann und es daher lediglich darum gehen kann, sich dem Prinzip der Verursachungsgerechtigkeit möglichst weit anzunähern.[223]

In Analogie zur Divisionskalkulation sind auch bei der Zuschlagskalkulation mehrere Verfahren zu differenzieren. Bei der Zuschlagskalkulation wird zwischen der *summarischen* und der *elektiven* Zuschlagskalkulation unterschieden. Die Verfahren unterscheiden sich dabei nach Art und Anzahl der Gemeinkostenzuschlagssätze.

---

[220] Die Berechnung der Herstellkosten pro Sorte und pro Produkteinheit erfolgte mit den exakten Werten, während die Herstellkosten pro Einheitsmenge auf drei Nachkommastellen gerundet wurden.
[221] Vgl. Freidank (2008), S. 163.
[222] Vgl. Haberstock (2005), S. 157.
[223] Vgl. Hummel u. Männel (1986), S. 285.

Summarische Zuschlagskalkulation. Bei der summarischen Zuschlagskalkulation werden die Gemeinkosten eines Unternehmens *nicht* kostenstellenbezogen, sondern lediglich für das Gesamtunternehmen berechnet. Der Vorteil dieser Vorgehensweise liegt darin, dass eine Kostenstellenrechnung nicht notwendig ist. Die gesamten Gemeinkosten eines Unternehmens werden anhand einer einzigen Bezugsgröße auf die Kostenträger verrechnet. Die Zuschlagsbasis bildet die Summe ausgewählter Arten von Einzelkosten, wie z. B. die Einzelmaterialkosten oder die Einzellohnkosten.[224] Bei der Ermittlung des Zuschlagssatzes werden die gesamten Gemeinkosten zur Summe der jeweiligen Einzelkosten in Beziehung gesetzt. M. a. W. resultiert der Zuschlagssatz aus der Division der gesamten Gemeinkosten durch die relevanten Einzelkosten. Auf Basis des Zuschlagssatzes können die Kosten eines Kostenträgers wie folgt ermittelt werden:

$$\text{Kosten des Kostenträgers} = \text{Einzelkosten} + \text{Einzelkosten} \cdot \text{Zuschlagssatz}$$

Der Zuschlagssatz gibt demzufolge an, welcher prozentuale Anteil der Einzelkosten auf die Einzelkosten eines Kostenträgers aufgeschlagen werden muss, um diesem einen Anteil an den Gemeinkosten zuzurechnen.[225] Dabei wird eine konstante Proportionalität von Einzelkosten und Gemeinkosten bei allen Kostenträgern unterstellt, ohne dass dabei zuvor irgendwelche kausaltheoretischen Analysen stattgefunden hätten. Die skizzierte Vorgehensweise bringt eine Vereinfachung mit sich. Da keine Differenzierung der Gemeinkosten nach Kostenstellen erfolgt, ist ein BAB für die Kalkulation der Kostenträger nicht erforderlich.[226]

Beispiel: Während einer Abrechnungsperiode sind bei der Zuckerpuppen & Söhne GmbH die aus Tabelle 2.36 ersichtlichen Kosten angefallen.

Tabelle 2.36 Summarische Zuschlagskalkulation (I)

Kostenart	Kosten
Fertigungsmaterial	500.000 GE
Fertigungslöhne	750.000 GE
Sondereinzelkosten der Fertigung	80.000 GE
Gemeinkosten	400.000 GE

---

[224] Vgl. Freidank (2008), S. 165.
[225] Vgl. Kloock et al. (2005), S. 155–156.
[226] Für eine Kostenkontrolle in den Kostenstellen ist die Kostenstellenrechnung jedoch notwendig.

Als Zuschlagsgrundlage kommen folgende Einzelkosten in Betracht:

- Summe der Einzelmaterialkosten (Fertigungsmaterial)
- Summe der Einzellohnkosten (Fertigungslohn)
- Summe aller Einzelkosten (d. h. inkl. Sondereinzelkosten der Fertigung)

Für die aufgeführten Zuschlagsgrundlagen werden folgende Zuschlagssätze berechnet:

Materialeinzelkosten:

$$\frac{\text{Gemeinkosten} \cdot 100\%}{\text{Materialeinzelkosten}} = \frac{400.000\,\text{GE} \cdot 100\%}{500.000\,\text{GE}} = 80,00\%$$

Fertigungseinzelkosten:

$$\frac{\text{Gemeinkosten} \cdot 100\%}{\text{Fertigungslöhne}} = \frac{400.000\,\text{GE} \cdot 100\%}{750.000\,\text{GE}} \approx 53,33\%$$

Gesamte Einzelkosten:

$$\frac{\text{Gemeinkosten} \cdot 100\%}{\text{gesamte Einzelkosten}} = \frac{400.000\,\text{GE} \cdot 100\%}{1.330.000\,\text{GE}} \approx 30,08\%$$

Auf Basis der drei Zuschlagssätze soll eine Kalkulation für ein Produkt vorgenommen werden, das 1.200 GE an Materialeinzelkosten, 1.450 GE an Fertigungseinzelkosten sowie 250 GE an Sondereinzelkosten der Fertigung verursacht hat. Die resultierenden Selbstkosten sind Tabelle 2.37 zu entnehmen.

Tabelle 2.37 Summarische Zuschlagskalkulation (II)

	Zuschlagsgrundlage		
	Material-einzelkosten	**Fertigungs-einzelkosten**	**gesamte Einzelkosten**
Materialeinzelkosten	$1.200\,\frac{\text{GE}}{\text{ME}}$	$1.200\,\frac{\text{GE}}{\text{ME}}$	$1.200\,\frac{\text{GE}}{\text{ME}}$
Fertigungseinzelkosten	$1.450\,\frac{\text{GE}}{\text{ME}}$	$1.450\,\frac{\text{GE}}{\text{ME}}$	$1.450\,\frac{\text{GE}}{\text{ME}}$
Sondereinzelkosten der Fertigung	$250\,\frac{\text{GE}}{\text{ME}}$	$250\,\frac{\text{GE}}{\text{ME}}$	$250\,\frac{\text{GE}}{\text{ME}}$
Gemeinkostenzuschlagssatz	80,00 %	53,33 %	30,08 %
Zu verrechnende Gemeinkosten	$960,00\,\frac{\text{GE}}{\text{ME}}$	$773,28\,\frac{\text{GE}}{\text{ME}}$	$872,32\,\frac{\text{GE}}{\text{ME}}$
Selbstkosten	$\mathbf{3.860,00\,\frac{GE}{ME}}$	$\mathbf{3.673,28\,\frac{GE}{ME}}$	$\mathbf{3.772,32\,\frac{GE}{ME}}$

Aus Tabelle 2.37 wird ersichtlich, dass die Höhe der Selbstkosten pro Einheit mit dem jeweiligen Zuschlagssatz differiert. Das Beispiel zeigt, dass bei Anwendung nur einer Bezugsgröße für die Verrechnung des gesamten Gemeinkostenblocks die Kalkulation grob bleiben muss. Die Verwendung einer einzigen Zuschlagsbasis kann das reale Kostenverhalten nicht exakt abbilden. Der Bezug der Kostenträgergemeinkosten auf die Summe der Kostenträgereinzelkosten berücksichtigt bspw. nicht, wie stark die Herstellung und der Verkauf eines Produktes die einzelnen Unternehmensbereiche in Anspruch nehmen. Deutlich wird dies am Beispiel eines Produkts, das in hohem Maß aus fremdbezogenen Teilen erstellt wird. Bei identischen Einzelkosten eines überwiegend selbst erstellten bzw. eines überwiegend fremd erstellten Produkts würden beiden Kostenträgern auf Basis der summarischen Zuschlagskalkulation dieselben Gemeinkosten zugewiesen. Diese pauschale Verrechnung der Gemeinkosten berücksichtigt nicht, dass das Produkt mit den überwiegend fremd bezogenen Teilen die Fertigungskapazitäten des Betriebes in wesentlich geringerem Umfang in Anspruch genommen hat.[227] Die Unterschiedlichkeit der beschriebenen Fälle kann durch die Verwendung der summarischen Zuschlagskalkulation nicht berücksichtigt werden.

Elektive Zuschlagskalkulation. Im Gegensatz zur summarischen Zuschlagskalkulation werden bei Anwendung der elektiven Zuschlagskalkulation die Gemeinkosten in mehrere Teilbeträge aufgeteilt und die verschiedenen Gemeinkostenbeträge den absatzbestimmten Kostenträgern nach Maßgabe unterschiedlicher Zuschlagsgrundlagen angelastet.[228]

Bei der elektiven Zuschlagskalkulation ist zwischen der elektiven Zuschlagskalkulation *ohne* Rückgriff auf die Kostenstellenrechnung und der elektiven Zuschlagskalkulation *mit* Rückgriff auf die Kostenstellenrechnung zu unterscheiden. Die elektive Zuschlagskalkulation ohne Rückgriff auf die Kostenstellenrechnung kann als eine Verfeinerung der summarischen Zuschlagskalkulation aufgefasst werden. Beiden Verfahren ist gemeinsam, dass sie auf eine Kostenstellenbildung verzichten. Der Unterschied der beiden Verfahren liegt darin, dass die summarische Zuschlagskalkulation die gesamten Gemeinkosten lediglich auf eine Bezugsbasis bezieht, während die elektive Zuschlagskalkulation ohne Rückgriff auf die Kostenstellenrechnung die gesamten Gemeinkosten bereits in der Kosten*arten*rechnung in Gruppen einteilt. Jede dieser Gruppen wird im Rahmen der Kalkulation separat in Relation zu einer eigenständigen Zuschlagsgrundlage gesetzt. Die elektive Zuschlagskalkulation ohne Rückgriff auf

---

[227] Vgl. Hummel u. Männel (1986), S. 287–288.
[228] Vgl. Kloock et al. (2005), S. 156–157.

die Kostenstellenrechnung bezieht durch die Aufteilung der Gemeinkosten bspw. die Gruppe der Materialgemeinkosten auf die Materialeinzelkosten und die Fertigungsgemeinkosten auf die Fertigungseinzelkosten (vgl. Tabelle 2.38), ohne hierbei nach Kostenstellen zu differenzieren.

Tabelle 2.38 Zuschlagsbasen der elektiven Zuschlagskalkulation ohne Rückgriff auf die Kostenstellenrechnung

Gemeinkostengruppe	Zuschlagsbasis
Materialgemeinkosten	Materialeinzelkosten
Fertigungsgemeinkosten	Fertigungseinzelkosten
sonstige Gemeinkosten	Summe der Einzelkosten

Durch die Verfeinerung der Zuschlagssystematik im Rahmen der elektiven Zuschlagskalkulation soll eine vermutete proportionale Beziehung zwischen spezifischen Gemeinkosten und Einzelkosten genauer repräsentiert werden. Dieses Verfahren wird bspw. in Handwerksbetrieben angewendet. Für dieses Verfahren werden sich Unternehmen insbesondere aufgrund der leichten Handhabung – d. h. wegen des Verzichts auf die Kostenstellenrechnung – entscheiden. Wegen dieses Verzichts auf eine Kostenstellenrechnung hat die Exaktheit des Verfahrens jedoch Grenzen. Das Verfahren der elektiven Zuschlagskalkulation *ohne* Rückgriff auf die Kostenstellenrechnung soll nun anhand eines Zahlenbeispiels veranschaulicht werden.

Beispiel: Während einer Abrechnungsperiode sind in einem Unternehmen die aus Tabelle 2.39 ersichtlichen Kosten angefallen.

Tabelle 2.39 Elektive Zuschlagskalkulation ohne Rückgriff auf die Kostenstellenrechnung (I)

Einzelkosten	
Fertigungsmaterial	500.000 GE
Fertigungslohn	750.000 GE
Sondereinzelkosten der Fertigung	80.000 GE
Gemeinkosten	
Materialgemeinkosten	140.000 GE
Fertigungsgemeinkosten	170.000 GE
sonstige Gemeinkosten	90.000 GE

Auf Basis dieser Kosten lassen sich die der Tabelle 2.40 zu entnehmenden Zuschlagssätze für jede Gemeinkostengruppe berechnen.

Tabelle 2.40 Elektive Zuschlagskalkulation ohne Rückgriff auf die Kostenstellenrechnung (II)

Gemeinkostengruppe	Zuschlagsbasis	Zuschlagssatz
Materialgemeinkosten	Fertigungsmaterial	$\dfrac{140.000 \text{ GE}}{500.000 \text{ GE}} = 28{,}00\%$
Fertigungsgemeinkosten	Fertigungslohn	$\dfrac{170.000 \text{ GE}}{750.000 \text{ GE}} \approx 22{,}67\%$
sonstige Gemeinkosten	Summe der Einzelkosten	$\dfrac{90.000 \text{ GE}}{1.330.000 \text{ GE}} \approx 6{,}77\%$

Es soll auf Basis dieser Zuschlagssätze eine Kalkulation der Selbstkosten gemäß der elektiven Zuschlagskalkulation ohne Rückgriff auf die Kostenstellenrechnung für ein Produkt durchgeführt werden, das 1.200 GE an Materialeinzelkosten, 1.450 GE an Fertigungslöhnen und 250 GE an Sondereinzelkosten der Fertigung verursacht (vgl. Tabelle 2.41).

Tabelle 2.41 Elektive Zuschlagskalkulation ohne Rückgriff auf die Kostenstellenrechnung (III)

Materialeinzelkosten	$1.200{,}00 \dfrac{\text{GE}}{\text{ME}}$	
Materialgemeinkosten	$336{,}00 \dfrac{\text{GE}}{\text{ME}}$	$\left(= 1.200 \dfrac{\text{GE}}{\text{ME}} \cdot 28{,}00\,\%\right)$
Fertigungslöhne	$1.450{,}00 \dfrac{\text{GE}}{\text{ME}}$	
Fertigungsgemeinkosten	$328{,}72 \dfrac{\text{GE}}{\text{ME}}$	$\left(= 1.450 \dfrac{\text{GE}}{\text{ME}} \cdot 22{,}67\,\%\right)$
Sondereinzelkosten der Fertigung	$250{,}00 \dfrac{\text{GE}}{\text{ME}}$	
sonstige Gemeinkosten	$16{,}93 \dfrac{\text{GE}}{\text{ME}}$	$\left(= 250 \dfrac{\text{GE}}{\text{ME}} \cdot 6{,}77\,\%\right)$
Selbstkosten pro Stück	$\mathbf{3.581{,}65 \dfrac{\text{GE}}{\text{ME}}}$	

In den bisher betrachteten Verfahren der Zuschlagskalkulation wurden die Gemeinkosten unternehmensweit berechnet und dann den Kostenträgern zugerechnet. Dies impliziert, dass bei den bisher behandelten Verfahren der Zuschlagskalkulation auf eine Kostenstellenrechnung und damit auf einen BAB (zumindest aus Sicht der Kostenträgerrechnung) verzichtet werden konnte. Bei der jetzt zu behandelnden elektiven Zuschlagskalkulation *mit* Rückgriff auf die Kostenstellenrechnung werden die Gemeinkosten nicht mehr unternehmensweit ermittelt, sondern nach Kostenstellen differenziert ausgewiesen. Anschließend werden die Gemeinkosten mit kostenstellenspezifischen Zuschlagssätzen auf die Kostenträger verrechnet.

Aus diesem Grund wird die elektive Zuschlagskalkulation mit Rückgriff auf die Kostenstellenrechnung auch als differenzierte Zuschlagskalkulation bezeichnet.

Das Ziel der Ermittlung kostenstellenspezifischer Zuschlagssätze liegt in einer möglichst verursachungsgemäßen Verteilung der Gemeinkosten auf die Kostenträger.[229] Zu diesem Zweck werden Zuschlagsbasen verwendet, von denen man einen möglichst weitgehend kausalen Bezug zur Entstehung der Gemeinkosten annimmt. Hierbei handelt es sich um eine Hypothese, um deren Verifizierung man sich üblicherweise nicht bemüht. Schließt doch der Begriff der Gemeinkosten eine präzise kausale Analyse ihrer Entstehung fast völlig aus.

Bei der Berechnung der Zuschlagssätze kann auf solche Größen zurückgegriffen werden, die bereits im Rahmen der Kostenstellenrechnung ermittelt wurden. Die folgenden Berechnungsschritte orientieren sich an den vier wichtigsten Kosteneinflussbereichen eines Fertigungsunternehmens, nämlich Material, Fertigung, Verwaltung und Vertrieb. Das Grundschema der elektiven Zuschlagskalkulation mit Rückgriff auf die Kostenstellenrechnung ist Abb. 2.43 zu entnehmen. Die Verteilung der Gemeinkosten erfolgt für jeden Kostenträger schrittweise, und zwar proportional zu den entsprechenden Bezugsgrößen.

Zur Berechnung der Materialkosten pro Mengeneinheit werden zunächst die Materialeinzelkosten ausgewiesen und die Materialgemeinkosten aufsummiert. Als Bezugsgröße für die Schlüsselung der Materialgemeinkosten dienen i. d. R. die Materialeinzelkosten. Somit werden die Materialgemeinkosten pro Mengeneinheit als Prozentsatz der Materialeinzelkosten pro Mengeneinheit berechnet. Wenn der Materialbereich in verschiedene Kostenstellen eingeteilt wird, kann für jede Kostenstelle ein eigener Zuschlagssatz berechnet werden.

Im nächsten Schritt werden Fertigungskosten pro Mengeneinheit bestimmt. Diese ergeben sich aus der Summe der pro Mengeneinheit angefallenen Fertigungseinzelkosten zzgl. der Fertigungsgemeinkosten. Das dargestellte Berechnungsschema kann erweitert werden, indem der Fertigungsbereich in mehrere Kostenstellen unterteilt wird – bspw. in Dreherei, Fräserei und Schleiferei – und für jede Kostenstelle entsprechende Zuschlagssätze verwendet werden. Sind Sondereinzelkosten der Fertigung angefallen, müssen sie als Einzelkosten berücksichtigt werden. Durch Addition der Material- und Fertigungskosten pro Mengeneinheit, ergeben sich die *Herstell*kosten pro Mengeneinheit. Die Herstellkosten dienen in der Regel als Bezugsgröße für die Verteilung der Gemeinkosten des Verwaltungs- und Vertriebsbereiches.

---

[229] Vgl. Kloock et al. (2005), S. 155.

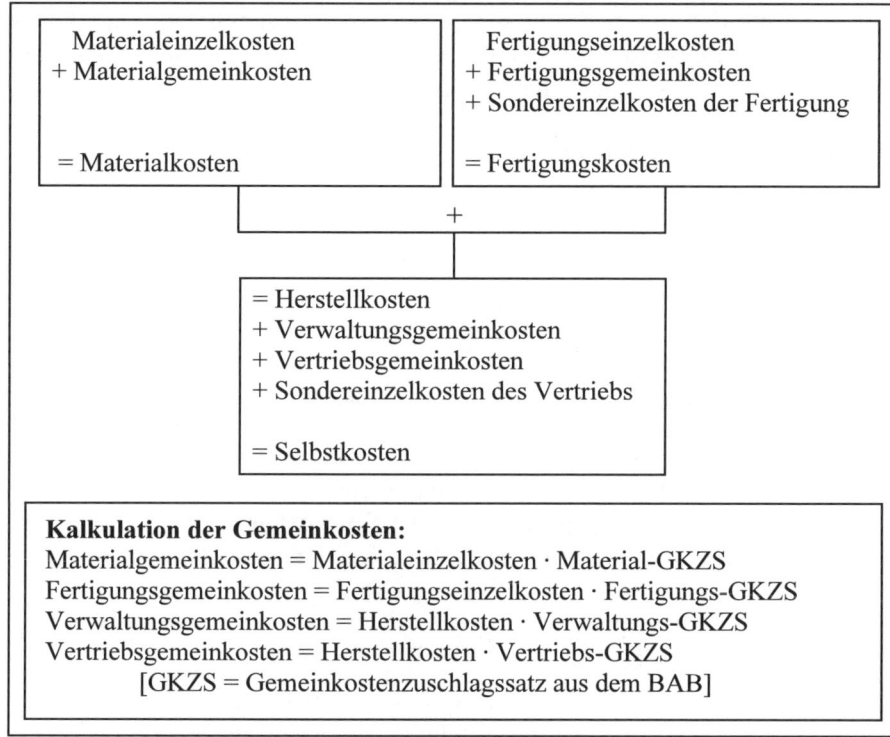

Abb. 2.43 Grundschema der elektiven Zuschlagskalkulation mit Rückgriff auf die Kostenstellenrechung

Verwaltungs- und Vertricbsgemeinkosten werden anhand von entsprechenden Zuschlagssätzen auf die Herstellkosten berechnet. Die Summe aus Herstellkosten, Verwaltungs- und Vertriebsgemeinkosten sowie etwaigen Sondereinzelkosten des Vertriebes führt schließlich zu den *Selbst*kosten pro Stück.

Beispiel: Der Produktionsprozess eines Produktes nimmt insgesamt fünf Kostenstellen (zwei Materialstellen und drei Hauptstellen) in Anspruch.

Tabelle 2.42 Ausgangsdaten für elektive Zuschlagskalkulation – Einzelkosten

Kostenart	Kosten
Einzelkosten der Materialstelle A	600 GE
Einzelkosten der Materialstelle B	850 GE
Fertigungslohn der Hauptstelle A	270 GE
Fertigungslohn der Hauptstelle B	430 GE
Fertigungslohn der Hauptstelle C	100 GE
Sondereinzelkosten des Vertriebs	120 GE

Bei der Kalkulation des Produktes gilt es, die in Tabelle 2.42 enthaltenen Einzelkosten zu berücksichtigen. Die Gemeinkostenzuschlagssätze der fünf Kostenstellen sind in Tabelle 2.43 dargestellt.

Tabelle 2.43 Ausgangsdaten für elektive Zuschlagskalkulation – Gemeinkostenzuschlagssätze

Kostenstelle	Zuschlagssatz
Materialstelle A	7,70 %
Materialstelle B	9,80 %
Hauptstelle A	33,50 %
Hauptstelle B	25,70 %
Hauptstelle C	15,98 %

Die Verwaltungskosten werden mit 5,4 % und die Vertriebsgemeinkosten mit 4,9 % auf die Herstellkosten zugeschlagen.

Tabelle 2.44 stellt die Kalkulation der Selbstkosten mit Hilfe der elektiven Zuschlagskalkulation mit Rückgriff auf die Kostenstellenrechung dar.

Tabelle 2.44 Berechnung der Selbstkosten mittels elektiver Zuschlagskalkulation mit Rückgriff auf die Kostenstellenrechnung

	Betrag Materialstelle A	Betrag Materialstelle B
Materialeinzelkosten	$600,00\,\frac{GE}{ME}$	$850,00\,\frac{GE}{ME}$
Materialgemeinkosten	$46,20\,\frac{GE}{ME}$	$83,30\,\frac{GE}{ME}$
(GKZS$_A$ = 7,7 %) (GKZS$_B$ = 9,8 %)		
Materialkosten	$\mathbf{646,20\,\frac{GE}{ME}}$	$\mathbf{933,30\,\frac{GE}{ME}}$

	Betrag Hauptstelle A	Betrag Hauptstelle B	Betrag Hauptstelle C
Fertigungslohn	$270,00\,\frac{GE}{ME}$	$430,00\,\frac{GE}{ME}$	$100,00\,\frac{GE}{ME}$
Fertigungsgemeinkosten	$90,45\,\frac{GE}{ME}$	$110,51\,\frac{GE}{ME}$	$15,98\,\frac{GE}{ME}$
(GKZS$_A$ = 33,50 %) (GKZS$_B$ = 25,70 %) (GKZS$_C$ = 15,98 %)			
Fertigungskosten	$\mathbf{360,45\,\frac{GE}{ME}}$	$\mathbf{540,51\,\frac{GE}{ME}}$	$\mathbf{115,98\,\frac{GE}{ME}}$

	Betrag	Anmerkung
Herstellkosten	$2.596{,}44 \frac{GE}{ME}$	*(= 646,20 + 933,30 + 360,45 + 540,51 + 115,98)*
Verwaltungsgemeinkosten ($GKZS_{Verw.} = 5{,}4\%$)	$140{,}21 \frac{GE}{ME}$	*(= 2.596,44 · 5,4 %)*
Vertriebsgemeinkosten ($GKZS_{Vertr.} = 4{,}9\%$)	$127{,}23 \frac{GE}{ME}$	*(=2.596,44 · 4,9 %)*
Sondereinzelkosten des Vertriebes	$120{,}00 \frac{GE}{ME}$	
Selbstkosten	$2.983{,}88 \frac{GE}{ME}$	

Die elektive Zuschlagskalkulation ist das allgemeingültigste der bisher dargestellten Kalkulationsverfahren. Dementsprechend können die anderen Verfahren der Zuschlagskalkulation als Spezialfälle der differenzierten Zuschlagskalkulation aufgefasst werden. In Bezug auf eine sich dem Verursachungsprinzip möglichst weit annähernde Verteilung der Gemeinkosten ist die differenzierte Zuschlagskalkulation als die am wenigsten verzerrende (d. h. von Prinzip der Verursachungsgerechtigkeit am wenigsten abweichende) Variante der Zuschlagskalkulation zu bezeichnen.

Verrechnungssatzkalkulation
Für die Verrechnungssatzkalkulation ist kennzeichnend, dass die Kosten einzelner Kostenstellen oder Kostenplätze proportional zu deren Leistungsvolumen verrechnet werden. Man bezieht die kostenstellenbezogenen Kosten einer Kostenstelle auf die Kostenstellenleistung und ermittelt so leistungsbezogene Verrechnungssätze. Diese Verrechnungssätze stellen eine Beziehung zwischen den Kosten der betrachteten Kostenstelle und ihrer in nicht-monetären (physischen) Größen gemessenen Leistung her:[230]

$$\frac{\text{leistungsbezogener}}{\text{Verrechnungssatz}} = \frac{\text{Kosten der Kostenstelle}}{\text{Leistung der Kostenstelle}} \qquad (2.27)$$

Im Gegensatz zu den Zuschlagskalkulationen basiert die Kostenzuordnung bei der Verrechnungssatzkalkulation (oder auch synonym: Bezugsgrößenkalkulation nicht auf Wert-, sondern auf Mengenschlüsseln – wie z. B. Maschinenlaufzeiten oder Anzahl der Arbeitsvorgänge – als Bezugsgrößen. Die Verrechnungssatzkalkulation orientiert sich an dem Leistungsvolumen der jeweiligen Kostenstelle oder des jeweiligen Kostenplatzes und verrechnet die entsprechenden Kosten proportional zu dieser Leistung. In Anlehnung an die Divisionskalkulation werden zur Ermittlung von spezifi-

---

[230] Vgl. auch Ossadnik u. Leistert (2002), Sp. 1166-1167.

schen Verrechnungssätzen die kostenstellen-/kostenplatzbezogenen Kosten durch die Leistungseinheiten der zugehörigen Kostenstelle bzw. des zugehörigen Kostenplatzes dividiert. Mittels der Verrechnungssatzkalkulation können den einzelnen Kostenträgern die Kostenstellengesamtkosten entsprechend der Leistungsinanspruchnahme in einem höherem Grade verursachungsgerecht – je nach Wahl der Zuschlagsgrundlage u. U. auch streng verursachungsgerecht – zugeordnet werden.

Die beschriebene Kostenverrechnung setzt die Existenz von Stücklisten, Produktions- und Arbeitsgangplänen voraus.[231] Aus diesem Grund ist die Verrechnungssatzkalkulation nur bei repetitiven Leistungserstellungsprozessen sinnvoll anwendbar. Zur Berücksichtigung der Inanspruchnahme der Maschinen (z. B. nach Bearbeitungszeit) durch die einzelnen Kostenträger und zur Differenzierung der einzelnen Maschinenkosten wird die Verrechnungssatzkalkulation bei der Kalkulation der einzelnen Kostenträger zu einer Maschinen(stunden)satzrechnung ausgebaut. Im Ergebnis ermöglicht eine Kostenplatzrechnung für einzelne Maschinen die Ermittlung eines spezifischen Satzes zur Verrechnung maschinenbezogener Gemeinkosten auf die Kostenträger.[232]

Beispiel: Basis für die Verrechnungssatzkalkulation der Maschinenlaufzeit der Zuckerpuppen & Söhne GmbH ist eine tägliche Laufzeit der Conchiermaschine von 16 Stunden (= 2 Schichten á 8 h). Insgesamt wird in dem Betrieb 48 Wochen pro Jahr gearbeitet, wobei eine 7-Tage-Woche gilt. Insgesamt wird daher von einer Maschinelaufzeit von

$$16 \text{ h} \cdot 7 \text{ Tage} \cdot 48 \text{ Wochen} = 5.376 \text{ h}$$

ausgegangen. Es fallen insgesamt maschinenbezogene Kosten in Höhe von 160.000 GE p. a. für Abschreibungen, Energieverbrauch sowie Reparatur- und Wartungsarbeiten an. Auf Basis dieser Daten lässt sich ein Verrechnungssatz von

$$\frac{160.000 \text{ GE}}{5.376 \text{ h}} = 29,76 \, \frac{\text{GE}}{\text{h}}$$

berechnen. Dieser Verrechnungssatz soll im Folgenden zur Kalkulation von drei Aufträgen verwendet werden, die die Maschine in unterschiedlichem Ausmaß in Anspruch nehmen und darüber hinaus unterschiedliche Einzelkosten aufweisen. Die Kalkulation der Herstellkosten der Aufträge kann der Tabelle 2.45 entnommen werden.

---

[231] Vgl. Kloock et al. (2005), S. 162–163.
[232] Vgl. Kloock et al. (2005), S. 162.

Tabelle 2.45 Beispiel zur Verrechnungssatzkalkulation

Auftrag	Einzelkosten	Maschinen-belegung	Zugerechnete Gemeinkosten	Herstellkosten
A	2.000 GE	10 h	297,62 GE	2.297,62 GE
B	4.000 GE	12 h	357,14 GE	4.357,14 GE
C	3.000 GE	14 h	416,67 GE	3.416,67 GE

Es werden die drei Aufträge A, B und C auf der Maschine zehn, zwölf bzw. vierzehn Stunden bearbeitet. Auftrag A weist Einzelkosten in Höhe von 2.000 GE, Auftrag B in Höhe von 4.000 GE und Auftrag C in Höhe von 3.000 GE auf. Bei Verwendung einer Zuschlagskalkulation müsste Auftrag B aufgrund der höchsten Einzelkosten auch die höchsten Gemeinkosten tragen. Bei Verwendung einer Verrechnungssatzkalkulation hat demgegenüber Auftrag C die höchsten Gemeinkosten zu tragen. Nimmt doch Auftrag C die Maschine im größten Umfang in Anspruch. Das Beispiel verdeutlicht, dass die Verrechnungssatzkalkulation geeignet ist, dem Kostenträger (d. h. den Aufträgen) die Gemeinkosten der Maschine verursachungsgerechter als bisher dargestellte Verfahren zuzurechnen.

Die Verrechnungssatzkalkulation eignet sich insbesondere für Unternehmen, in denen zahlreiche, komplexe sowie stark unterschiedliche Produkte hergestellt werden. Zur Durchführung der Verrechnungssatzkalkulation ist allerdings eine exakte Erfassung der Nutzung der verschiedenen Kostenstellen durch die Kostenträger, z. B. in Stücklisten, vorzunehmen. Das Verfahren ist bezüglich der Bereitstellung der notwendigen Informationen deutlich komplexer als die Zuschlagskalkulation.

Exkurs: Kalkulationsverfahren im Cost Accounting (I)

Im Cost Accounting werden verschiedene Kalkulationsverfahren angewendet, die sich ebenfalls nach der Art der Herstellung bzw. nach dem Herstellungsverbund zwischen den Produkten differenzieren lassen. Wird nach der Fertigungsart differenziert, so lassen sich prinzipiell Job Costing Systeme (bei Einzelfertigung) und Process Costing Systeme (bei Massenfertigung) unterscheiden.[233]

Als Formen der Bezugsgrößenkalkulation können im Cost Accounting Activity-Based Costing Systeme[234] angeführt werden. Durch die Anwendung dieser Systeme soll eine Fehlallokation von Indirect

---

[233] Vgl. Bhimani et al. (2008), S. 65–66.
[234] Vgl. auch Ossadnik u. Leistert (1999), S. 585–588; Ossadnik (2003), S. 123–139.

> Costs vermindert werden, indem eine zu grobe Durchschnittsbildung bei deren Verrechnung vermieden wird.[235] „Activity-based costing (ABC) refines a costing system by identifying individual activities as the fundamental cost objects."[236]

Verbundene Fertigung (Kuppelprodukte)

Die bisher dargestellten Kalkulationsverfahren eignen sich für Produktionsprozesse, in denen die verschiedenen Produkte unabhängig voneinander hergestellt werden und damit der Fall einer unverbundenen Produktion vorliegt. Daneben gibt es Produktionsprozesse, bei denen aus natürlichen oder technischen Gründen zwangsläufig verschiedene Produkte gemeinsam hergestellt werden bzw. anfallen. Dieser Fall wird auch als verbundene Fertigung bzw. als *Kuppelproduktion* bezeichnet.[237] Als Beispiele für Kuppelproduktionsprozesse lassen sich Kokereien (Koks, Gas, Teer, Benzol etc.) oder die Roheisengewinnung im Rahmen eines Hochofenprozesses (Roheisen, Gas, Schlacke) anführen.

Der Kuppelproduktionsprozess kann in starren Mengenrelationen der Kuppelprodukte ablaufen oder in gewissen Grenzen variabel sein. Die verschiedenen Produkte durchlaufen nach ihrer Entstehung grundsätzlich verschiedene Weiterverarbeitungsstufen und werden dort auch entsprechend unterschiedlich kalkuliert.

Das Ziel der Kuppelkalkulation besteht darin, die Gesamtkosten des Prozesses auf die einzelnen Kuppelprodukte zu verteilen. Hierbei sei angemerkt, dass eine verursachungsgerechte Kalkulation nicht möglich ist. Es lässt sich nicht im Sinne des Verursachungsprinzips beurteilen, welche Produkte welchen Anteil an den Gesamtkosten des Kuppelproduktionsprozesses verursacht haben. Die Produkte fallen gemeinsam an und verursachen daher aus theoretischer Sicht auch gemeinsam die Kosten. Aus diesem Grund scheitert der Versuch einer Aufteilung der Kosten nach dem Verursachungsprinzip. In den Fällen, in denen das Verursachungsprinzip nicht einzuhalten ist, kann man mit Hilfe des *Tragfähigkeits-* oder *Durchschnittsprinzips*[238] eine Näherungslösung anstreben.

In Theorie und Praxis sind zwei Kuppelkalkulationsmethoden entwickelt worden, die beide auf dem Grundgedanken der Divisionskalkulation basieren. Zur Beurteilung der Verfahren sei vorab angemerkt, dass beide Verfahren lediglich mehr oder weniger willkürliche Kalkulationsergebnis-

---

[235] Vgl. Bhimani et al. (2008), S. 347.
[236] Bhimani et al. (2008), S. 347.
[237] Vgl. hierzu im Folgenden Haberstock (2005), S. 166–168.
[238] Vgl. hierzu Kapitel 1.5.2.

se liefern können. Dennoch sollen im Folgenden die Verteilungsmethode und die Restwertmethode als Methoden zur Kalkulation von Kuppelprodukten dargestellt werden. Die *Verteilungsmethode* wird angewendet, wenn im Zuge des Kuppelproduktionsprozesses mehrere (zumindest annähernd) gleichbedeutende Produkte entstehen. Die *Restwertmethode* wird dagegen verwendet, wenn es ein eindeutiges Hauptprodukt gibt, bei dessen Produktion wirtschaftlich weniger bedeutsame Nebenprodukte anfallen.

Die Verteilungsmethode
Das Vorgehen der Verteilungsmethode besteht darin, die Kosten mit Hilfe einer Äquivalenzziffernrechnung auf die als gleichrangig angesehenen Kuppelprodukte zu verteilen. Es handelt sich bei der Verteilungsmethode somit um ein Schlüsselungsverfahren. Zunächst ist bei der Verteilungsmethode eine Schlüsselungsbasis zu bestimmen. Als Basis können bspw. die Gewichts- oder Volumeneinheiten oder auch der Heizwert der Produkte genommen werden. In der chemischen Industrie wird häufig das Molekulargewicht als Basis verwendet. Wenn als Basis der Verteilung die Marktpreise der Produkte Anwendung finden, wird die entsprechende Variante der Verteilungsmethode auch als *Marktwertmethode* bezeichnet.[239] Die Marktwertmethode soll im Folgenden näher betrachtet werden.

Die Marktwertmethode beruht auf dem Tragfähigkeitsprinzip. Die Vorgehensweise besteht darin, dass für jedes Produkt die Umsatzerlöse (hergestellte = verkaufte Menge multipliziert mit einem fiktiven Absatzpreis) bestimmt werden. Die Erlöse der einzelnen Produkte sind um ggf. vorliegende Folgekosten für die Weiterverarbeitung zu berichtigen. Die Zurechnung der Herstellkosten erfolgt dann proportional zu den Erlösen der einzelnen Kuppelprodukte. Dazu werden aus den Marktpreisen der Produkte die Äquivalenzziffern gebildet. Die Kosten werden dann entsprechend der Erlöse pro Stück (Marktpreise) verteilt.[240]

Beispiel: Ein Industrieunternehmen aus dem Chemiebereich stellt in einem Fertigungsprozess sechs Kuppelprodukte her. Die Ausgangsdaten des Beispiels sind aus Tabelle 2.46 ersichtlich.

Zur Kalkulation der Herstellkosten pro Tonne der einzelnen Erzeugnisse ist es erforderlich, Äquivalenzziffern zu berechnen:

$$z_a = \frac{HK}{\sum x_a \cdot p_a} = \frac{1.190.000\,GE}{1.400.000\,\frac{GE}{ME}} = 0,85\,ME$$

---

[239] Vgl. Kloock et al. (2005), S. 153–154.
[240] Vgl. Kloock et al. (2005), S.153.

Tabelle 2.46 Kuppelkalkulation mittels Marktwertmethode (I)

Produkt (a)	gesamte Herstellkosten des Kuppelproduktionsprozesses	Herstellmenge (x_a)	Marktpreise (p_a)
A		15.000 ME	$60 \frac{GE}{ME}$
B		6.000 ME	$50 \frac{GE}{ME}$
C	1.190.000 GE	3.000 ME	$30 \frac{GE}{ME}$
D		3.000 ME	$25 \frac{GE}{ME}$
E		2.000 ME	$15 \frac{GE}{ME}$
F		1.000 ME	$5 \frac{GE}{ME}$

Mit Hilfe der ermittelten Äquivalenzziffern lassen sich die gesamten Herstellkosten der Erzeugnisse berechnen. Dies geschieht durch Multiplikation der produktbezogenen Umsatzerlöse mit der Äquivalenzziffer. Durch Division dieser produktbezogenen Herstellkosten durch die hergestellte Menge resultieren die Herstellkosten pro ME des betrachteten Erzeugnisses. Die Tabelle 2.47 fasst die Ergebnisse der Kalkulation zusammen.

Tabelle 2.47 Kuppelkalkulation mittels Marktwertmethode (II)

Erzeugnis-art	Verkaufs-erlöse ($p_a \cdot x_a$)	Äquivalenz-ziffer (z_a)	produktbezogene Herstellkosten ($HKa = z_a \cdot x_a \cdot p_a$)	Herstellkosten pro ME
A	900.000 GE	0,85	765.000 GE	51,00 GE
B	300.000 GE	0,85	255.000 GE	42,50 GE
C	90.000 GE	0,85	76.500 GE	25,50 GE
D	75.000 GE	0,85	63.750 GE	21,25 GE
E	30.000 GE	0,85	25.500 GE	12,75 GE
F	5.000 GE	0,85	4.250 GE	4,25 GE
Summe	**1.400.000 GE**		**1.190.000 GE**	

Bei Anwendung der Marktwertmethode werden die Kosten des Kuppelprozesses proportional zu den Verkaufserlösen verteilt. Solange die insgesamt erzielten Erlöse größer sind als die Gesamtkosten, wird für jedes Produkt ein positiver Erfolg ermittelt. Von der Vorgehensweise her ist es unerheblich, ob – wie im Beispiel – die Marktpreise als Bezugsgröße genommen werden oder z. B. das Gewicht der Produkte. Formal ergibt sich hierbei kein Unterschied. Die Gesamtkosten werden stets durch die Bezugsgröße dividiert und anschließend den Produkten zugerechnet.

Restwertmethode

Bei der Restwertmethode werden die Kosten nach dem Tragfähigkeitsprinzip auf die Kuppelprodukte verteilt. Die Kuppelprodukte werden in eine Hauptproduktart und eine oder mehrere Neben- bzw. Abfallproduktarten unterteilt, die bei der Kostenzurechnung unterschiedlich behandelt werden. Kennzeichen für die Hauptproduktart ist, dass die Herstellung geplant und die Bedeutung für das Unternehmen hoch ist. Die übrigen Erzeugnisse, deren Herstellung entweder nicht angestrebt oder deren Bedeutung niedrig ist, werden den Nebenproduktarten zugeordnet.

Die Nebenproduktarten müssen Kosten in Höhe ihrer Erlöse tragen, u. U. vermindert um die bei der Weiterverarbeitung entstehenden Folgekosten. Die Kosten der Nebenproduktarten entsprechen dann den Erlösen. Es entsteht weder ein Gewinn, noch ein Verlust. Nebenproduktarten, die zwar Kosten verursachen, aber keinen Erlös erwirtschaften, belasten die Hauptproduktart zusätzlich mit Vernichtungskosten.

Die Hauptproduktart hat alle Kosten zu tragen, die nach der Zurechnung auf die Nebenproduktarten noch verbleiben. Sollten die Erlöse der Nebenproduktarten höher sein als die Kosten der gesamten Kuppelproduktion, kann die Restwertmethode nicht in der dargestellten Form durchgeführt werden. Es müssen zusätzliche Annahmen getroffen werden.[241]

Beispiel: Ausgehend vom Beispiel der Verteilungsmethode wird Produkt A jetzt als Hauptprodukt angesehen. Die Ergebnisse der Kalkulation können der Tabelle 2.48 entnommen werden.

Tabelle 2.48 Kuppelkalkulation mittels Restwertmethode

Erzeugnisart	Verkaufserlöse $(p_a \cdot x_a)$	Herstellkosten HK_a	Herstellkosten pro ME
A	900.000 GE	690.000 GE	46 GE
B	300.000 GE	300.000 GE	50 GE
C	90.000 GE	90.000 GE	30 GE
D	75.000 GE	75.000 GE	25 GE
E	30.000 GE	30.000 GE	15 GE
F	5.000 GE	5.000 GE	5 GE
Summe	**1.400.000 GE**	**1.190.000 GE**	

Den Produkten B bis F werden Kosten in Höhe ihrer Erlöse zugerechnet. Diese Produkte tragen somit Kosten in Höhe von

---

[241] Vgl. Kloock et al. (2005), S. 154.

300.000 GE + 90.000 GE + 75.000 GE + 30.000 GE + 5.000 GE
= 500.000 GE

Das Hauptprodukt A trägt die restlichen Kosten in Höhe von

1.190.000 GE – 500.000 GE = 690.000 GE.

Die beschriebene Vorgehensweise führt dazu, dass der Erfolg ausschließlich dem Hauptprozess zugewiesen wird.

Exkurs: Kalkulationsverfahren im Cost Accounting (II)

Bei der Kalkulation von produktionstechnisch verbundenen Gütern werden Verfahren zur Kalkulation von Joint Products (Kuppelprodukten) bzw. zur Kalkulation von By-Products (Nebenprodukten) verwendet.[242] Gemeinsam ist diesen beiden Fällen, dass innerhalb des Produktionsprozesses Kosten anfallen, die sich nicht eindeutig den entstehenden Produkten zuordnen lassen. Diese Kosten werden im Cost Accounting auch als Joint Costs bezeichnet.

Bei der Unterscheidung von Joint Products bzw. By-Products wird der relative Wert der entstehenden Produkte im Vergleich zu den Main Products (Hauptprodukten) als Differenzierungskriterium verwendet: „Joint products all have relatively high sales values (…). A by-product has a low sales value compared with the sales value of the main or joint product(s)."[243]

Zur Kalkulation von Joint Products werden im Cost Accounting verschiedene Kalkulationsverfahren diskutiert. Die Sales-Value-At-Split-Off-Method ordnet die Joint Costs auf Basis des relativen Verkaufswertes den jeweiligen Joint Products zu. Die Physical-measure-method verwendet für die Allokation der Joint Costs Bezugsgrößen, die bspw. auf den relativen Gewichten oder Volumina der Joint Products basieren. In denjenigen Fällen, in denen die Joint Products weiterverarbeitet werden und zu den nicht direkt zuordenbaren Joint Costs zusätzlich noch direkt zuordenbare Separable Costs entstehen, können z. B. die Estimated-Net-Realisable-Value(NRV)-Method oder die Constant-Gross-Margin-Percentage-NRV-Method Anwendung finden.[244] Zur Beurteilung der Verfahren ist anzumerken, dass die Allokation der Joint Costs bei allen Verfahren zu einem gewissen Grad als willkürlich einzustufen ist, da ein-

---

[242] Vgl. Bhimani et al. (2008), S. 171–188.
[243] Bhimani et al. (2008), S. 171.
[244] Vgl. Bhimani et al. (2008), S. 174–179.

deutige Kausalitäten („cause-and-effect relationships") zwischen Bezugobjekt und Kostenentstehung per definitionem nicht ermittelbar sind.[245]

In Bezug auf die Kalkulation von By-Products (Nebenprodukten) stellen Bhimani et al. fest, dass „by-product accounting is an area where there is much inconsistency in practice and where some methods used are justified on the basis of expediency rather than theoretical soundness."[246] Prinzipiell können By-Products aus kalkulatorischer Sicht produktionsorientiert oder absatzmarktorientiert betrachtet werden.[247]

2.6.3 Kostenträgerzeitrechnung (kurzfristige Erfolgsrechnung)

Gegenstand der Kostenträger*zeit*rechnung ist die Ermittlung der Kosten der erstellten Kostenträger innerhalb eines bestimmten, zumeist relativ kurzen Zeitraumes. Während die handelsrechtliche Abrechnungsperiode sich auf ein Jahr erstreckt, können für die Kostenrechnung auch unterjährige Abrechnungsperioden – wie z. B. Quartale oder Monate – definiert werden. Wenn neben den Kosten auch die Leistungen einer Periode betrachtet werden, spricht man von der *kurzfristigen Erfolgsrechnung*. Innerhalb dieser Rechnung wird der betriebliche Erfolg als Differenz aus Leistungen und Kosten einer Abrechnungsperiode ermittelt.[248] Im Folgenden wird zunächst kurz der Periodenerfolg definiert werden, damit auf dieser Basis mit dem Umsatzkosten- und dem Gesamtkostenverfahren Vorgehensweisen zur Ermittlung des Periodenerfolges diskutiert werden können.

Der Periodenerfolg ergibt sich als Differenz aus Leistungen und Kosten der betrachteten Abrechnungsperiode.[249] Obwohl diese Definition zunächst relativ unproblematisch erscheinen mag, kommt es insbesondere bei relativ kurzen Abrechnungsperioden (z. B. Monat, Quartal) zu erheblichen Abgrenzungsproblemen. Dies liegt daran, dass Produktion (Ertrag) und Verkauf (Umsatzerlös) einer Periode gewöhnlich nicht übereinstimmen. Es ergeben sich hierdurch Lagerbestandsänderungen an Halb- und Fertigfabrikaten, wenn entweder mehr verkauft als produziert werden konnte (Minderung der Bestände) oder mehr produziert als verkauft werden konnte (Erhöhung der Bestände). Zur Ermittlung der Leistungen einer Periode

---

[245] Vgl. Bhimani et al. (2008), S. 182.
[246] Bhimani et al. (2008), S. 188.
[247] Vgl. Bhimani et al. (2008), S. 188.
[248] Vgl. Kloock et al. (2005), S. 182–183.
[249] Vgl. Ossadnik (2003), S. 79.

ist zu berücksichtigen, dass in den Umsatzerlösen lediglich die verkauften Mengen enthalten sind. Die hergestellten (aber noch nicht abgesetzten) Fertig- und Zwischenprodukte sind in den Umsatzerlösen jedoch nicht enthalten. Auf der anderen Seite sind in den Kosten die Güterverzehre der noch nicht verkauften Produkteinheiten enthalten. Es stellt sich die Frage, wie aus kostenrechnerischer Sicht eine Periodenabgrenzung vorgenommen werden soll.

Im internen Rechnungswesen wird i. d. R. bei der Periodenabgrenzung – analog zum externen Rechnungswesen – auf den Realisationszeitpunkt abgestellt. Ein Umsatz eines Produktes gilt hiernach erst als realisiert, wenn das betrachtete Produkt verkauft werden konnte. In diesem Sinne ist die Betriebsergebnisrechnung als eine Absatzerfolgsrechnung zu bezeichnen. Sämtliche angefallene Kosten werden innerhalb der Betriebsergebnisrechnung auf die verkaufte Menge umgerechnet, indem die Kosten von Lagerzugängen neutralisiert werden. Dies geschieht, indem man diese Kosten entweder aus dem Gesamtkostenblock „herausrechnet" oder ihnen Erlöse in gleicher Höhe gegenüberstellt. Diese Erlöse könnte man auch als Erlöse für Lagerzugänge bezeichnen. Lagerabgänge sind genau reziprok zu behandeln. Bei Lagerbestandsminderungen sind die Kosten der betrachteten Abrechnungsperiode zu erhöhen. Bei der Kostenbewertung wird das Wertgerüst der betrachteten Abrechnungsperiode zugrunde gelegt. Es wird also so getan, als ob die aus dem Lagerbestand stammenden Einheiten in der laufenden Periode produziert worden wären.[250]

Die Erfolgsrechnung kann – analog der Vorgehensweise der handelsrechtlichen GuV – entweder nach dem Gesamtkostenverfahren oder nach dem Umsatzkostenverfahren durchgeführt werden (vgl. Abb. 2.44).

Beim *Gesamtkostenverfahren* werden zunächst alle in der Abrechnungsperiode erstellten Leistungen aufgeführt. Das sind die erzielten Umsatzerlöse sowie eventuelle Lagerbestandserhöhungen, getrennt nach den jeweiligen Produkten. Diesen werden die Gesamtkosten der Abrechnungsperiode gegenübergestellt. Die Kosten werden hierbei getrennt nach Kostenarten aufgeführt. Daneben werden eventuelle Lagerabgänge als Kosten der Periode aufgeführt. Der Betriebserfolg ergibt sich somit aus den Umsatzerlösen zuzüglich Bestandserhöhungen bzw. abzüglich Bestandsminderungen an Halb- und Fertigfabrikaten, bewertet zu Herstellkosten und abzüglich der Vertriebs- und Verwaltungskosten. Ohne Berücksichtigung der Bestandsveränderungen würde der Saldo zwischen den abgesetzten Leistungen (Umsatz) und den Gesamtkosten der Periode das Betriebser-

---

[250] Vgl. Kloock et al. (2005), S. 183.

gebnis nur dann richtig wiedergeben, wenn Produktion und Absatz der Periode übereinstimmen.[251]

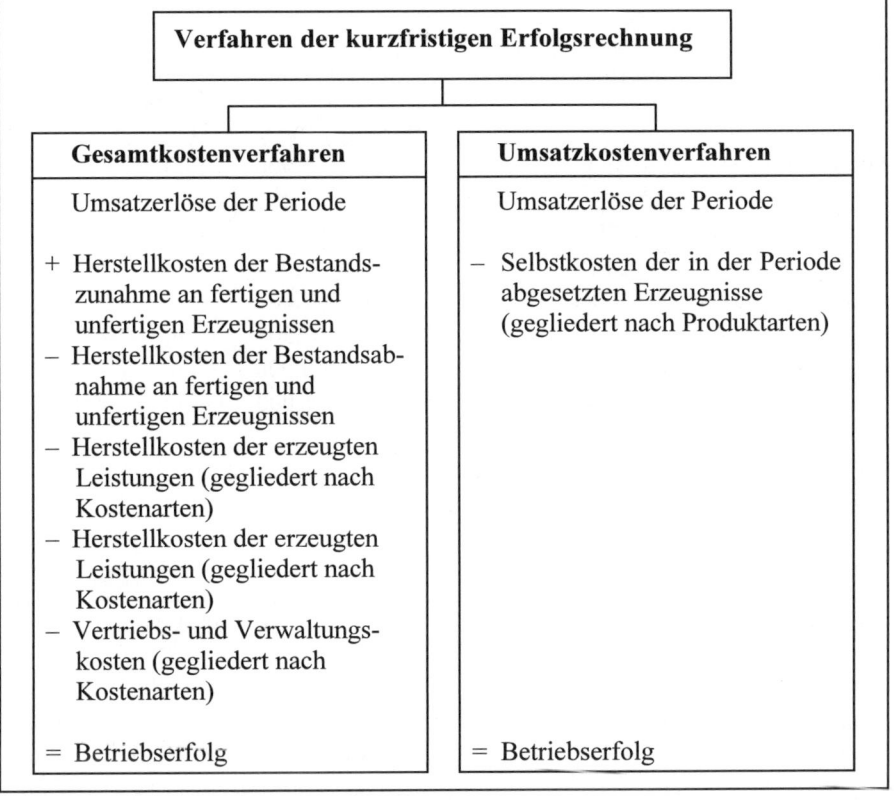

Abb. 2.44 Verfahren der kurzfristigen Erfolgsrechnung

Bei Anwendung des *Umsatzkostenverfahrens* werden als Leistungen der Periode nur die Umsatzerlöse – gegliedert nach Produkten – aufgeführt. Die Selbstkosten der verkauften Produkte werden vorab berechnet. Diese werden von den Umsatzerlösen – wieder nach Produkten geordnet – abgezogen. Auf diese Weise wird das Betriebsergebnis errechnet. Eine Korrektur des Ergebnisses ist durch die Berücksichtigung der Bestandsveränderungen der Halb- und Fertigfabrikate nicht erforderlich. Hierin ist der wesentliche Unterschied zwischen Umsatz- und Gesamtkostenverfahren zu sehen. Unter der Voraussetzung, dass Lagerbestandsveränderungen mit dem gleichen Wert angesetzt werden, führen Umsatz- und Gesamtkostenverfahren stets zum gleichen Betriebsergebnis.

---

[251] Vgl. Kloock et al. (2005), S. 184–186.

Beispiel: Die Zuckerpuppen & Söhne GmbH stellt vier Produkte her. Aufbauend auf dem Datenbeispiel der Tabelle 2.49 soll das Betriebsergebnis mittels Gesamt- und Umsatzkostenverfahren ermittelt werden.

Tabelle 2.49 Ausgangsdaten für Betriebsergebnisermittlung

		Produkt			
	Summe	A	B	C	D
hergestellte Menge [TME]		1.000	900	800	500
abgesetzte Menge [TME]		1.000	800	1.000	500
Verkaufserlös [GE/TME]		60	55	40	30
Materialeinzelkosten [GE]	30.000	10.000	8.000	7.000	5.000
Materialgemeinkosten [GE]	20.000	7.000	5.000	4.500	3.500
Lohneinzelkosten [GE]	25.000	12.500	6.500	4.000	2.000
Fertigungsgemeinkosten [GE]	20.000	9.000	5.000	3.500	2.500
Verw. und Vertr.-Gemeinkosten [GE]	30.000	11.000	8.000	7.000	4.000

Zunächst wird eine Stückkostenkalkulation vorgenommen, deren Ergebnisse aus der Tabelle 2.50 ersichtlich sind.

Tabelle 2.50 Stückkostenkalkulation

[in $\frac{GE}{TME}$]	Produkt			
	A	B	C	D
Materialeinzelkosten	10,00	8,89	8,75	10,00
Materialgemeinkosten	7,00	5,56	5,63	7,00
Lohneinzelkosten	12,50	7,2$\overline{2}$	5,00	4,00
Fertigungsgemeinkosten	9,00	5,56	4,38	5,00
Herstellkosten	38,50	27,23	23,76	26,00
Verw. und Vertr. Gemeinkosten	11,00	10,00	7,00	8,00
Selbstkosten	**49,50**	**37,23**	**30,76**	**34,00**

Bei der Kalkulation ist insbesondere zu beachten, dass die Verwaltungs- und Vertriebsgemeinkosten auf die abgesetzte Menge umgelegt werden. Alle anderen Kostenarten werden durch die hergestellte Menge dividiert.

In der Tabelle 2.51 ist die Durchführung der Kostenträgerzeitrechnung gemäß dem Gesamtkostenverfahren dargestellt.

Tabelle 2.51 Kostenträgerzeitrechnung mittels Gesamtkostenverfahren

Gesamtkosten der Periode	[in GE]	Erlöse der Periode	[in GE]
Materialeinzelkosten	30.000	Produkt A: 1.000 · 60 =	60.000
Materialgemeinkosten	20.000	Produkt B: 800 · 55 =	44.000
Lohneinzelkosten	25.000	Produkt C: 1.000 · 40 =	40.000
Fertigungsgemeinkosten	20.000	Produkt D: 500 · 30 =	15.000
Verw. u. Vertr. Gemeinkosten	30.000		
Bestandsminderungen		Bestandserhöhungen	
Produkt C: 200 · 23,76 =	4.752	Produkt B: 100 · 27,23 =	2.723
Betriebsergebnis	31.971		
Summe	**161.723**	**Summe**	**161.723**

Aus der Tabelle 2.52 ist die Durchführung der Kostenträgerzeitrechnung gemäß dem Umsatzkostenverfahren ersichtlich.

Tabelle 2.52 Kostenträgerzeitrechnung mittels Umsatzkostenverfahren

Kosten der abgesetzten Produkte [in GE]		Erlöse der abgesetzten Produkte [in GE]	
Produkt A: 1.000 · 49,50 =	49.500	Produkt A: 1.000 · 60 =	60.000
Produkt B: 800 · 37,23 =	29.784	Produkt B: 800 · 55 =	44.000
Produkt C: 1.000 · 30,76 =	30.760	Produkt C: 1.000 · 40 =	40.000
Produkt D: 500 · 34,00 =	17.000	Produkt D: 500 · 30 =	15.000
Betriebsergebnis	31.956		
Summe	**159.000**	**Summe**	**159.000**

In der Abb. 2.45 werden die Vor- und Nachteile der beiden Verfahren der Kostenträgerzeitrechnung vergleichend gegenübergestellt.

Als Vorteil des Gesamtkostenverfahrens ist anzuführen, dass dessen Anwendung keine Kostenstellen- und Kostenträgerrechnung voraussetzt. Nachteilig ist bei diesem Verfahren, dass eine aufwändige Bestandsermittlung der Halb- und Fertigerzeugnisse mittels Inventur durchzuführen ist. Weiterhin ist zur Bewertung der Bestandsveränderungen – in dem Falle, dass keine Kostenträgerrechnung durchgeführt wird – eine Nebenrechnung erforderlich. Außerdem kann sich die fehlende produktbezogene Erfolgsanalyse nachteilig auswirken. Im Rahmen des Gesamtkostenverfahrens werden lediglich die Kostenarten den Erlösarten gegenübergestellt.

Der Vorteil des Umsatzkostenverfahrens besteht darin, dass die Durchführung keine Inventur erfordert. Zusätzlich liefert die kostenträgerorientierte Gliederung aussagefähige Informationen für eine produktorientierte Erfolgsrechnung.

Bewertung der Verfahren kurzfristiger Erfolgsrechnung	
Gesamtkostenverfahren	**Umsatzkostenverfahren**
Vorteile: • keine Kostenstellen- und Kostenträgerrechnung erforderlich **Nachteile:** • aufwändige Bestandsermittlung bei Halb- und Fertigerzeugnissen mittels Inventur • falls keine Kostenträgerrechnung vorliegt, müssen die Herstellkosten der Bestandsveränderungen in einer Nebenrechnung ermittelt werden • keine Informationen für die Erfolgsanalyse nach einzelnen Produkten, da die Kostenarten den Erlösen gegenübergestellt werden	**Vorteile:** • keine Inventur erforderlich • Kostenträgerorientierte Gliederung liefert aussagefähige Informationen für eine produktorientierte Erfolgsrechnung

Abb. 2.45 Bewertung der Verfahren kurzfristiger Erfolgsrechnung

2.7 Leistungsträgerrechnung im Sinne einer Erlösträgerrechnung

2.7.1 Begriffliche Grundlagen und Aufgaben

Aus der Sicht des am Absatzmarkt agierenden Unternehmens ist der *Erlösträger* Gegenstand der Markttransaktion.[252] Ein wesentliches Problem vieler Erlösträger besteht darin, dass Absatzprodukte in vielen Fällen aus Leistungsbündeln bestehen, in die verschiedene Leistungskomponenten

---

[252] Vgl. Plinke (2002), Sp. 464.

eingehen. Je nach Umfang der Leistungsbündelung entstehen in mehr oder weniger großem Ausmaß Gemeinerlöse.[253]

Aufgabe der Leistungsträgerrechnung im Sinne einer *Erlös*trägerrechnung – bzw. hier genauer der Erlösträger*stück*rechnung – ist es, die Stückerlöse für jede Produktart zu ermitteln.[254] Dabei kann bei Bedarf zusätzlich eine Spezifikation nach relevanten Märkten oder Kundengruppen vorgenommen werden. Eine Erlösträgerstückrechnung kann (a) ausschließlich mit Einzelerlösen oder (b) mit Einzel- und Gemeinerlösen durchgeführt werden.[255]

Erlösträger ausschließlich mit Einzelerlösen

Liegen bei bestimmten Produkten ausschließlich Einzelerlöse vor, so ergeben sich die (konstant bleibenden) Stückerlöse durch direkte Übernahme der Einzelerlöse aus der Erlösartenrechnung. Werden lediglich die gesamten Ist-Einzelerlöse einer Periode erfasst, so resultieren die Stückerlöse je Erlösträger aus einer proportionalen Aufteilung der Gesamteinzelerlöse des Erlösträgers auf die abgesetzten Mengeneinheiten.

Erlösträger mit Einzel- und Gemeinerlösen

Liegen pro Erlösträger und pro Erlösstelle Einzel- *und* Gemeinerlöse vor, muss für die Verteilung der Gemeinerlöse auf Verfahren der Divisions- bzw. Zuschlagsrechnung zurückgegriffen werden. Auf Basis einer Divisionsrechnung können bspw. – analog zur Äquivalenzziffernrechnung – Rechnungseinheiten für die einzelnen Erlösträger ermittelt werden. Hierbei wird das Durchschnittsprinzip als Zurechnungsmethodik angewendet. Werden dagegen die Einzelerlöse als Basis einer Zuschlagsrechnung betrachtet, geschieht dies unter Anwendung des Tragfähigkeitsprinzips.

Durch Multiplikation der (Ist)-Stückerlöse einer Produktart mit den entsprechenden (Ist)-Absatzmengen ergeben sich die (Ist)-Gesamterlöse einer Produktart. Eine Aggregation über alle Produktarten führt schließlich zu den (Ist)-Gesamterlösen einer Periode.[256]

Soll die Erlösträgerrechnung zur Entscheidungsunterstützung herangezogen werden, hat sie die Aufgabe, für ausgewählte Bezugsobjekte aus dem entsprechenden Entscheidungsfeld relevante Erlöse pro Objekteinheit zu berechnen. Um durch die Erlösrechnung zur Bestimmung von entschei-

---

[253] Vgl. Schweitzer u. Küpper (2008), S. 159–160.
[254] Zur Abgrenzung von Leistungs- und Erlösrechnung siehe Kapitel 1.3.1.
[255] Vgl. Kloock et al. (2005), S. 181.
[256] Vgl. Kloock et al. (2005), S. 181.

dungsrelevanten Stückerfolgen beitragen zu können, muss die Bezugsgrößenhierarchie der Erlösrechnung mit derjenigen der Kostenträger abgestimmt werden. Von dieser Strukturgleichheit der Systeme kann aber nicht selbstverständlich ausgegangen werden, da bei Erlösträgern i. d. R. eine weitere Untergliederung nach nicht kostenverursachungsrelevanten Kriterien erfolgt.[257]

Der Erlösträgerrechnung kann zusätzlich eine *trägerzeitbezogene* Rechnungsfunktion im Rahmen der kurzfristigen Erfolgsrechnung zukommen. Müssen doch zur Ermittlung des kurzfristigen Erfolges nach Erlösträgern gegliederte Erlöse bereitgestellt werden.[258]

2.7.2 Struktur der Nettoerlösrechnung

Mit der Erlösträgerrechnung sollen Nettoerlöse pro Erlösträger berechnet werden. Hierbei gilt es, sowohl Erlöszuschläge (etwa für Nebenleistungen), als auch Erlösschmälerungen (z. B. für Rabatte) zu berücksichtigen.

Ausgangspunkt der Berechnung der Nettoerlöse stellt der Basis- oder Listenerlös des betrachteten Erlösträgers dar (vgl. Tabelle 2.53[259]). Hiervon sind anschließend Erlöszuschläge bzw. Erlösschmälerungen zeitlich und sachlich abzugrenzen.

2.7.3 Probleme der Erlösträgerrechnung

Auch im Rahmen der Erlösträgerrechnung stellt der *adäquate Differenzierungsgrad des Rechnungssystems* ein Problemfeld dar. Um mehrdimensionale Erlösauswertungen zu ermöglichen, müssen die Erlösträger möglichst umfassend differenziert sein. Mit zunehmender Differenziertheit der Erlösträger steigt der Erfassungsaufwand. Vor diesem Hintergrund ist bei der Festlegung des Differenzierungsgrades der Erlösträger das Prinzip der Wirtschaftlichkeit der Datenerfassung zu beachten.[260]

Darüber hinaus tritt im Rahmen der Erlösträgerrechnung ebenfalls das Problem der *Erlösverbunde* zwischen differenzierten Erlösträgern (z. B. aufgrund von Preis- und Produktbündelung) auf. Die dabei entstehenden Gemeinerlöse führen zu Verrechnungsproblemen, auf die bereits hingewiesen wurde.

---

[257] Vgl. Schweitzer (2002), Sp. 476–477.
[258] Vgl. Schweitzer (2002), Sp. 477.
[259] In Anlehnung an Schweitzer (2002), Sp. 478.
[260] Vgl. Schweitzer (2002), Sp. 479.

Tabelle 2.53 Schema der Nettoerlösrechnung

Eintrittszeitpunkt	Erlösarten und -veränderungen
bei Rechnungsstellung	Basis- oder Listenerlös
	+ Zuschläge für spezifizierende, materielle Sonderleistungen
	= *Bruttoerlös*
	− direkte Erlösschmälerungen durch monetäre Rabatte
	− indirekte Erlösschmälerungen für Naturalrabatte
	= *Nettoerlös nach Rechnungsstellung*
nach Zahlungseingang	+ Zusatzerlöse für außerordentliche Zielgewährung
	+/− Erlösänderungen aus Wechselkursschwankungen
	− Erlösberichtigungen einzelner Absatzleistungen (Gutschriften, lieferungsabhängige Konventionalstrafen)
	− bei Zahlungseingang realisierte Erlösschmälerungen (Skonti)
	= *Nettoerlös nach Zahlungseingang*
nach Periodenende	− gesamtperiodenbezogene Erlösschmälerungen
	= *Nettoerlös nach Periodenende*
ohne konkreten Eintrittszeitpunkt	− negative Erlöse (Schadensersatz und leistungsabhängige Konventionalstrafenzahlungen)
	+/− Erlöskorrekturen (Behebung von Rechen- und Buchungsfehlern)
	= *endgültiger Nettoerlös abgesetzter Erlösträger*
	Gegebenenfalls zu ergänzen um:
	+ kalkulatorischer Erlös gelagerter Erlösträger
	= *endgültiger Nettoerlös abgesetzter und gelagerter Erlösträger*

Eine weitere Schwierigkeit der Erlösträgerrechnung besteht in der *zeitlichen* und *sachlichen Unbestimmtheit der Erlöszuordnung*. Viele Erlöskomponenten können zum Termin der Rechnungsstellung noch nicht abschließend festgestellt werden. So lässt sich etwa ein Periodenrabatt erst nach Abschluss einer Periode berechnen. Um eine laufende Berechnung von Erlösschmälerungen zu realisieren, bietet sich z. B. das Arbeiten mit vorläufigen Rabattsätzen (z. B. auf Basis vergangener Perioden) sowie kundengruppenspezifischen Skonti- und Forderungsausfallsätzen an.[261]

Beispiel: Im Folgenden wird wiederum das aus den Kapiteln 2.3.3 und 2.5.3 bekannte Produktebeispiel der Zuckerpuppen & Söhne GmbH betrachtet. Für die Schokoladentafeln „XXL", „Standard" und „Mini" sollen die Nettoerlöse pro ME berechnet werden. Aus der Erlösartenrechnung seien folgende Erlösschmälerungen bekannt:

---

[261] Vgl. Schweitzer (2002), Sp. 481–482.

Tafeln XXL: 470 TGE
Tafeln Standard: 308 TGE
Tafeln Mini: 36 TGE

Die Absatzpreise betragen:

Tafeln XXL: 2,00 GE/ME
Tafeln Standard: 0,80 GE/ME
Tafeln Mini: 0,20 GE/ME

Die Vertriebsabteilung liefert folgende Absatzzahlen:

Tafeln XXL: 3.000 TME
Tafeln Standard: 5.000 TME
Tafeln Mini: 2.500 TME

Unter Rückgriff auf die Absatzzahlen und die Preise pro ME resultieren folgende (Netto-)Stückerlöse:

Tafeln XXL:

$$2,00\,\frac{GE}{ME} - \frac{470\,TGE}{3.000\,TME} \approx 1,84\,\frac{GE}{ME}$$

Tafeln Standard:

$$0,80\,\frac{GE}{ME} - \frac{308\,TGE}{5.000\,TME} \approx 0,74\,\frac{GE}{ME}$$

Tafeln Mini:

$$0,20\,\frac{GE}{ME} - \frac{36\,TGE}{2.500\,TME} \approx 0,19\,\frac{GE}{ME}$$

Die (Netto-)Stückerlöse des Produktes „XXL" sind am höchsten. Grund hierfür sind insbesondere der hohe Preis pro ME sowie die im Verhältnis zum Preis pro ME relativ moderaten Erlösschmälerungen.

Das Betriebsfest war für Carlotta ein voller Erfolg. Sie hat viele neue Kolleginnen und Kollegen kennengelernt, die ihr in der nachfolgenden Woche geholfen haben, ihren Berufsalltag fachlich besser zu verstehen.

Sie und Carlotta haben in diesem Kapitel gelernt, welche Aufgaben die einzelnen Teilbereiche der Kosten- und Leistungsrechnung haben und wie diese zusammenhängen. Die Kostenarten- und Leistungsartenrechnung gibt an, welche Arten von Kosten und Leistungen angefallen sind, während die Kostenstellen- bzw. Leistungsstellenrechnung darüber informiert, wo die jeweiligen Kosten - bzw. Leistungsarten angefallen sind. Die Kosten- und Leistungsstellenrechnung bildet dabei das Bindeglied zwischen Kostenarten- und Kostenträgerrechnung. Letztere beantwortet die Frage, wofür die Kosten angefallen sind.

3 Systeme der Kosten- und Leistungsrechnung

Carlottas Praktikum ist weiter fortgeschritten, und ihr sind inzwischen die Grundlagen der Kosten- und Leistungsrechnung klargeworden. Auch kann sie die Kosten- und Leistungsarten-, -stellen- und -trägerrechnung voneinander unterscheiden und mit diesen Systemen umgehen. Allerdings stutzt sie, als ihr eines Morgens eine Kollegin davon erzählt, innerhalb der Kosten- und Leistungsrechnung könne mit ganz unterschiedlichen Kosten und Leistungen gerechnet werden. Es könne sich um Werte der Vergangenheit, Gegenwart oder um erwartete künftige Werte handeln. Immerhin gehe es in der Kosten- und Leistungsrechnung um oftmals sehr unterschiedliche Aufgaben und so könne man für Planungszwecke nicht die Kosten der Vergangenheit ansetzen und Kontrollen von bereits realisierten Maßnahmen nicht anhand von Zukunftswerten durchführen. Plane man Kosten, so müsse damit gerechnet werden, dass die sich später tatsächlich realisierenden Werte von den Planwerten abweichen. Es komme daher darauf an, kostenrechnerische Planungsinstrumente einzusetzen, die die Ursachen solcher möglichen Abweichungen transparent machen.

Des Weiteren erfährt Carlotta, dass die Systeme der Kosten- und Leistungsrechnung nicht nur jeweils separat, sondern auch als eine kombinierte Erfolgsrechnung einsetzbar seien. Mit Hilfe einer solchen Erfolgsrechnung könne die Effizienz von Produkten, Produktgruppen, Produktbereichen, Unternehmenssparten oder gar ganzer Unternehmen beurteilt werden.

Carlotta ist von dem Potenzial der Kosten- und Leistungsrechnung, das ihre Kollegin mit ihren Bemerkungen andeutet, sehr beeindruckt und möchte mehr über diese Möglichkeiten der Kosten- und Leistungsrechnung erfahren.

Im dritten Kapitel wird Ihnen und Carlotta zunächst die Istkosten- und Istleistungsrechnung sowie die Normalkosten- und Normalleistungsrechnung vorgestellt. Ferner können Sie sich mit der Funktionsweise und den Einsatzmöglichkeiten der Plankosten- und Planleistungssysteme in ihrer starren und flexiblen Form vertraut machen. Sodann lernen sie, wie die einstufige und die mehrstufige Deckungsbeitragsrechnung durchzuführen und die Ergebnisse zu interpretieren sind.

3.1 Systematisierung der Kosten- und Leistungs-
rechnungssysteme

Alle Systeme der Kosten- und Leistungsrechnung basieren – wie bereits dargelegt – auf Kosten als bewerteten sachzielbezogenen Güterverbräuchen bzw. auf Leistungen als bewerteten sachzielbezogenen Gütererstellungen. Es ist jedoch – je nach Zweck – erforderlich, Kosten und Leistungen aus verschiedenen Perspektiven heraus zu bestimmen. Im Folgenden soll die im Abschnitt 1.5.3 bereits in Ansätzen vorgestellte Systematisierung der Kosten- und Leistungsrechnung ausführlicher erörtert werden.

Kostenrechnungssysteme können nach ihrem *Zeitbezug* gegliedert werden. Dabei wird zwischen einer Istkosten-, einer Normalkosten- und einer Plankostenrechnung unterschieden.[1] Bei der *Istkostenrechnung* handelt es sich um eine *nachträgliche* Rechnung, da erst nach Abschluss der Rechnungsperiode alle tatsächlich angefallenen Güterverbräuche und die zugehörigen Wertansätze bekannt sind. Somit ist es unmöglich, eine Istkostenrechnung (in reiner Form) vor Ende der Abrechnungsperiode durchzuführen.[2] *Normalkosten* können dagegen bereits *während* der laufenden Abrechnungsperiode berechnet werden, da sie nicht mit den tatsächlich anfallenden Güterverbräuchen und Wertansätzen, sondern mit normalisierten Beträgen veranschlagt werden, indem aus den tatsächlichen Ist-Mengen und Ist-Preisen der vergangenen Abrechnungsperioden Durchschnittswerte gebildet werden. Dies gilt im Zuge der Normalkostenrechnung grundsätzlich für die Gemeinkostenbereiche, aber auch bei Einzelkosten werden Durchschnittswerte verwendet.[3] *Plankosten* beziehen sich auf *zukünftige* Perioden. Auf Basis von Analysen der Kostenstrukturen im Unternehmen werden für zukünftige Perioden Kosten geplant, indem Planmengen und Planpreise verwendet werden.

Ein weiteres Gliederungskriterium ist der *Umfang* der auf die Kostenträger verrechneten Kosten. Kostenrechnungssysteme verrechnen entweder *alle* Kosten auf die jeweiligen Kostenträger (*Vollkostenrechnung*) oder nur einen *Teil* der gesamten Kosten (*Teilkostenrechnung*). In praxi werden Kostenrechnungssysteme auf Vollkostenbasis häufiger angewendet als Systeme auf Teilkostenbasis, wenngleich sie verschiedene Mängel aufweisen. Das zentrale Problem der Vollkostenrechnungen ist die Verteilung derjenigen Kosten, die nicht unmittelbar durch die einzelnen Kostenträger verursacht werden, d. h. der fixen Gemeinkosten.[4] Kostenrechnungssyste-

---

[1]   Vgl. Hummel u. Männel (1986), S. 112.
[2]   Vgl. Freidank (2008), S. 195–196.
[3]   Vgl. Kloock et al. (2005), S. 197–198.
[4]   Vgl. Kloock et al. (2005), S. 73–74.

me auf Teilkostenbasis verrechnen dagegen nur bestimmte Kosten auf Kostenträger. Sie beschränken sich bspw. darauf, Kostenträgern nur diejenigen Kosten zuzuordnen, die bei einer Veränderung der Ausbringungsmenge variieren. Es werden also nur die variablen Kosten verrechnet, während fixe Kosten nicht auf Kostenträger zugerechnet werden. Teilkostenrechnungen berücksichtigen somit das sog. Verursachungsprinzip. Dieses besagt, dass nur diejenigen Kosten auf die Kostenträger verteilt werden, die auch eindeutig und direkt zurechenbar sind.[5] In der Literatur existieren zahlreiche Teilkostenrechnungssysteme, die sich grundsätzlich auf zwei Typen zurückführen lassen:[6] Bei der ersten Grundform wird eine Aufspaltung in fixe und variable Kosten hinsichtlich des Beschäftigungsgrades vorgenommen. Den Trägereinheiten werden in diesem Falle nur die bezüglich der Beschäftigung als proportional geltenden Kostenbestandteile zugerechnet. Dieses Verfahren wird deshalb als *Direct Costing* oder bei Verwendung von Plankosten auch als *Grenzplankostenrechnung* bezeichnet.[7] Der zweite Grundtyp, die von Riebel[8] vorgeschlagene *relative Einzelkostenrechnung*, basiert auf dem Identitätsprinzip. Hiernach dürfen nur solche Kosten einem Untersuchungsobjekt zugerechnet werden, die mit der sie auslösenden Entscheidung identisch sind.[9] In der relativen Einzelkostenrechnung erfolgt keine Aufteilung der Kosten in Einzel- und Gemeinkosten.[10] Das Konzept der relativen Einzelkostenrechnung wird im Rahmen der weiteren Ausführungen nicht näher betrachtet. Stattdessen sei auf die einschlägige Literatur verwiesen.[11] Sowohl Vollkostenrechnungen als auch Teilkostenrechnungen können auf Basis von Ist-, Normal- oder Plankosten durchgeführt werden.[12] Je nach Zielsetzung der Kosten- und Leistungsrechnung werden unterschiedliche Systeme eingesetzt.

---

[5]   Vgl. Schweitzer u. Küpper (2008), S. 55–56.

[6]   Vgl. Freidank (2008), S. 273.

[7]   Vgl. hierzu auch Kilger et al (2007), S. 70–71.

[8]   Vgl. z. B. Riebel (1959); Riebel (1964); Riebel (1994).

[9]   Vgl. Riebel (1967), S. 9; Riebel (1969), S. 60–63; Schweitzer u. Küpper (2008), S. 56–58.

[10] Stattdessen wird eine Bezugsgrößenhierarchie gebildet und die Unternehmenskosten werden den einzelnen Stufen dieser Hierarchie als Einzelkosten zugerechnet. Die Deckungsbeiträge der Bezugsgrößen werden dann wie bei der stufenweisen Fixkostendeckungsrechnung (vgl. hierzu Kapitel 3.6.3) bestimmt. Somit ist erkennbar, welche Stufen der Hierarchie die meisten Kosten verursachen und damit die entsprechenden Deckungsbeiträge am stärksten schmälern.

[11] Für eine ausführliche Darstellung der relativen Einzelkostenrechnung vgl. Riebel (1994), insbesondere S. 35–59.

[12] Vgl. Kloock et al. (2005), S. 74.

Leistungsrechnungen lassen sich mit Hilfe der oben dargestellten Gliederungsprinzipien analog klassifizieren. Werden bei einer Leistungsrechnung Istabsatzmengen und Istabsatzpreise berücksichtigt, so wird von einer *Istleistungsrechnung* (bzw. *Isterlösrechnung*) gesprochen. Werden normalisierte Preise und Mengen verwendet, liegt eine *Normalleistungsrechnung* (bzw. *Normalerlösrechnung*) und bei Verwendung von Plangrößen eine *Planleistungsrechnung* (bzw. *Planerlösrechnung*) vor. Die vorgestellten Rechnungssysteme können dabei unter Verrechnung sämtlicher Leistungen auf die Zurechnungsobjekte als *Vollleistungsrechnung* oder unter ausschließlicher Verrechnung der Einzelleistungen als *Teilleistungsrechnung* ausgestaltet sein.

3.2 Istkosten- und Istleistungsrechnung

Die *Istkostenrechnung* ist die traditionelle Form der Kostenrechnung. Sie zielt auf die Ermittlung der auf die Produkteinheiten entfallenden Istkosten im Rahmen der Nachkalkulation ab.

Der Ausdruck Istkostenrechnung verdeutlicht, dass ausschließlich *Istmengen* und *Istpreise* verwendet werden. Trotzdem werden auch solche Kostenrechnungssysteme als Istkostenrechnungen bezeichnet, die zum Teil normalisierte oder sogar geplante Mengen und Preise verwenden.

Eine *reine* Form der Istkostenrechnung (auf Vollkostenbasis) liegt nur dann vor, wenn *alle* während eines Abrechnungszeitraumes effektiv in der Kostenartenrechnung erfassten Beträge durch sämtliche Abrechnungsstufen hindurchgeführt und auf die Kostenträger der gleichen Periode verteilt werden (sog. *Kostenüberwälzung*).[13] Dabei ist eine reine Form der Istkostenrechnung aus vielfältigen Gründen als problematisch zu bezeichnen. Zur Berechnung der Istkosten werden die effektiv verbrauchten Istmengen oder Istzeiten herangezogen und mit den zugehörigen Istpreisen oder Istlohnsätzen bewertet. Auf Basis der so ermittelten Kosten werden die Verrechnungsstufen der Kostenarten-, -stellen- und -trägerrechnung durchlaufen.

Die Istkostenrechnung kann selten in einer reinen Form umgesetzt werden, da durch eine periodische und kalkulatorische Abgrenzung innerhalb des Rechnungswesens auch Normal- oder Planwerte berücksichtigt werden. Ein Beispiel hierfür stellen die kalkulatorischen Abschreibungen dar. Sie beruhen aufgrund der geschätzten Nutzungsdauern auf Planwerten. Wird die Nutzungsdauer einer Anlage unzutreffend geplant, sind die bis

---

[13]   Vgl. Freidank (2008), S. 195.

dahin berechneten Abschreibungsbeträge nicht korrekt. Die exakten Istab-
schreibungskosten könnten daher erst nach Aussonderung der entsprechenden Anlage berechnet werden.[14]

Wie bereits angedeutet wurde, bestehen bei dem Kostenrechnungssystem der Istkostenrechnung zahlreiche Problemfelder. Neben der Frage einer rechtzeitigen Bereitstellung benötigter Informationen stellt auch der
hohe Rechenaufwand ein Problem dar. In jeder Abrechnungsperiode müssen z. B. für die innerbetriebliche Leistungsverrechnung neue Zuschlagssätze ermittelt werden. In der Praxis schwanken die so ermittelten Sätze im
Zeitablauf. Bei nur geringem Schwankungsumfang lohnt sich die aufwändige Neuberechnung der Zuschlagssätze kaum. In der Praxis werden daher
häufig Istkostenrechnungssysteme mit festen Verrechnungspreisen verwendet.[15] Durch eine solche Bewertung haben viele Kostenarten bereits in
der Istkostenrechnung ihren reinen Istkostencharakter verloren. Sie werden
zu Mischkosten, deren Mengengerüst aus Istgrößen besteht und deren
Preise normalisierte oder standardisierte Werte sind. Trotzdem ist es üb-
lich, diese Kosten als Istkosten zu bezeichnen.[16] Eine weitere Verbesserung
der Istkostenrechnung stellt neben der Einführung von Verrechnungspreisen die Planung der Einzelkosten dar.[17]

Die Hauptaufgabe der Istkostenrechnung besteht in der Nachkalkulation
der betrieblichen Aufträge und Erzeugnisse. Dabei steht die Frage im Mit-
telpunkt, in welcher Höhe die Kosten, bezogen auf die einzelnen Aufträge
und Produkteinheiten, letztendlich angefallen sind. Im Rahmen einer Istkostenrechnung auf Vollkostenbasis werden alle Kostenarten entweder *direkt* als Einzelkosten oder *indirekt* als Gemeinkosten über die Kostenstellenrechnung in jeder Abrechnungsperiode auf die Kostenträger zugerechnet.[18] Bei Produkten, deren Fertigungsdauer sich über mehrere Rechnungs-
abschnitte erstreckt, sind ferner für Zwecke der Disposition und der Bestandsbewertung unfertiger Erzeugnisse Zwischenkalkulationen am Ende
der einzelnen Perioden erforderlich.[19]

Der Einsatz der Istkostenrechnung ist insofern kritisch zu beurteilen, als
dass durch ihre alleinige Anwendung keine Möglichkeit für eine Kostenkontrolle geschaffen werden kann. Zwar können mit ihrer Hilfe innerbe-

---

[14] Vgl. Hummel u. Männel (1986), S. 113.
[15] Vgl. Kilger et al. (2007), S. 45.
[16] Vgl. Kilger et al. (2007), S. 45. Für Nowak liegt dagegen bei Verwendung
      normalisierter Preise keine reine Istkostenrechnung mehr vor; vgl. Nowak
      (1954), S. 50–51.
[17] Vgl. hierzu Kilger et al. (2007), S. 46–47.
[18] Vgl. Kilger (1987), S. 55.
[19] Vgl. Freidank (2008), S. 196.

triebliche Zeitvergleiche oder zwischenbetriebliche Vergleiche vorgenommen werden, es lässt sich aber nur feststellen, ob erhöhte oder verminderte Kosten angefallen sind. Für eine wirksame Kostenkontrolle sind spezifische Vergleichsgrößen (Sollkosten) nötig.[20] Sind z. B in der aktuellen Periode geringere Kosten angefallen als in der Vorperiode, kann diese Kostenabnahme bspw. durch hohe Unwirtschaftlichkeiten der Vorperiode begründet sein. In diesem Fall kann trotz Kostenabnahme nicht ausgeschlossen werden, dass in der aktuellen Periode unwirtschaftlich produziert wurde. Weiterhin ist die Zielsetzung der laufenden Nachkalkulation aller Erzeugnisse mit Problemen belastet. Bei Massen- und Serienproduktionen standardisierter Erzeugnisse, die dem Markt für einen bestimmten Zeitraum zu vorausbestimmten Listenpreisen angeboten werden, ist eine laufende Nachkalkulation sämtlicher Produktarten rechentechnisch gar nicht möglich bzw. in vielen Fällen sogar überflüssig.[21] Solange die Kostenstruktur standardisierter Erzeugnisse keinen wesentlichen Veränderungen unterliegt, sind die Istkosten meistens nur geringen Schwankungen unterworfen. Eine kalkulatorische Ermittlung dieser Schwankungen kann vielfach vernachlässigt werden, da sich diese im Zeitablauf häufig ausgleichen. In Unternehmen mit standardisierten Erzeugnissen genügt daher die Ermittlung vorkalkulierter Selbstkosten und eine nach Erzeugnisgruppen und Verantwortungsbereichen differenzierte Kontrolle der Kostenabweichungen im retrograden Soll-Ist-Vergleich der Herstellkosten.[22] Bei Auftrags- bzw. Einzelfertigungen kann dagegen nicht auf die Nachkalkulation der Aufträge verzichtet werden, da sich in diesen Fällen jede Kostenträgereinheit von den übrigen Kostenträgern unterscheidet. Aus den Nachkalkulationen der einzelnen Auftragsgruppen werden zudem Kostendaten für die Vorkalkulation zukünftiger Aufträge abgeleitet.[23] Hieraus folgt aber nicht, dass Nachkalkulationen als reine Istkostenrechnungen durchgeführt werden sollten. Es fehlen hierbei wirksame Maßstäbe für die Kostenanalyse. Empfohlen wird eine Standardnachkalkulation, bei der die nachkalkulierten Kosten weitgehend in vorgegebene Plankosten und Kostenabweichungen aufgelöst werden.[24]

---

[20] Vgl. Freidank (2008), S. 197.
[21] Vgl. Kilger et al. (2007), S. 44.
[22] Vgl. Kilger (1987), S. 294.
[23] Vgl. Kilger (1987), S. 293.
[24] Vgl. Kilger (1987), S. 293. Zur Standardnachkalkulation vgl. Kilger et al. (2007), S. 539–542. Zum Begriff als solchem vgl. Medicke (1964), S. 43; Medicke (1973), S. 215–219.

Exkurs: Istkostenrechnungen im Cost Accounting

Istkostenrechnungen werden im Cost Accounting als Actual Costing bezeichnet. Actual Costing "traces direct costs to a cost object by using the actual direct-cost rates times the actual quantities of the direct-cost inputs and allocates indirect costs based on the actual indirect-cost rates times the actual quantities of the cost allocations bases."[25] Die verwendeten Kostengrößen heißen Actual Costs und können als „cost incurred (a historical or past cost), as distinguished from a budgeted or forecasted cost"[26] definiert werden. Sowohl Istkostenrechnungen als auch Actual Costing führen demnach die tatsächlich angefallenen Werte einer Periode durch sämtliche Rechnungsstufen.

Die Leistungen eines Unternehmens müssen ebenfalls in Form einer Istrechnung erfasst werden. Zur Durchführung von *Istleistungsrechnungen* bedarf es zum einen der Erfassung der tatsächlich in einer Periode angefallenen Erlöse, d. h. der mit Istmengen und Istabsatzpreisen bewerteten Absatzleistungen eines Unternehmens. Zum anderen muss eine Bestandsrechnung für erstellte, aber noch nicht abgesetzte bzw. noch nicht im Produktionsprozess verbrauchte Güter durchgeführt werden.[27]

Im Rahmen der Erfassung von Isterlösen werden im Wesentlichen die abgesetzten Istmengen sowie die zugehörigen Istpreise ermittelt. Das Produkt dieser beiden Größen führt zu den Bruttoerlösen. Komplexe Preis- und Konditionenpolitiken der Unternehmen erfordern zusätzlich die Erfassung von tatsächlich angefallenen Erlöserhöhungen (z. B. Mindermengenzuschläge) bzw. -minderungen (z. B. Mengenrabatte) im Rahmen einer Istrechnung. Dabei lassen sich etwa an Abnehmer gewährte Periodenrabatte erst am Periodenende endgültig festlegen. Erst nach Abschluss der Periode steht die periodenbezogene Absatzmenge des spezifischen Abnehmers und somit die Basis für den endgültigen Rabattsatz fest. Geht es gar um einen Treuerabatt, kann dieser erst nach mehreren Perioden festgestellt werden. Für die Istrechnung einer spezifischen Periode kann dieser Treue-Rabatt lediglich mit Hilfe von Annahmen über den weiteren Verlauf der Geschäftsbeziehung kalkuliert werden.

Bei Massen- und Serienproduktion standardisierter Erzeugnisse, die am Markt für einen bestimmten Zeitraum zu vorausbestimmten Listenpreisen

---

[25]   Horngren et al. (2006), S. 845.
[26]   Horngren et al. (2006), S. 27.
[27]   Vgl. Kloock et al. (2005), S. 170.

angeboten werden, beschränkt sich eine laufende Nachkalkulation auf die Ermittlung der zugehörigen Istabsatzmengen. Die Istpreise sind durch die Listenpreise bereits festgelegt. Komplexer wird die Isterlösrechnung erst dann, wenn sich das betrachtete Unternehmen im Rahmen der Gestaltung von Absatzbedingungen bspw. einer bestimmten Rabattpolitik bedient. In diesem Fall können auch die effektiven Preise – in Abhängigkeit von spezifischen Konditionen – schwanken.

Bei einer Auftrags- bzw. Einzelfertigung kann i. d. R. nicht auf eine Nachkalkulation der Leistungen der Aufträge verzichtet werden. Selbst wenn zu Beginn eines Auftrages zunächst ein Gesamtpreis für den Auftrag vereinbart wurde, stellt dieser häufig nur einen Ausgangspunkt für weitere Verhandlungen dar. Besonders bei Aufträgen mit hohem Neuartigkeitsgrad, die in Interaktion mit dem Kunden erstellt werden, entstehen im Rahmen der Auftragsabwicklung zahlreiche Änderungen am Produkt, die zu entsprechenden Änderungskosten führen. Für das fertigende Unternehmen ergibt sich die Notwendigkeit, diese gewollten Änderungen laufend zu dokumentieren, beim Auftraggeber nachzuverhandeln und deren Erlöswirkungen im Rahmen einer Nachkalkulation festzustellen.

Für die Ermittlung des Periodenerfolges ist die Istleistungsrechnung absolut unabdingbar, da sie die Leistungen einer Periode dokumentiert. Damit stellt die Istleistungsrechnung zusammen mit der Istkostenrechnung die Basis für eine Erfolgsrechnung dar. Wie bei der Istkostenrechnung ist auch bei der Istleistungsrechnung zu kritisieren, dass sie allein noch keine wirksame Kontrolle ermöglicht. Werden bspw. Istleistungen vergangener Perioden als Bezugsbasis für Erlöskontrollen angesetzt, so lassen ermittelte Abweichungen nur bedingt Aussagen über den Erfolg von Absatzaktivitäten zu. Stets bleibt die Gefahr, dass vergangene Perioden ineffiziente Absatzaktivitäten enthalten und dass somit (in den Worten Schmalenbachs) „Schlendrian mit Schlendrian" verglichen wird. Dennoch sollte an dieser Stelle festgehalten werden, dass die Ermittlung der Istleistungen auch für Kontrollzwecke unentbehrlich ist. Die Istleistungen stellen gerade die Größen dar, die es anhand der Sollgrößen zu beurteilen gilt.

3.3 Normalkosten- und Normalleistungsrechnung

Die Normalkostenrechnung verwendet keine periodisch aktualisierten Istkostensätze für innerbetriebliche Leistungen und Leistungen der Hauptkostenstellen. Stattdessen rechnet dieses Kostenrechnungssystem alle Kostenstellen mit Hilfe von *Normalkostensätzen* ab. Diese Normalkostensätze werden aus den Istkosten und Istbeschäftigungen vergangener Perioden als

Mittelwerte abgeleitet.[28] Das typische Merkmal der Normalkostenrechnung ist, dass die im Zeitablauf schwankenden Istkostensätze durch *konstante* Normalkostensätze ersetzt werden.[29] Bei der Bildung der Normalkostensätze lassen sich zwei Verfahren unterscheiden: Zum einen Normalkosten als *statische* Mittelwerte und zum anderen Normalkosten als *aktualisierte* Mittelwerte:[30]

1. Statische Mittelwerte werden ermittelt, indem aus mehreren Istkostenwerten vergangener Perioden ein Durchschnittswert errechnet wird. Dieser berücksichtigt keine etwaigen Änderungen der Kostenstruktur.
2. Aktualisierte Mittelwerte beachten eingetretene Kostenstrukturänderungen (z. B. Verfahrenswechsel) oder auch zu vermutende Kostenstrukturänderungen (z. B. erwartete Lohnerhöhungen) in Form korrigierter Durchschnittswerte.

Wird die Istbeschäftigung mit dem Normalkostensatz multipliziert, ergeben sich die Normalkosten der betrachteten Kostenstelle. Im Gegensatz dazu werden die Istkosten durch Multiplikation der Istbeschäftigung mit dem Istkostensatz ermittelt. In den Kostenstellen entstehen also in der Regel Abweichungen zwischen Istkosten und Normalkosten. Diese Kostenabweichungen werden als Unter- bzw. Überdeckungen bezeichnet:[31]

- Istkosten > Normalkosten = Unterdeckung,
- Istkosten < Normalkosten = Überdeckung.

In die Kalkulation gehen lediglich die *Normalkosten* ein. Auftretende Unter- oder Überdeckungen werden periodisch in der kurzfristigen Erfolgsrechnung ausgebucht. Hierdurch wird der Grundsatz der Überwälzung sämtlicher Gemeinkosten auf die Kostenträger sowohl für das Mengen- als auch für das Wertgerüst der Kosten verlassen.[32] Eine kostenstellenbezogene Kostenkontrolle ist bei Verwendung von Normalkosten nicht möglich, da aus den als Basis dienenden Istkosten vergangener Perioden die Einflüsse von Unwirtschaftlichkeiten nicht eliminiert werden. Eine (kleinere) Unterdeckung zeigt also höchstens *tendenziell* an, dass eine Unwirtschaftlichkeit vorliegen *könnte*.[33]

---

[28] Vgl. Hummel u. Männel (1986), S. 113.
[29] Vgl. Kilger et al. (2007), S. 48.
[30] Vgl. Freidank (2008), S. 198–199; Kloock et al. (2005), S. 197.
[31] Vgl. Kilger et al. (2007), S. 48.
[32] Vgl. Kilger et al. (2007), S. 48–49; Freidank (2008), S. 198.
[33] Vgl. Kloock et al. (2005), S. 200–201.

Exkurs: Normalkostenrechnungen im Cost Accounting

Die Rechnungssystematik des Normal Costing im Cost Accounting unterscheidet sich von den Normalkostenrechnungen der Kosten- und Leistungsrechnung. Normal Costing kann als „costing system that traces direct costs to a cost object by using the actual direct-cost rates times the actual quantities of the direct-cost inputs and that allocates indirect costs based on the budgeted indirect-cost rates times the actual quantities of the cost-allocation bases"[34] definiert werden. Die Verrechnung von Gemeinkosten (Indirect Costs) erfolgt beim Normal Costing demzufolge auf Basis von budgetierten (d. h. geplanten) Verrechnungssätzen, während in der Normalkostenrechnung normalisierte vergangenheitsorientierte Werte angewendet werden.

Analog zur Normalkostenrechnung können im Rahmen einer *Normalleistungsrechnung* normalisierte Leistungen angesetzt und verrechnet werden. Normalleistungswerte entstehen – analog zu den Normalkosten – durch Ansammlung einer größeren Anzahl von Vergangenheitswerten und anschließender Mittelwertbildung. Werden für die Durchschnittsbildung mit Einnahmen bewertete Gütererstellungen herangezogen, so führt dieses zu *Normalerlösrechnungen*.

Wie in der Normalkostenrechnung kann auch bei der Normalleistungsrechnung eine Durchschnittswertbildung ohne Berücksichtigung von erwarteten Änderungen in der Datenreihe künftig auftretender Werte erfolgen. In diesem Fall wird von einer *statischen* Mittelwertbildung gesprochen. Eine *aktualisierte* Mittelwertbildung liegt vor, wenn die erwarteten Änderungen in der Datenreihe künftiger Werte einbezogen werden. Damit können Veränderungen der Absatzbedingungen zumindest partiell berücksichtigt werden.[35]

Die praktische Bedeutung der Normalleistungsrechnung – bzw. spezieller: der Normalerlösrechnung – liegt darin, dass sie in relativ einfacher Weise Erlösansätze für eine rudimentäre Erlösplanung[36] zu ermitteln vermag. Eine solche Planung kann insbesondere dann in Betracht kommen, wenn keine fundierte Prognose künftiger Erlöse möglich ist. Bei dem be-

---

[34] Horngren et al. (2006), S. 851.
[35] Vgl. Kloock et al. (2005), S. 205.
[36] Normalerlöse können prinzipiell auch für Kontrollzwecke verwendet werden. Bei diesem Vorgehen werden die Isterlöse einer Periode mit entsprechenden Normalerlösen verglichen. Dieses Vorgehen hat in der Praxis jedoch nur eine geringe Bedeutung.

schriebenen Vorgehen ist jedoch stets zu beachten, dass durch die Mittelwertbildung eine Entwicklung der Vergangenheit, deren Bedingungskons-
tellationen nicht zwingend auch weiterhin gültig sein müssen, in die Zukunft fortgeschrieben wird. Für eine fundierte Erlösprognose müsste eine
vollständig zukunftsorientierte Erlösbetrachtung vorgenommen werden.
Ob diese nach heutigem Erkenntnisstand mit gesicherten wissenschaftli-
chen Methoden durchführbar ist, wird noch zu diskutieren sein.[37]

3.4 Plankostenrechnung

Die Weiterentwicklung der Kostenrechnung führte mit der Ermittlung von
Normalkostensätzen zu einer Loslösung von den Istkosten. Kostenvorgaben wurden mit Hilfe von technischen Berechnungen, Verbrauchsstudien
und Schätzungen festgelegt. Zugleich wurden die festen Verrechnungspreise für von außen bezogene Produktionsfaktoren zu Planpreisen weiterentwickelt. Auf diese Weise entstand eine neue Kategorie von Kosten, bei
der sowohl das Mengen- oder Zeitgerüst als auch die Wertansätze geplante
Größen sind. In der Festlegung von unabhängig von den Istkosten vergangener Perioden für bestimmte Planungszeiträume geplanten Kostenbeträ-
gen liegt das Charakteristikum einer Plankostenrechnung. Dies gilt sowohl
für die Einzelkosten als auch für die über Kostenstellen zu verrechnenden
Kosten.[38]

Exkurs: Plankostenrechnungen im Cost Accounting

Plankostenrechnungen werden im angloamerikanischen Raum als
Standard Costing bezeichnet, das ein Ergebnis des Taylorismus darstellt. Standard Costs können als „the planned unit cost of the products, components or service produced in a period"[39] definiert werden. Ihrer Ermittlung liegt die Vorstellung zugrunde, dass sich viele
Vorgänge durch exakt separierbare, repetitive Ketten von Tätigkeiten beschreiben lassen. Durch das Standard Costing wurde im Cost
Accounting eine Schwerpunktverschiebung von der Kostenermitt-
lung hin zu einer Kostenplanung und -kontrolle bewirkt. Standard
Costing ist im engen Zusammenhang mit der Budgetierung (Budgeting) zu sehen. Das Ergebnis der Budgetierung sind Budgets, die als

---

[37] Vgl. hierzu Abschnitt 3.5.
[38] Vgl. Kilger et al. (2007), S. 51.
[39] Weetman (2003), S. 667.

„quantitative expression of a proposed plan of action by management"[40] definiert werden. Ein Budget ist ein Hilfsmittel, um zu koordinieren, "what needs to be done to implement that plan"[41]. Die Budgetierung kann demzufolge als ein Hilfsmittel zur Implementierung von Plänen angesehen werden. Durch die Festlegung von Budgets soll zudem eine Motivation der Mitarbeiter erreicht werden. Damit Budgets aber diese Motivationsfunktion ausüben können, ist eine Akzeptanz der den Budgets zugrunde liegenden Standard Costs notwendig. Für das Standard Costing erwächst hieraus die Notwendigkeit, allgemein akzeptierte und anerkannte Standards zur Ermittlung der Standard Costs zu verwenden. Dieser Argumentation folgend, sind Standard Costing und Budgeting als eng verzahnt anzusehen.

Plankosten geben den bewerteten entscheidungsfeldbezogenen oder sachzielbezogenen künftigen Güterverbrauch wieder. Sie basieren auf zwei Einflussgrößen: dem Plan-Mengenverbrauch und dem Plan-Wertansatz (vgl. Abb. 3.1).

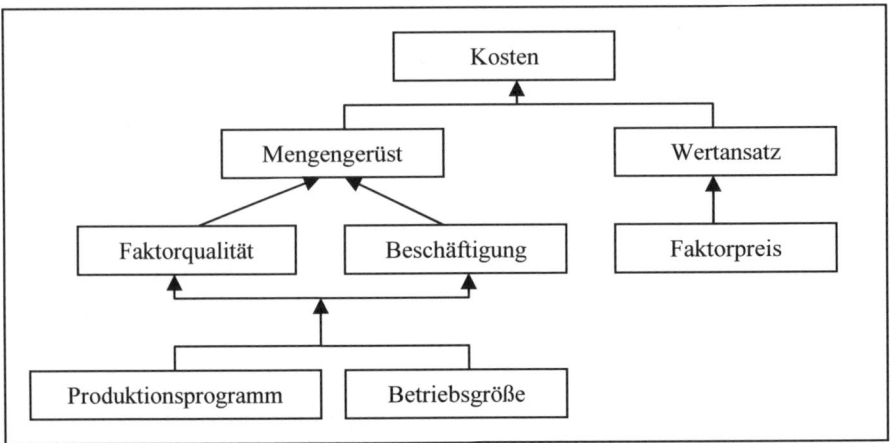

Abb. 3.1 Hauptkosteneinflussgrößen der Plankostenrechnung

Der Faktormengenverzehr der künftigen Plankostenarten hängt von verschiedenen Bestimmungsfaktoren ab. Dazu gehören die Betriebsgröße, das Produktionsprogramm, die Beschäftigung und die Faktorqualität. Der Wertansatz basiert auf künftigen Ausgaben (oder – in Knappheitssituationen – auf (Plan-)Grenznutzen). In den im Folgenden vorzustellenden

---

40   Horngren et al. (2006), S. 7.
41   Horngren et al. (2006), S. 7.

grundlegenden Plankostenrechnungen wird neben dem Wertansatz meist nur der Einfluss der Variation einer weiteren Kosteneinflussgröße – nämlich der Beschäftigung – erfasst. Dabei kann die Beschäftigung oder der Beschäftigungsgrad mit Hilfe unterschiedlicher Maßstäbe, wie z. B. Fertigungszeiten, Maschinenlaufzeiten oder Anzahl der Produkteinheiten einer Produktart, gemessen werden.[42]

Je nachdem, von welchen Prämissen hinsichtlich der Beschäftigung auszugehen ist, wird zwischen einer starren und einer flexiblen Plankostenrechnung unterschieden (vgl. Abb. 3.2). Eine flexible Plankostenrechnung kann wiederum entweder auf Voll- oder auf Teilkosten basieren.[43]

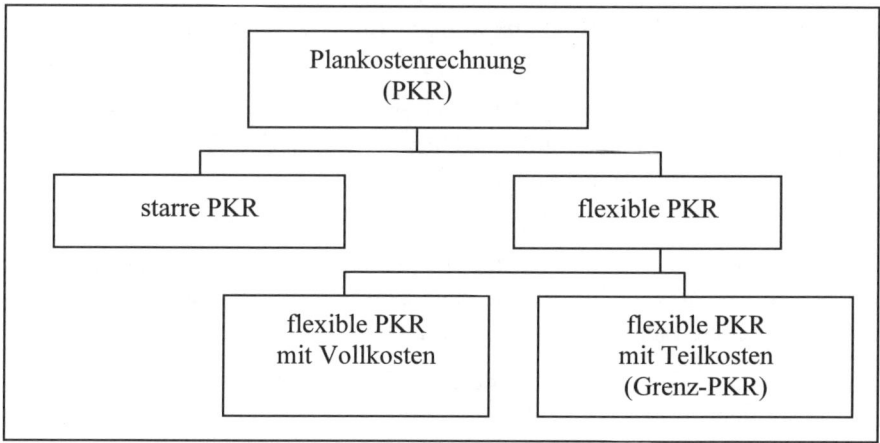

Abb. 3.2 Systeme der Plankostenrechnung

3.4.1 Starre Plankostenrechnung

Starre Plankosten werden aufgrund von fest vorausgeplanten Kosteneinflussgrößen ermittelt. Unberücksichtigt bleibt dabei, dass die tatsächlich realisierten Kosteneinflussgrößen von den geplanten abweichen können. Dies gilt insbesondere für die Beschäftigung. Für jede Kostenstelle wird eine Planbeschäftigung angenommen, auf deren Basis die Kalkulationssätze gebildet werden, die auch dann für die Kalkulation der Kostenträger verwendet werden, wenn sich herausstellt, dass die tatsächliche Beschäftigung von der Planbeschäftigung abweicht. Auch die Wertkomponenten und die anderen Kosteneinflussgrößen, wie bspw. die Faktorqualität, wer-

---

[42] Vgl. Ossadnik (2003), S. 101–102.
[43] Vgl. Hummel u. Männel (1983), S. 133; Ossadnik (2003), S. 101.

den als starr angenommen. Mögliche Schwankungen dieser Größen werden also explizit ausgeschlossen. Die Standardform der starren Plankostenrechnung basiert auf dem Ansatz einer Vollkostenrechnung, wobei die Kosten deterministisch angesetzt werden, d. h. Zufallsschwankungen unberücksichtigt bleiben.[44]

Bei Anwendung der starren Plankostenrechnung kann grundsätzlich auf die Methoden der Kostenarten-, Kostenstellen- und Kostenträgerrechnung gemäß dem Istkostenrechnungssystem (auf Vollkostenbasis) zurückgegriffen werden. Dabei sind lediglich die Istverbrauchsmengen durch die Planverbrauchsmengen laut Planbeschäftigung sowie die Wertkomponenten der Istkostenrechnung durch fest vorgegebene Planwerte zu ersetzen.[45] Zur Bestimmung des Planverbrauchs können folgende Unterlagen herangezogen werden:

- Verbrauchsfunktionen, welche die Beziehungen zwischen Verbrauchsmengen an primären/sekundären Güterarten und den fest geplanten Einflussgrößen wiedergeben sowie
- arbeitswissenschaftliche Methoden zur Planung von Lohnkosten.

Die Plankosten resultieren aus der Bewertung der Planverbrauchsmengen mit den fest vorgegebenen Planwerten. Die Ermittlung der (starren) Plankosten richtet sich nach folgendem Ablauf:[46]

1. Festlegung der konstant gehaltenen Planbeschäftigung für alle Kostenstellen;
2. Ermittlung der Einzelkosten als Plankosten anhand der Planbeschäftigung, getrennt nach einzelnen primären Kostenarten;
3. Ermittlung der Gemeinkosten als Plankosten anhand der Planbeschäftigung für jede Kostenstelle, getrennt nach einzelnen primären Kostenarten;
4. Durchführung der Sekundärkostenrechnung, indem ausgehend von fest vorgegebenen Plankostenverrechnungssätzen für innerbetriebliche Güter verrechnete Plankosten (K^P_{ver}) ermittelt werden:

$$K^P_{ver} = \frac{K^P}{x^P} \cdot x^I \tag{3.1}$$

mit

K^P Plankosten

---

[44] Vgl. Coenenberg et al. (2007), S. 216.
[45] Vgl. Ossadnik (2003), S. 102.
[46] Vgl. im Folgenden Kilger et al. (2007), S. 56; Ossadnik (2003), S. 102–103.

$$x^P \quad \text{Planbeschäftigung}$$

$$x^I \quad \text{Istbeschäftigung}$$

$$\frac{K^P}{x^P} \quad \text{Plankostenverrechnungsatz}$$

5. Ermittlung der Plankosten für die einzelnen absatzbestimmten Kostenträger bei Planbeschäftigung gemäß Kalkulationssystematik der Istkostenrechnung unter Verwendung von Plankostenverrechnungssätzen.

Beispiel: Die Zuckerpuppen & Söhne GmbH hat ihre Planbeschäftigung (x^P) auf 6.000 Fertigungsstunden pro Monat festgelegt. Die Plankosten (K^P) betragen 30.000 GE pro Monat (davon sind 10.000 GE fixe Plankosten (KF^P) und 20.000 GE variable Plankosten (KV^P)). Während der Abrechnungsperiode umfasst die Istbeschäftigung (x^I) nur 4.200 Stunden, wobei Istkosten (K^I) in Höhe von 29.000 GE anfallen.

Zunächst ist der Plankostenverrechnungssatz zu bestimmen. Für das Beispiel ergibt sich ein Plankostenverrechnungssatz von:

$$\frac{K^P}{x^P} = \frac{KF^P + KV^P}{x^P} = \frac{10.000\,\text{GE} + 20.000\,\text{GE}}{6.000\,\text{h}} = 5\,\frac{\text{GE}}{\text{h}}$$

Die verrechneten Plankosten betragen somit:

$$K^P_{ver} = \frac{KF^P + KV^P}{x^P} \cdot x^I = 5\,\frac{\text{GE}}{\text{h}} \cdot 4.200\,\text{h} = 21.000\,\text{GE}$$

Insgesamt werden, wie in Abb. 3.3 für das vorliegende Beispiel verdeutlicht, bei der starren Plankostenrechnung zwei Abweichungen (gemäß (3.2) und (3.3)) unterschieden:[47]

$$K^P - K^I \tag{3.2}$$

Die erste Abweichung charakterisiert die Differenz zwischen den Plan- und den Istkosten. Aus der errechneten Unterschreitung der Plankosten in Höhe von 1.000 GE kann jedoch nicht abgeleitet werden, ob diese auf einer ungenügenden Auslastung der Fertigungskapazität (Beschäftigungsabweichung) und/oder auf einem nicht planmäßigen Verzehr von Wirtschaftsgütern (Verbrauchsabweichung) und damit auf Unwirtschaftlichkeiten in dem Betrieb basiert. Auf Preisschwankungen kann diese Abwei-

---

[47] Vgl. hierzu Kilger et al. (2007), S. 57–58 sowie z. B. Freidank (2008), S. 206–207; Ossadnik, (2003), S. 104–105.

chung nicht zurückgeführt werden, da die Istkosten mit fest vorgegebenen Verrechnungssätzen bewertet worden sind.

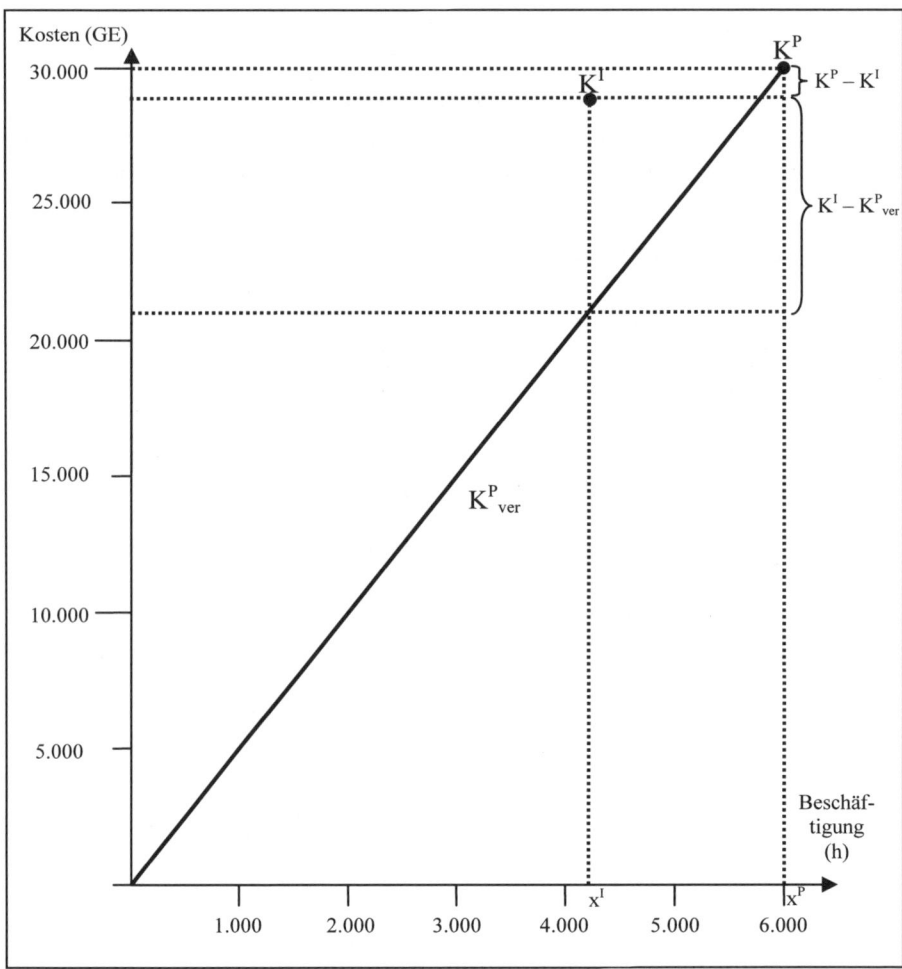

Abb. 3.3 Starre Plankostenrechnung

$$K^{I} - K^{P}_{ver} \tag{3.3}$$

Die zweite Abweichung kennzeichnet die Differenz zwischen den Istkosten und den verrechneten Plankosten bei Istbeschäftigung. Der Vorteil gegenüber der ersten Kostenabweichung besteht darin, dass der Kostenvergleich sich auf die gleiche Beschäftigung bezieht. Dennoch ist auch die zweite Kostendifferenz wenig aussagefähig. Aufgrund der Proportionalisierung der Planfixkosten sind in den verrechneten Plankosten bei Istbeschäftigung fixe Kostenbestandteile enthalten. Infolgedessen ist unklar, ob eine Abweichung aus einem übermäßigen Verzehr von Wirtschaftsgütern oder aus einer ungenügenden Kapazitätsauslastung oder aus beidem herrührt.

Die mit der starren Plankostenrechnung verbundenen Vorteile lassen sich wie folgt skizzieren:[48]

- Das System gestattet in der laufenden Abrechnung eine einfache und schnelle Handhabung.

- Gegenüber der Istkosten- und Normalkostenrechnung ermöglicht die starre Plankostenrechnung eine Kostenplanung, die vielfältige Einblicke in den Betriebsprozess gewährt und hierdurch eine Basis für eine Verbesserung der Wirtschaftlichkeit liefert.

Demgegenüber stehen schwerwiegende Nachteile:[49]

- Die Aussagekraft der Kostenkontrolle wird durch die fehlende Anpassung der Plankosten an die wechselnden Istbeschäftigungen erheblich beeinträchtigt. Die starre Plankostenrechnung berücksichtigt nicht, wie viele Kosten bei einer bestimmten Istbeschäftigung bei wirtschaftlichem Verhalten anfallen dürfen. Kostenkontrollen sind also im Rahmen der starren Plankostenrechnung nur dann möglich, wenn die Istbeschäftigung mit der Planbeschäftigung übereinstimmt oder von dieser nur ganz geringfügig abweicht.

- Weitere Nachteile resultieren aus dem Charakter der starren Plankostenrechnung als Vollkostenrechnung. Da die Plankosten nicht in fixe und variable Bestandteile aufgeteilt werden, wird zwangsläufig gegen das Marginalprinzip (Verursachungsprinzip) als elementaren Grundsatz der Kostenrechnung verstoßen, indem auch nicht verursachungsgerecht zurechenbare Fixkosten den einzelnen Kostenträgern zugerechnet werden. Solche Kalkulationsergebnisse vermögen operative Entscheidungen, z. B. über einen Zusatzauftrag bei freien Kapazitäten, nicht hinreichend zu unterstützen. Die Bereitstellung entscheidungsrelevanter Kosten kann von der starren Plankostenrechnung nur unzureichend erfüllt werden. Dies gilt jedoch nicht nur für die starre Plankostenrechnung, sondern auch für die im Folgenden zu erörternde flexible Plankostenrechnung auf Vollkostenbasis.

---

[48] Vgl. Coenenberg et al. (2007), S. 218; Kilger et al. (2007), S. 58.
[49] Vgl. Hummel u. Männel (1983), S. 136; Coenenberg et al. (2007), S. 218; Kilger et al. (2007), S. 58.

3.4.2 Flexible Plankostenrechnung auf Vollkostenbasis

In der flexiblen Plankostenrechnung werden – im Gegensatz zur starren Plankostenrechnung – die Plankosten als Funktion der Kosteneinflussgrößen erfasst. Die Standardform der flexiblen Plankostenrechnung berücksichtigt nur die Beschäftigung als variable, entscheidungsrelevante Kosteneinflussgröße und geht bei allen anderen Kosteneinflussgrößen von fest vorgegebenen Plangrößen aus.[50] Demnach werden z. B. die Betriebsgröße und die Faktorqualität nicht als variable Größen betrachtet, sondern als konstant angenommen. Die Beschäftigung ist somit die einzige variable Kosteneinflussgröße, in deren Abhängigkeit sich die variablen Kostenarten ändern.[51] In der Regel gibt es aber auch beschäftigungsfixe Kosten. Demzufolge ändern sich nicht alle Plankosten bei Variation der Beschäftigung. Die Standardform der flexiblen Plankostenrechnung erfordert daher eine Trennung der Plankosten in die gesamten *beschäftigungsabhängigen* (variablen) Plankosten und in die gesamten *beschäftigungsunabhängigen* (fixen) Plankosten. Den beschäftigungsabhängigen Plankosten wird zumeist eine proportionale Abhängigkeit von der Beschäftigung unterstellt.

Die Aufspaltung der Plankosten in fixe und variable Bestandteile dient der Kostenkontrolle in der Kostenstellenrechnung. Die Kostenvorgaben lassen sich hierdurch an die jeweilige Istbeschäftigung anpassen, d. h. statt fester Beträge für eine bestimmte Planbeschäftigung wird eine Kostenfunktion vorgegeben, aus der sich die sog. *Sollkosten* ableiten lassen. Hierunter sind die Kosten zu verstehen, die entsprechend der jeweiligen Beschäftigung unter Annahme eines wie in der Planung unterstellten Umgangs mit den Ressourcen anfallen sollten.[52] Nach dem Ende der Abrechnungsperiode kann die tatsächliche Istbeschäftigung der Kostenstelle sowie die Höhe der Istkosten ermittelt werden. Auf Basis der Istbeschäftigung wird die Höhe der Sollkosten für die Kostenstelle bestimmt. Diese Sollkosten können mit den Istkosten verglichen werden. In der Kostenträgerrechnung wird dagegen analog zu der starren Plankostenrechnung mit verrechneten Plankosten gearbeitet. Diese ergeben sich durch Multiplikati-

---

[50]   Eine flexible Plankostenrechnung, die lediglich eine variable Kosteneinflussgröße berücksichtigt, wird als einfach-flexible Plankostenrechnung bezeichnet. Werden mehrere Kosteneinflussgrößen berücksichtigt, wird von einer vollflexiblen bzw. mehrfach-flexiblen Plankostenrechnung gesprochen. Vgl. Coenenberg et al. (2007), S. 219; Freidank (2008), S. 208.

[51]   Neben einer reinen Mengenabweichung, die durch unterschiedliche Beschäftigungsgrade ausgelöst wird, können in der flexiblen Plankostenrechnung auf Vollkostenbasis auch Preisabweichungen ΔP bestimmt werden. Diese Abweichung soll im Folgenden nicht weiter berücksichtigt werden.

[52]   Vgl. Coenenberg et al. (2007), S. 219.

on des Plankalkulationssatzes auf Vollkostenbasis mit der Istbeschäftigung.[53]

Zur Ermittlung der variablen Plankosten und deren Abhängigkeit von der Beschäftigung wird eine Basisbeschäftigung festgelegt. Die Sollkosten K^S ergeben sich aus der Funktion:[54]

$$K^S = KF^P + KV^P \cdot \frac{x^I}{x^P} = KF^P + kv^P \cdot x^I \tag{3.4}$$

mit

$\dfrac{x^I}{x^P}$ Beschäftigungsgrad

KV^P variable Plankosten

kv^P variable Planstückkosten

KF^P fixe Plankosten

Bei der flexiblen Plankostenrechnung kann auf die Systematik der Kostenarten-, Kostenstellen- und Kostenträgerrechnung der Istkostenrechnung zurückgegriffen werden. Vor Anwendung dieses Rechnungssystems sind die Plankosten jeder primären Kostenart anhand von Verbrauchsanalysen und Verbrauchsfunktionen in beschäftigungsvariable und -fixe Bestandteile zu gliedern. Planeinzelkosten wie Fertigungsmaterial und Fertigungslöhne auf Akkordbasis sind variable Plankosten. Gehälter, Abschreibungen, Zinsen, Versicherungsprämien, einzelne Gebühren und Steuern stellen dagegen fixe Plankosten dar.

Die flexible Plankostenrechnung auf Vollkostenbasis vollzieht sich nach folgendem Ablauf:[55]

1. Ermittlung der Einzelkosten als variable Plankosten, getrennt nach einzelnen primären Kostenarten;
2. Festlegung von Bezugsgrößen der Planbeschäftigung als Maßgrößen der Kostenverursachung und Bestimmung der Planbeschäftigung;
3. Trennung der Plangemeinkosten in variable und fixe Kosten;
4. Ermittlung der Gemeinkosten als variable oder fixe Plankosten für jede Kostenstelle, getrennt nach den einzelnen primären Kostenarten;
5. Durchführung der Sekundärkostenrechnung (d. h. Ermittlung der Kosten nicht absatzbestimmter (innerbetrieblicher) Güter) mit Hilfe von Plankostenverrechnungssätzen;

---

[53] Siehe Gleichung (3.1).
[54] Vgl. auch Coenenberg et al. (2007), S. 220; Freidank (2008), S. 209.
[55] Vgl. Ossadnik (2003), S. 106–107; Kloock et al. (2005), S. 234–247.

6. Ermittlung der Plankosten für die einzelnen absatzbestimmten Kostenträger gemäß Istkostenrechnungssystematik unter Verwendung von Plankostenverrechnungssätzen;
7. Ergänzung der Plankostenermittlung durch eine mengenorientierte Bestandsrechnung.

Der flexiblen Plankostenrechnung auf Vollkostenbasis liegen dabei die folgenden Prämissen zugrunde:[56]

- variable Beschäftigung ist einzige entscheidungsrelevante Kosteneinflussgröße;
- geplante Wertkomponenten sind fest vorgegeben (starr);
- geplante sonstige Einflussgrößen, die i. d. R. nicht gesondert erfasst und ausgewiesen werden, sind fest vorgegeben (starr);
- eindeutige Trennung aller Plankosten in (beschäftigungs-)proportionale und fixe Bestandteile;
- Ansatz von Vollkosten, bei denen die variablen Kosten gesondert erfasst werden;
- deterministischer Ansatz der Kosten.

Im Zuge von Abweichungsanalysen werden die Istkosten (K^I) (auf Basis von Planpreisen) mit den Sollkosten (K^S) verglichen. Als Resultat ergibt sich die nach Kostenarten differenzierte Verbrauchsabweichung (ΔV) einer Kostenstelle, die auch als *Kostenstellenabweichung* bezeichnet wird.[57] Sie gibt an, in welchem Umfang die Istkosten von den Kosten abweichen, die hätten anfallen sollen. Es gilt:

$$\Delta V = K^I - K^S \tag{3.5}$$

Die Differenz zwischen den Sollkosten und den verrechneten Plankosten stellt (bei gegebenem x^I) die sog. *Beschäftigungsabweichung* (ΔB) dar:

$$\Delta B = K^S - K^P_{ver} \tag{3.6}$$

Die Beschäftigungsabweichung einer Kostenstelle gibt an, welche Kostendifferenz zwischen den Sollkosten der Kostenstellenrechnung und den verrechneten Plankosten der Kostenträgerrechnung entsteht, wenn in der Plankalkulation bei jeder Beschäftigung der Plankostenverrechnungssatz (K^P/x^P) beibehalten wird. Die Beschäftigungsabweichung entspricht den

---

[56]   Vgl. Kloock et al. (2005), S. 233.
[57]   Vgl. Kilger et al. (2007), S. 61.

bei Unterbeschäftigung zu wenig bzw. bei Überbeschäftigung zu viel kalkulierten fixen Kosten.[58]

Der entscheidende Unterschied zwischen der flexiblen und der starren Plankostenrechnung besteht in der *echten Beschäftigungsabweichung* ΔEB, die aus der Differenz von Sollkosten der Istbeschäftigung und Plankosten berechnet wird:[59]

$$\Delta EB = K^S - K^P \tag{3.7}$$

K^P bezeichnet diejenigen Kosten, die bei Planbeschäftigung anfallen sollten, während K^S die entsprechenden Kosten bei Istbeschäftigung charakterisieren. Die Differenz ΔEB bringt zum Ausdruck, welcher Teil der Kostenabweichung auf eine verringerte Beschäftigung zurückzuführen ist. Falls die Istbeschäftigung kleiner (größer) als die geplante Beschäftigung ist, entspricht dieser Teil inhaltlich den geplanten variablen Kosten, die aufgrund der Unter- (bzw. Über-)beschäftigung entfallen (bzw. zusätzlich anfallen) müssten.

Die Vorgehensweise der flexiblen Plankostenrechnung auf Vollkostenbasis wird im Folgenden anhand eines Beispiels verdeutlicht.

Beispiel: Die Zuckerpuppen & Söhne GmbH hat ihre Planbeschäftigung (x^P) auf 6.000 Fertigungsstunden pro Monat festgelegt. Die gesamten Plankosten (K^P) betragen 30.000 GE pro Monat. Davon sind 20.000 GE pro Monat variable Plankosten (KV^P) und 10.000 GE pro Monat fixe Plankosten (KF^P). Die Istbeschäftigung (x^I) beträgt während der Abrechnungsperiode nur 4.200 Stunden, wobei Istkosten (K^I) in Höhe von 29.000 GE anfallen. Eine Preisabweichung liegt nicht vor, d. h. $\Delta P = 0$.

Zunächst ist der Plankostenverrechnungssatz (K^P/x^P) zu bestimmen. Für das Beispiel ergibt sich ein Plankostenverrechnungssatz von

$$\frac{K^P}{x^P} = \frac{KF^P + KV^P}{x^P} = \frac{10.000\,GE + 20.000\,GE}{6.000\,h} = 5\,\frac{GE}{h}$$

Die verrechneten Plankosten betragen:

$$K^P_{ver} = \frac{KF^P + KV^P}{x^P} \cdot x^I = 5\,\frac{GE}{h} \cdot 4.200\,h = 21.000\,GE$$

Die Sollkosten betragen:

---

[58] Vgl. Kilger et al. (2007), S. 61–62.
[59] Vgl. Freidank (2008), S. 212–213; vgl. auch Kloock et al. (2005), S. 288.

$$K^S = KF^P + \frac{KV^P}{x^P} \cdot x^I$$

$$K^S = 10.000\,\text{GE} + \frac{20.000\,\text{GE}}{6.000\,\text{h}} \cdot 4.200\,\text{h} = 24.000\,\text{GE}$$

Alternativ kann die Ermittlung der Sollkosten auch mit Hilfe des sog. Variators erfolgen. Der Variator (v) gibt den relativen Anteil der proportionalen Plankosten an den gesamten Plankosten einer Kostenart oder Kostenstelle an. Anstatt der prozentualen Schreibweise wird für den Variator die Zahl 10 als Basis verwendet. Der Variator gibt somit an, wie viel Zehntel der gesamten Plankosten (einer Kostenstelle oder einer Kostenart) variabel sind.[60]

$$v = \frac{KV^P}{K^P} \cdot 10 \tag{3.8}$$

Aus dem vorliegenden Zahlenbeispiel ergeben sich folgende Werte:

$$v = \frac{KV^P}{K^P} \cdot 10 = \frac{20.000\,\text{GE}}{30.000\,\text{GE}} \cdot 10 = 6,\overline{6}$$

Ein Variator von $6,\overline{6}$ besagt, dass sich bei einer zehnprozentigen Beschäftigungsänderung die Kosten um $6,\overline{6}\,\%$ verändern. Unter Verwendung des Variators ergeben sich die Sollkosten wie folgt:

$$K^S = K^P \cdot \left(1 - \frac{v}{10}\right) + K^P \cdot \frac{v}{10} \cdot \frac{x^I}{x^P}$$

$$K^S = 30.000\,\text{GE} \cdot \left(1 - \frac{6,\overline{6}}{10}\right) + 30.000\,\text{GE} \cdot \frac{6,\overline{6}}{10} \cdot \frac{4.200\,\text{h}}{6.000\,\text{h}} = 24.000\,\text{GE}$$

Zur Verdeutlichung sind in Abb. 3.4 die zuvor ermittelten Kostengrößen und Funktionen eingezeichnet. Der vertikale Abstand zwischen der Sollkostenkurve und der Kurve der verrechneten Plankosten (bei Istbeschäftigung) zeigt die Beschäftigungsabweichung (ΔB). Auch die Verbrauchsabweichung (ΔV) und die echte Beschäftigungsabweichung (ΔEB) können direkt aus der Grafik abgelesen werden. Die verrechneten Plankosten stimmen nur bei Planbeschäftigung mit den Sollkosten überein (Schnittpunkt zwischen K^P und K^S). Die Kurve der verrechneten Plankosten stellt im Gegensatz zur Sollkostenkurve keine realisierbare Kostenkurve dar. Sie ist

---

[60]   Vgl. Coenenberg et al. (2007), S. 220.

daher in der flexiblen Plankostenrechnung nur von rechentechnischer Bedeutung.[61]

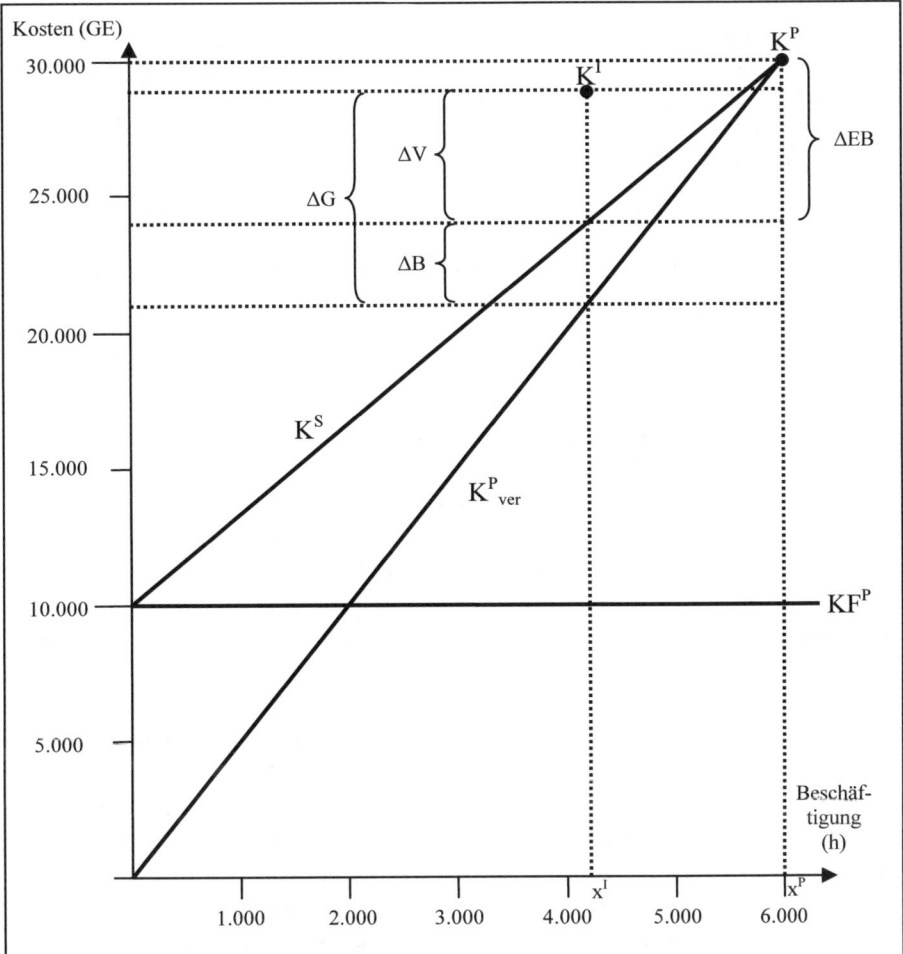

Abb. 3.4 Flexible Plankostenrechnung auf Vollkostenbasis

Rechnerisch ergeben sich somit für Verbrauchs-, Beschäftigungs- und echte Beschäftigungsabweichung folgende Werte:

- Verbrauchsabweichung:

$$\Delta V = K^I - K^S = 29.000\,\text{GE} - 24.000\,\text{GE} = 5.000\,\text{GE}$$

---

[61] Vgl. Kilger et al. (2007), S. 61.

- Beschäftigungsabweichung:

$$\Delta B = K^S - K^P_{ver} = 24.000\ GE - 21.000\ GE = 3.000\ GE$$

- echte Beschäftigungsabweichung:

$$\Delta EB = K^S - K^P = 24.000\ GE - 30.000\ GE = -6.000\ GE$$

- Gesamtabweichung:

$$\Delta G = \Delta V + \Delta B + \Delta P = 5.000\ GE + 3.000\ GE + 0\ GE = 8.000\ GE$$

Beim Vergleich der starren Plankostenrechnung mit der flexiblen Plankostenrechnung zeigt sich, dass die Abweichung $K^I - K^P_{ver}$ der starren Plankostenrechnung bei der flexiblen Plankostenrechnung in die *Verbrauchsabweichung* ($K^I - K^S$) und in die *Beschäftigungsabweichung* $K^S - K^P_{ver}$ zerlegt wird.[62] Im Gegensatz zur starren Plankostenrechnung erfüllt die flexible Plankostenrechnung auf Vollkostenbasis dadurch die Funktion der Kostenkontrolle sowohl in der Kostenarten- als auch in der Kostenstellenrechnung. Den dispositiven Aufgaben der Kostenrechnung genügt sie jedoch nicht. Im Gegensatz zur starren Plankostenrechnung werden zwar die Plankosten in fixe und proportionale Bestandteile zerlegt, diese Aufteilung dient aber nur der Anpassung der Kostenvorgabe an Beschäftigungsschwankungen für die laufende Kosten(stellen)kontrolle. In die Kalkulationssätze (Kostenträgerrechnung) werden wie in jeder anderen Vollkostenrechnung fixe Kosten einbezogen. Diese rechnerische Proportionalisierung der fixen Kosten führt u. U. zu Fehlentscheidungen bei kurzfristigen Planungsaufgaben.[63]

Im Grundsatz besteht die Funktion eines Kostenrechnungssystems aus planungstheoretischer Sicht darin, für jede zu lösende Entscheidungsaufgabe die relevanten Kosten zur Verfügung zu stellen. Die relevanten Kosten einer Handlungsalternative umfassen aus theoretischer Sicht alle Kosten, die *ursächlich* auf die Wahl dieser Handlungsalternative zurückzuführen sind. Ursächlich bedeutet in diesem Zusammenhang, dass die relevanten Kosten durch die entscheidungsabhängigen Kosteneinflussgrößen bzw. deren Veränderungen funktional determiniert werden. Derartige Kosten sollten als Plangrößen ermittelt werden, da unternehmerische Entscheidungen stets zukunftsbezogenen Charakter aufweisen. Allerdings stellt die für Vollkostenrechnungen typische proportionale Zurechnung fixer Kosten auf die Kalkulationsobjekte, wie z. B. die nicht verursachungsgerechte Schlüsselung fixer Gemeinkosten, einen Verstoß gegen den Grundsatz der

---

[62] Vgl. Kilger et al. (2007), S. 62.
[63] Vgl. Kilger et al. (2007), S. 64–65.

relevanten Kosten dar. Bei dieser Vorgehensweise nach dem Proportionalitäts- bzw. Durchschnittsprinzip fließen in die Kalkulationsergebnisse fixe Bestandteile ein. Fixkosten werden von den betreffenden unternehmerischen Entscheidungen jedoch grundsätzlich nicht beeinflusst.[64] Die künstliche Proportionalisierung der fixen Kosten kann somit zu Fehlentscheidungen bei den folgenden *kurzfristigen* Planungsaufgaben führen:[65]

- Ermittlung von Preisgrenzen für Zusatzaufträge;
- Festlegung des gewinnoptimalen Produktionsprogramms;
- Entscheidungen über (kurzfristige) Eigenerstellung oder Fremdbezug;
- Auswahl der optimalen Maschinenbelegung;
- Bestimmung optimaler Bedienungssysteme;
- Steuerung intensitätsmäßiger Anpassungsprozesse;
- Ermittlung kostenminimaler Transportpläne.

Für diese Entscheidungsprobleme werden als relevante Kosten nur die variablen Kosten benötigt. Die Fixkosten dürfen dagegen den Kostenträgern nicht zugerechnet werden, sondern müssen en bloc in das Betriebsergebnis der Abrechnungsperiode eingehen.

Bei *längerfristigen* Planungen bzw. Entscheidungen sind die Fixkosten jedoch zu berücksichtigen. Ein Beispiel hierfür ist die Entscheidung über die Aufnahme eines neuen Produktes in das Produktionsprogramm. Hierbei können z. B. die Einrichtung eines neuen Fließbandes und der Aufbau eines neuen Vertriebsapparats notwendig werden, wodurch sich die Höhe der Fixkosten ändert.[66]

Die Schlüsselung fixer Kosten auf Produkte oder Aufträge ist z. B. im Rahmen der Artikelkalkulation bei Entscheidungen über (langfristige) Preisplanung oder bei öffentlichen Aufträgen als Basis für die Ermittlung der Selbstkostenerstattungspreise notwendig. Im Rahmen der Bilanzierung dienen die Voll(Herstell-)kosten der Bewertung von Beständen an Halb- und Fertigfabrikaten.

3.4.3 Grenzplankostenrechnung

Der Begriff der Grenzplankostenrechnung wurde erstmalig von Plaut[67] geprägt. Historisch gesehen ist dieses Kostenrechnungssystem aus der auf Vollkosten basierenden flexiblen Plankostenrechnung hervorgegangen.

---

[64] Vgl. Freidank (2008), S. 268–269.
[65] Vgl. hierzu auch Kilger et al. (2007), S. 67–70.
[66] Vgl. Kilger et al. (2007), S. 67; Freidank (2008), S. 271–272.
[67] Vgl. Plaut (1951); Plaut (1953a); Plaut (1953b).

Daher wird die Grenzplankostenrechnung auch als flexible Plankostenrechnung auf Grenzkostenbasis bezeichnet. Dabei haben die von Schmalenbach[68] und Rummel[69] geschaffenen theoretischen Grundlagen wesentlich zur späteren Verbreitung der Grenzplankostenrechnung beigetragen.[70]

Grundlage der Grenzplankostenrechnung bildet die strikte Trennung in fixe und variable Kostenbestandteile. Fixe Kosten werden bei diesem Rechnungssystem den einzelnen Kostenträgern *nicht* zugerechnet. Sie werden in der Regel en bloc in das Betriebsergebnis ausgebucht. Es wird somit nur ein Teil der gesamten Kosten auf die Kostenträger verrechnet, daher handelt es sich bei der Grenzplankostenrechnung um eine Teilkostenrechnung. Für die variablen Kosten wird der funktionale Zusammenhang zwischen Beschäftigung und Kosten bestimmt. Werden sämtliche beschäftigungsabhängigen Kosten korrekt erfasst, entspricht der Kostenzuwachs aus der Produktion einer zusätzlichen Einheit eines Erzeugnisses den Grenzkosten dieses Produktes. Aus Praktikabilitätsgründen wird regelmäßig von einer linearen Abhängigkeit der Grenzkosten von der Beschäftigung ausgegangen.[71]

Die Grenzplankostenrechnung entspricht hinsichtlich ihres Aufbaus weitgehend der auf Vollkosten basierenden flexiblen Plankostenrechnung. Der entscheidende Unterschied besteht darin, dass sowohl bei der Bildung von Verrechnungssätzen für innerbetriebliche Leistungen als auch bei der Ermittlung von Kalkulationssätzen nur die proportionalen Plankosten berücksichtigt werden.[72] Die *fixen* Kostenbestandteile werden ausdrücklich *nicht* berücksichtigt. Die verrechneten Plankosten bestimmen sich bei der Grenzplankostenrechnung somit gemäß der folgenden Formel:

$$KV_{ver}^{P} = \frac{KV^{P}}{x^{P}} \cdot x^{I} \tag{3.9}$$

Als Bezugsgrößen bei Planbeschäftigung dienen die Größen, mit denen die Planbeschäftigung gemessen wird (z. B. zu fertigende Mengeneinheiten, Planfertigungszeiten etc.).

Beispiel: Die Zuckerpuppen & Söhne GmbH hat ihre Planbeschäftigung (x^{P}) auf 500 Fertigungsstunden pro Monat festgelegt. Die gesamten Plankosten (K^{P}) betragen 11.000 GE/Monat. Davon sind 7.000 GE/Monat variable Plankosten (KV^{P}) und 4.000 GE/Monat fixe Plankosten (KF^{P}). Die

[68]   Vgl. z. B. Schmalenbach (1963).
[69]   Vgl. z. B. Rummel (1967).
[70]   Vgl. Kilger et al. (2007), S. 70.
[71]   Vgl. Ossadnik (2003), S. 108.
[72]   Vgl. Kilger et al. (2007), S. 71.

Istbeschäftigung (x^I) beträgt während der Abrechnungsperiode nur 400 Stunden, wobei Istkosten (K^I) in Höhe von 10.000 GE anfallen.

Zunächst ist wiederum der Plankostenverrechnungssatz zu ermitteln. Dieser ergibt sich bei der Grenzplankostenrechnung aus:

$$\frac{KV^P}{x^P} = \frac{7.000\,GE}{500\,h} = 14\,\tfrac{GE}{h}$$

Die verrechneten Plankosten betragen:

$$K^P_{ver} = \frac{KV^P}{x^P} \cdot x^I = 14\,\tfrac{GE}{h} \cdot 400\,h = 5.600\,GE$$

Ferner gilt:

$$KV^P = K^P - KF^P = 11.000\,GE - 4.000\,GE = 7.000\,GE$$

$$KV^I = K^I - KF^I = 10.000\,GE - 4.000\,GE = 6.000\,GE$$

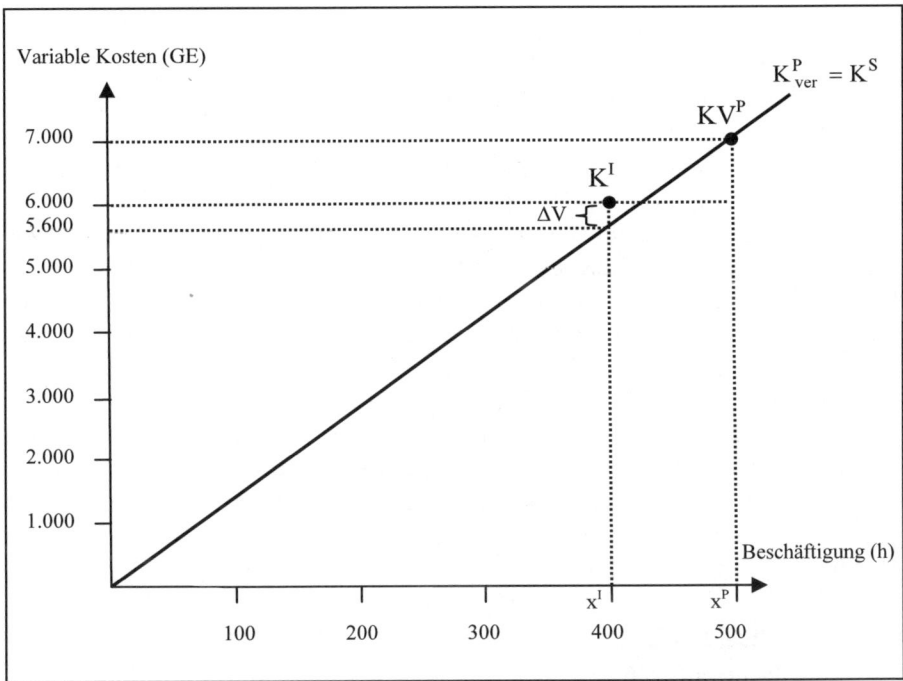

Abb. 3.5 Grenzplankostenrechnung

Die verrechneten oder kalkulierten Plankosten stimmen in einer Grenz-plankostenrechnung stets mit den proportionalen Sollkosten überein. Es gilt also $K^P_{ver} = K^S$, wie Abb. 3.5 für das vorliegende Beispiel verdeutlicht. Dadurch *entfällt* die für die Vollkostenrechnung typische *Beschäftigungs-abweichung*.[73] Diese entsteht durch die Proportionalisierung der Fixkosten und durch die Abweichung zwischen Plan- und Istbeschäftigung. Für die Verbrauchsabweichung gilt:

$$\Delta V = KV^I - K^S = 6.000 \text{ GE} - 5.600 \text{ GE} = 400 \text{ GE}$$

Ziel der Grenzplankostenrechnung ist es, die Fehler der Vollkostenrech-nung bei Entscheidungen im Rahmen kurzfristiger Planungsaufgaben zu vermeiden. Hierfür wird auf die rechnerische Proportionalisierung der fi-xen Kosten verzichtet. Die Grenzplankostenrechnung soll für alle Ent-scheidungsprobleme, die auf der Basis *gegebener* Kapazitäten zu lösen sind, die relevanten Kostendaten zur Verfügung stellen. Relevant sind kurzfristig lediglich die variablen Kosten, da die fixen Kosten kurzfristig nicht beeinflussbar sind und somit bei solchen Entscheidungen *vernach-lässigt* werden können. In dem hier beschriebenen Sinne ist die Grenz-plankostenrechnung als *entscheidungsorientierte* Form der Kostenrech-nung konzipiert. Für die Unterstützung von Wahlentscheidungen bzgl. des Produktionsverfahrens (z. B. Wahl zwischen mehreren Fertigungsstellen oder Wahl zwischen Eigenerstellung oder Fremdbezug) stehen in der Grenzplankostenrechnung die proportionalen Kostensätze der Fertigungs-stellen zur Verfügung.[74]

Bei Anwendung einer Grenzplankostenrechnung zur Fundierung von Entscheidungen zwischen Eigenfertigung oder Fremdbezug lassen sich kurzfristige Preisuntergrenzen bestimmen. Diese sind in Höhe der Grenz-kosten zu fixieren. Der Schwerpunkt der Grenzplankostenrechnung liegt auf der kurzfristigen Planung und Kontrolle des Periodenerfolges mit Hilfe von Deckungsbeiträgen.[75] Als Deckungsbeitrag wird die Differenz aus dem Erlös und den zugehörigen proportionalen Selbstkosten bezeichnet. Im Er-folgsausweis werden den Verkaufserlösen der betrieblichen Erzeugnisse nur die proportionalen Selbstkosten gegenübergestellt, da in der Grenz-plankostenrechnung die fixen Periodenkosten en bloc in die kurzfristige Erfolgsrechnung eingehen.[76]

---

[73]   Vgl. Kilger et al. (2007), S. 71.
[74]   Vgl. Kilger et al. (2007), S. 73; vgl. auch Hummel u. Männel (1983), S. 140-141.
[75]   Zur Deckungsbeitragsrechnung vgl. Kapitel 3.6.
[76]   Vgl. Kilger et al. (2007), S. 73–74.

Die Grenzplankostenrechnung erfüllt die Anforderungen, die an ein Kostenrechnungssystem zu stellen sind. Insbesondere ermöglicht sie eine Kostenkontrolle und liefert Entscheidungsgrundlagen (z. B. für die Annahme oder Ablehnung von Zusatzaufträgen). Trotzdem ist die Zustimmung zur Grenzplankostenrechnung nicht einhellig. Folgende Argumente werden gegen die Verwendung von Teilkosten vorgebracht:

- Die Grenzplankostenrechnung führt nicht zu allgemein anerkannten Wertansätzen für die Bestandsbewertung in der Handels- und Steuerbilanz. Dem ist entgegenzuhalten, dass in der Handelsbilanz eine Bilanzierung zu variablen Kosten zulässig ist. In der Steuerbilanz muss jedoch tatsächlich zu Vollkosten bewertet werden. Es besteht in der Praxis die Tendenz, dass Unternehmen, die eine Grenzplankostenrechnung anwenden, neben dieser auch eine traditionelle Vollkostenkalkulation durchführen. In diesen Fällen bereitet die Bewertung für Zwecke der steuerlichen Bilanzierung keine Schwierigkeiten. Andernfalls kann in einer Zusatzrechnung eine Verteilung des Fixkostenblocks auf die Kostenträger vorgenommen werden.
- Für die Preisermittlung nach den „Leitsätzen für die Preisermittlung aufgrund von Selbstkosten" bei öffentlichen Aufträgen ist die Grenzplankostenrechnung ungeeignet. Dieser Einwand gilt aber nur für den Fall, dass keine Marktpreise feststellbar sind. In diesem Fall ist wie bei der Bestandsbewertung in der Steuerbilanz eine Vollkostenkalkulation neben der Teilkostenkalkulation durchzuführen.
- Bei der Grenzkostenkalkulation besteht die Gefahr, dass unnötige Preissenkungen vorgenommen und deshalb langfristig die Kosten nicht gedeckt werden. Hinter diesem Argument steht die Vorstellung, dass eine Preisbildung auf Basis von Kosten vorgenommen wird. Dem ist jedoch entgegenzuhalten, dass die Kostenrechnung lediglich Informationen darüber bereitstellt, welche Marktpreise gerade noch akzeptabel sind. Legt man Preissetzungsentscheidungen die Vollkostenrechnung zugrunde, besteht die Gefahr, dass Aufträge abgelehnt werden, obwohl ihre Erlöse über die variablen Kosten hinaus fixe Kosten teilweise oder insgesamt abdecken könnten. Auch bei Anwendung der Grenzplankostenrechnung sollten Unternehmen über ihre variablen Kosten hinaus auch die fixen Kosten mittels ihrer Erlöse abdecken und darüber hinaus einen möglichst hohen Nettogewinn erwirtschaften.[77]

---

[77] Vgl. Däumler (1993), S. 146–147.

> **Exkurs: Grenzplankostenrechnungen im Cost Accounting**
>
> Bei der Verwendung von Standard Costs kann das Variable Costing – bzw. synonym – das Direct Costing als Entsprechung zu den Grenzplankostenrechnungen des deutschsprachigen Raums aufgefasst werden. Das Variable Costing wird als Inventory-Costing Method bezeichnet, d .h. als Bewertungsansatz für Inventoriable Costs. Wegen der Nichtberücksichtigung von fixen Kosten wird das Variable Costing in Bezug auf die externe Rechnungslegung kontrovers diskutiert: „Variable costing has been controversial among accountants – not because of the disagreement about the need to delineate between variable and fixed costs for internal planning and control, but as it pertains to external reporting.''[78] Im Rahmen der US-GAAP sind nach herrschender Meinung alle Manufacturing Costs (inkl. fixer Bestandteile) "inventoriable". Auch im Rahmen des Tax Reporting sind in den USA alle Manufacturing Costs in der Steuerbilanz anzusetzen,[79] zuzüglich „some product design and administrative costs (such as legal costs)"[80]. Letztlich ergibt sich damit die Notwendigkeit, Voll- und Teilkostenrechnungen parallel durchzuführen.

3.5 Planleistungsrechnung im Sinne einer Planerlösrechnung

3.5.1 Aufgaben

Zur erfolgszielorientierten Führung und Steuerung eines Unternehmens ist neben einer Erfassung der Isterlöse auch eine adäquate Planung der Erlöse[81] notwendig. Die Aufgabe der *Erlösplanung* besteht darin, Planerlöszahlen für die verschiedensten Zwecke der Unternehmenssteuerung bereitzustellen. Die Planerlöse können in der Retrospektive mit den Isterlösen ver-

---

[78]   Horngren et al. (2006), S. 307. Vgl. hierzu auch Kilger et al. (2007), S. 76 m. w. N.

[79]   Vgl. Horngren et al. (2006), S. 307.

[80]   Horngren et al. (2006), S. 307.

[81]   Der Begriff Planerlösrechnung wird deshalb gewählt, weil im folgenden Abschnitt Bestandsrechnungen erneut ausgeblendet werden sollen.

glichen werden, um hierdurch eine *Erlöskontrolle* zu ermöglichen. Dies ermöglicht die Analyse von Abweichungen und deren Ursachen.[82]

Besondere Bedeutung erhält die Erlösplanung zum einen dadurch, dass
sie Auswirkungen auf verschiedenste Unternehmensbereiche hat; hier ist
etwa an die Produktions- und Beschaffungsplanung zu denken. Zum anderen liefert die Erlösplanung wichtige Zielvorstellungen über die Höhe zukünftiger Erlöse von bestimmten Produkten, Kunden, Absatzsegmenten
oder sogar ganzen Unternehmenseinheiten. Hiermit wird ein wichtiger
Beitrag zur ergebnisorientierten Steuerung eines Unternehmens geleistet.
Die Erlösplanungen und -kontrollen müssen dabei für eine Vielzahl von
Bezugsobjekten (Produkte, Kunden, Profit Center, Marketingaktivitäten
etc.) durchgeführt werden. Aus diesen sehr heterogenen Informationsan-
forderungen erwächst oftmals eine sehr hohe Systemkomplexität.

Neben dem oben aufgeführten Beitrag zur Steuerung eines Unternehmens erfüllt die Erlösplanung (und -kontrolle) eine *Dokumentations- und
Informationsfunktion*. Eine Erlösplanung sollte z. B. die Auswirkungen
von Marketingaktivitäten auf die Höhe der Erlöse aufzeigen, während die
Erlöskontrolle ex-post die Einhaltung von Sollvorgaben kontrolliert und
bei begleitender Durchführung einen Indikator für den Grad der Planerfül-
lung liefern kann. Bei Planuntererfüllung erwächst oftmals die Notwendigkeit, Marketingaktivitäten zu ergreifen, um Lücken in der Realisation der
Planung zu schließen.[83]

Bei der Erlösplanung (und -kontrolle) ergeben sich zwei Probleme, die
in Wechselwirkung miteinander stehen:[84]

- Zum einen können zukünftige Erlöse aufgrund der Unsicherheit über
  zukünftige Marktereignisse und -entwicklungen nie einwertig (deterministisch) vorhergesagt werden. Die Prognosegenauigkeit hängt hierbei
  im Wesentlichen von den Charakteristika des relevanten Marktes (Zahl
  der Anbieter und Nachfrager, Individualität der Leistung, Marktdyna-
  mik etc.) ab.
- Zum anderen stellt die Untersuchung der Erlösverursachung oftmals eine komplexe analytische Aufgabe mit vielfältigen Erlösverbunden unterschiedlicher Erlösarten dar. Ein Erlösverbund liegt immer dann vor,
  wenn die Entscheidung bzgl. eines Erlösträgers Auswirkungen auf andere Erlösträger hat.

---

[82]   Vgl. hierzu und zum Folgenden Rese (2002), Sp. 454.
[83]   Vgl. Rese (2002), Sp. 454.
[84]   Vgl. Rese (2002), Sp. 455.

3.5.2 Einflussfaktoren der Erlösplanung

Erlöse sollten – analog zur Kostenplanung – auf der Basis von empirisch bewährten Funktionen zwischen Erlöshöhe und den zugehörigen Einflussfaktoren geplant werden. Die Erlösrechnung weist bislang jedoch noch keinen mit der Produktions- und Kostentheorie vergleichbaren Erkenntnisstand auf, welcher den entsprechenden Erlösplanungen zugrunde gelegt werden könnte.[85] Es ist festzustellen, dass – trotz intensiver Befassung der Betriebswirtschaftslehre mit absatzmarktseitigen Bedingungen für die Entstehung von Erlösen – entsprechende Erlösfunktionen, mit denen eine Planerlösrechnung durchführbar wäre, nicht in einer Ursache-Wirkungsbeziehungen hinreichend zum Ausdruck bringenden Weise verfügbar sind.[86]

Unabhängig von der Frage mangelnder Verfügbarkeit empirisch gehaltvoller Erlösfunktionen hat eine durchzuführende Erlösplanung[87] in jedem Fall eine Mengen- und eine Wertkomponente, die sog. Preiskomponente, zu berücksichtigen.

In einer ersten Ausbaustufe der Erlösplanung werden die Absatzmengen und -preise als zentrale Bestimmungsgrößen behandelt. Die Aufgabe der Erlösplanung wird hier im Wesentlichen darin gesehen, Einflüsse von Rabatten, Boni, Skonti, Preisänderungen, Wechselkursschwankungen oder Forderungsverlusten zu berücksichtigen.

In einer zweiten Ausbaustufe der Erlösplanung wird zusätzlich nach den Bestimmungsgrößen der Absatzmengen und -preise gefragt. Auf der Kostenseite, die auf die Absatzpreise einwirken kann, ist zwischen den Faktormengen und -preisen weitestgehende Unabhängigkeit gegeben, wenn von Rabatten oder Lerneffekten abstrahiert wird. Dagegen ist auf der Erlösseite eine Interaktion zwischen Mengen- und Preiskomponente zu berücksichtigen.[88]

Weiterhin ist festzustellen, dass externen Größen – d. h. Markteinflüssen – in der Erlösrechnung deutlich größeres Gewicht beigemessen wird als in der Kostenrechnung. Bei den Markteinflüssen kann zwischen internen und externen Einflussgrößen differenziert werden. Als *interne* Einflussgrößen können z. B. der durchschnittliche Marktanteil des Unternehmens sowie die Preisforderung des Unternehmens relativ zum Branchenpreis angesehen werden. Der Marktanteil hängt hierbei aus strategischer

---

[85] Vgl. Schweitzer u. Küpper (2008), S. 409–410.
[86] Vgl. Schweitzer u. Küpper (2008), S. 407.
[87] Vgl. dazu Ossadnik (2003), S. 81–89.
[88] Vgl. Schweitzer u. Küpper (2008), S. 408; Ossadnik (2003), S. 91; Albers (1989), S. 640-642.

Sicht von den Erfolgspotenzialen (Innovationspotenzial, Ausbildungsstand der Mitarbeiter, Produktionspotenzial etc.) eines Unternehmens ab. Aus operativer Sicht wirken Maßnahmen der absatzpolitischen Instrumente (Preis-, Produkt-, Kommunikations- und Distributionspolitik) auf die Absatzmengen und -preise und damit auf den Marktanteil ein. Als *externe* Einflussgrößen sind z. B. das jeweilige Marktvolumen und dessen relative Veränderung, d. h. das Marktwachstum, zu nennen.[89] Aus der Kombination des Herkunftsaspektes der Einflussgrößen mit dem Grad ihrer Beeinflussbarkeit durch das Unternehmen resultiert das aus Tabelle 3.1[90] ersichtliche Schema.

Letztlich können nicht alle Einflussgrößen adäquat prognostiziert werden. Planungen basieren dadurch stets auf bestimmten Annahmen bzw. Prämissen. Für die Erlöskontrolle bedeutet dies, dass Erlösrealisationen aus zwei Gründen von den Planwerten abweichen können:[91]

1. Die Vorgaben wurden nicht realisiert, trotz des Eintrittes der Planungsprämissen.
2. Die Planungsprämissen haben sich nicht bewahrheitet.

Aus Tabelle 3.1 wird zudem ersichtlich, dass eine Vielzahl von Teilplänen Auswirkungen auf die Erlösplanung hat. Als Beispiele können der Absatzplan, der Produktionsplan und der Qualitätsplan genannt werden. Damit wird deutlich, dass der Erlösplanung ein integrativer Charakter zukommt.[92]

Tabelle 3.1 Systematik von Einflussfaktoren der Erlösplanung

	vom Unternehmen beeinflussbar	vom Unternehmen nicht beeinflussbar
absatzmarkt-seitig	• eigene Angebotsgestaltung • eigene Preisgestaltung • gewählte Distributionskanäle • Kommunikationspolitik • …	• Konkurrenzangebote • Präferenzänderungen der Nachfrager • Änderungen der Umwelt (z. B. Gesetzgebung) • …
unter-nehmens-seitig	• Kapazitätsauslegung • Qualitätsniveau der Produktion • …	• Streiks • Maschinenausfälle • …

---

[89] Vgl. Schweitzer u. Küpper (2008), S. 408–409.
[90] Vgl. Rese (2002), Sp. 456.
[91] Vgl. Rese (2002), Sp. 456.
[92] Vgl. Rese (2002), Sp. 457

3.5.3 Erlösplanung in unterschiedlichen Marktsituationen

Die Erlösplanung gestaltet sich je nach Marktsituation unterschiedlich. Zur Systematisierung verschiedener Marktsituationen erweisen sich zwei Kriterien als besonders relevant:

1. der Homogenitätsgrad der Güter und damit die Periodizität des Absatzes des gleichen Gutes sowie
2. die Art der Verbundbeziehungen innerhalb eines Marktes.

Unter *Homogenität* wird hier die Situation verstanden, dass einer großen Anzahl von Käufern eine große Anzahl von Konkurrenzprodukten angeboten wird (= klassischer Massenmarkt). Eine Marktsituation, in der eine hohe Homogenität der Güter vorliegt, liefert optimale Voraussetzungen, um von der Existenz und Anwendung einer klassischen *Preisabsatzfunktion* auszugehen. Mit Hilfe dieses Instrumentes lassen sich die Preis- und die Mengenkomponente des Erlöses simultan optimieren und die Ergebnisse für die Erlösplanung heranziehen. Bei einem hohen *Heterogenitätsgrad* der Güter liegen dagegen kundenindividuelle Produkte vor, die lediglich für genau einen Kunden gefertigt werden. In diesem Fall ist die Verwendung einer Preisabsatzfunktion nicht sinnvoll. Es wird stattdessen auf die Anwendung von kundenindividuellen *Preiszuschlagsfunktionen* ausgewichen. Diese beschreiben kundenindividuell die Zuschlagswahrscheinlichkeit des Auftrages in Abhängigkeit von der Relation aus eigenem Preis und dem erwarteten Preis der Konkurrenten.[93]

Die Art der *Verbundbeziehung* wirkt sich insbesondere auf die Erlösoptimierung aus. Je nach Verbundbeziehung rückt eine andere Erlösinformation in den Fokus der Optimierung. Verbundbeziehungen können sowohl anbieterseitig (Rabattierung, Kopplungsverkäufe etc.) als auch nachfragerseitig (Rabattforderungen, Forderung von Mindestlieferungsmengen etc.) induziert sein. Bestehen vielfältige Verbundbeziehungen, sind zahlreiche Informationen – etwa über Rabattgestaltungen und/oder Produktbündelungen – mit in die Erlösplanung einzubeziehen. Die Planung erhält hierdurch einen höheren Komplexitätsgrad. Dagegen kann bei einem nur geringen Grad an Verbundbeziehungen eine isolierte Erlösoptimierung vorgenommen werden.

---

[93] Vgl. hierzu Rese (2002), Sp. 457–458. Vgl. im Folgenden auch Hoitsch u. Lingnau (2007), S. 223–229.

3.5.4 Planung von Einzel- und Gemeinerlösen

Im Folgenden wird ein Schema zur Planung von Einzel- und Gemeinerlösen[94] skizziert. Die Darstellung ist als eine eher praxisorientierte Anleitung für eine Erlösplanung zu verstehen. Diese umfasst folgende grundlegende Teilaufgaben:[95]

- Festlegung einer Planungs- und Abrechnungsperiode;
- Abstimmung der Erlösplanung mit der Absatzplanung (zeitlich und mengenmäßig; insbesondere Bereitstellung von Informationen über das vorläufige Absatzprogramm, den Einsatz absatzpolitischer Instrumente sowie über die Kundengruppen);
- Erstellung eines Erlösteilgrößenplans (Gliederung nach positiven und negativen Erlösbestandteilen)[96];
- Erstellung eines Erlösstellenplans; analog dem Kostenstellenplan ist hierbei eine simultane Planung der Erlösstelleneinteilung und der Einflussgrößen erforderlich; bei Verknüpfung mit der Absatzplanung können Planabsatzmengen ermittelt werden;
- Erlöseinflussgrößenplanung;[97]
- Erstellung eines Erlösträgerplanes (analog der Kostenträgergliederung; es werden nur Absatzleistungen berücksichtigt);
- Schaffung personeller und psychologischer Voraussetzungen (Ausbildung der Mitarbeiter, Förderung der Kommunikation und der Zusammenarbeit etc.).

Die Planung der *Einzelerlöse* umfasst die antizipative Festlegung aller positiven Erlöselemente pro Erlösstelle. Die Einzelerlöse entsprechen in der Praxis den Bruttoerlösen. Sie werden für jeden Erlösträger in den einzelnen Erlösstellen geplant, da sie im Gegensatz zu den Einzelkosten den Erlösträgern nicht direkt zugerechnet werden können.[98]

Die Planbruttoerlöse (und somit auch die Planeinzelerlöse) ergeben sich aus der Multiplikation der geplanten Absatzmengen mit den geplanten Verkaufspreisen auf Basis des Erlösplanungsprozesses. Letzterer unterliegt verschiedenen Schwierigkeiten:[99] Zum einen ist die Marktentwicklung nie exakt prognostizierbar und zum anderen stellt die Notwendigkeit einer simultanen Optimierung von Mengen- und Preiskomponenten ein kom-

---

[94]   Zur Differenzierung in Einzel- und Gemeinerlöse vgl. auch Kapitel 2.3.
[95]   Vgl. Hoitsch u. Lingnau (2007), S. 223–225.
[96]   Vgl. auch Kapitel 2.3.
[97]   Zu den Einflussgrößen der Erlösplanung vgl. Abschnitt 3.5.2.
[98]   Vgl. Hoitsch u. Lingnau (2007), S. 225.
[99]   Vgl. Abschnitt 3.5.1 und 3.5.2.

plexes Planungsproblem dar. Fraglich erscheint hierbei insbesondere, ob alle relevanten Interdependenzen dem betrachteten Unternehmen überhaupt bekannt sind bzw. sein können. In der Praxis ist daher zur Durchführung von Erlösplanungen im Planungsprozess eine enge Zusammenarbeit von erfahrenen Mitarbeitern aus Marketing, Vertrieb, Logistik, Produktion, Einkauf sowie Controlling erforderlich. Die Vielzahl der beteiligten Unternehmensbereiche resultiert aus den weit reichenden Auswirkungen von Erlösplanungen auf andere Teilpläne des Unternehmens. In entsprechend interdisziplinären Workshops geht es unter Einbeziehung der betroffenen Abteilungen häufig darum, Planungen wechselseitig aufeinander abzustimmen und einen Konsens in Bezug auf die Planerlöse zu erzielen.

Die *Gemeinerlöse* umfassen mit Ausnahme der Bruttoerlöse sämtliche positiven und negativen Erlösbestandteile. Oft werden jedoch nicht alle Erlösbestandteile, sondern nur die Erlösschmälerungen als Gemeinerlöse berücksichtigt.[100]

Im Gegensatz zur Planung der Einzelerlöse, die unter Einhaltung des Verursachungsprinzips durchgeführt werden kann und größtenteils mit weniger großen Problemen behaftet ist, stellt die Planung der Gemeinerlöse von Erlösträgereinheiten ein größeres Problem dar. Die Verrechnung z. B. mit Hilfe von Zuschlagssätzen kann lediglich unter Einhaltung des Durchschnitts- oder Tragfähigkeitsprinzips erfolgen, während die Anforderungen des Verursachungsprinzips nicht eingehalten werden können. Die dominierende Verrechnungsbasis von Gemeinerlösen in der Praxis stellt – mangels Verfügbarkeit besserer Bezugsgrößen – die Höhe der Einzelerlöse dar.[101]

Die Gemeinerlösplanung besteht aus der Planung der Höhe aller Erlösbestandteile in jeder Erlösstelle, bei gleichzeitig möglicher Differenzierung nach Erlösarten und der Bildung von Kalkulationssätzen. Die Kalkulationssätze ermöglichen die Zurechnung der geplanten Gemeinerlöse auf die Erlösträgereinheiten und damit die Ermittlung der Nettoerlöse pro Stück.[102]

Die Verwendung von Erlösfunktionen kann ein wichtiges Hilfsmittel zur Erlösplanung sein. Im Folgenden soll daher ein formales Modell[103] dargestellt werden, das – bei adäquater Datenbasis – die Planung der Nettoerlöse modelltheoretisch unterstützen kann. Ziel des Modells ist es, die Auswirkungen von Preisminderungen und -zuschlägen in Erlösfunktionen zu

---

[100] Vgl. Hoitsch u. Lingnau (2007), S. 226.
[101] Vgl. Hoitsch u. Lingnau (2007), S. 226.
[102] Vgl. Hoitsch u. Lingnau (2007), S. 227.
[103] Die Darstellung des Modells erfolgt in Anlehnung an Schweitzer u. Küpper (2008), S. 409–413.

berücksichtigen. Ausgangspunkt des Modells ist eine Erlösfunktion der Gestalt E = E(x) (mit E = Erlöse und x = Absatzmenge).

Um die Preisminderungen bzw. -zuschläge erfassen zu können, ist es zweckmäßig, die Absatzprodukte nach den für sie relevanten Preiskomponenten zu untergliedern. Hierbei werden Produktarten bzw. -gruppen danach differenziert, welcher Anteil an Boni, Skonti, Preiszuschlägen oder -abschlägen sowie Funktionsrabatten zu erwarten ist. Forderungsverluste sind als globaler Abschlag zu berücksichtigen, da sie i. d. R. nicht ex-ante für einzelne Aufträge bekannt sind. Voraussetzung für eine detaillierte Prognose der einzelnen Erlösschmälerungen ist eine mehrdimensionale Aufgliederung des gesamten Absatzprogramms. Bezugsgrößen für Preisminderungen sind etwa Produktarten, Kundengruppen oder Vertriebswege. Nur eine detaillierte Erfassung im Rahmen der Istrechnung kann die Datenbasis zur Abschätzung von Erlösschmälerungsanteilen zukünftiger Perioden liefern. Der Erlös pro Produktgruppe q lässt sich wie folgt darstellen:

$$E_q = p_q \cdot \sum_f (1 - e_f) \cdot (1 - z_{fq}) \cdot x_{fq} \qquad (3.10)$$

mit

E_q Erlöse in der Produktgruppe q

p_q (Grund)Preis in der Produktgruppe q

e_f Höhe des Funktionsrabattes der Rabattklasse f [in %]

z_{fq} prozentualer Anteil der Erlöse, auf die innerhalb der Produktgruppe q ein Rabatt der Klasse f gewährt wird

x_{fq} Absatzmenge bezogen auf die Rabattklasse f und die Produktgruppe q

Gleichung (3.10) kann zu einer Erlösfunktion für alle Produktgruppen erweitert werden:

$$E = \left(1 - \frac{e_v}{100}\right) \cdot \left(1 - z_s \cdot \frac{e_s}{100}\right) \cdot \sum_q p_q \cdot \sum_f (1 - e_f) \cdot (1 - z_{fq}) \cdot x_{fq} \qquad (3.11)$$

mit

z_s Anteil der gesamten Erlöse E, auf die Skonti in Anspruch genommen werden

e_s Prozentsatz der in Anspruch genommenen Skonti

e_v Prozentsatz der (globalen) Forderungsverluste

Die Schätzung der einzelnen Koeffizienten kann durch Experten ggf. unter Berücksichtigung von Vergangenheitsdaten erfolgen. Teilweise können Wirtschaftlichkeitsüberlegungen dazu führen, dass auf eine Schätzung für einzelne Produktgruppen verzichtet wird. In diesem Fall sollte eine solche aber zumindest für größere Bereiche oder für den Gesamterlös vorgenommen werden. Eine differenzierte Betrachtung der Erlösminderungen ergibt nur dann Sinn, wenn diese für die einzelnen Produktgruppen oder für verschiedene Kundengruppen unterschiedlich sind. Liegen hier keine oder vernachlässigbar geringe Unterschiede vor, so kann – wiederum unter Rückgriff auf Kosten-Nutzen-Überlegungen – auf eine differenzierte Planung verzichtet werden.

In dem oben angeführten Modell können weitere Erlösminderungen oder -zuschläge berücksichtigt werden. Dabei könnte die Erlösfunktion bspw. um Wechselkurserwartungen oder den Einfluss der Konjunktur auf das Zahlungsverhalten erweitert werden.[104]

Beispiel: Aufgrund schlechter Konjunkturdaten geht die Zuckerpuppen & Söhne GmbH von tendenziell rückläufigen Absatzzahlen für das künftige Jahr aus. Lediglich im Segment der „Standard"-Schokoladentafeln glaubt Zuckerpuppen & Söhne, aufgrund von besonderen Marketingmaßnahmen das Vorjahresabsatzniveau halten zu können. Das Unternehmen ist überzeugt, trotz schlechter Konjunkturerwartungen von konstanten Preisen ausgehen zu können und schätzt die Nettoerlösentwicklungen wie aus Tabelle 3.2 ersichtlich.

Tabelle 3.2 Ausgangsdaten einer Erlösplanung

	Erlöse Vorjahr	**erwartete Veränderung**
Tafeln XXL	15.000 TGE	− 5,0 %
Tafeln Standard	37.500 TGE	+/− 0,0 %
Tafeln Mini	20.000 TGE	− 2,5 %

Aufgrund der Annahmen ergeben sich folgende Planbruttoerlöse:

$$0,95 \cdot 15.000 \, \text{TGE} + 1 \cdot 37.500 \, \text{TGE} + 0,975 \cdot 20.000 \, \text{TGE} = 71.250 \, \text{TGE}$$

Im Rahmen der Planung wird von durchschnittlichen Rabattsätzen von 4,33 % und durchschnittlichen Skontosätzen von 2,69 % ausgegangen. Aufgrund schlechter Konjunkturerwartungen wird allerdings damit gerechnet, dass Skonti lediglich in 50 % der Fälle in Anspruch genommen werden. Somit ergibt sich für die Planung der Erlösschmälerungen:

---

[104] Vgl. Schweitzer u. Küpper (2008), S. 411–412.

$$0,0433 \cdot 71.250 \text{ TGE} + 0,5 \cdot 0,0269 \cdot 71.250 \text{ TGE} \approx 4.043 \text{ TGE}$$

Auf Basis der Planbruttoerlöse und der geplanten Erlösschmälerungen resultieren folgende geplante Nettoerlöse:

Planbruttoerlöse – geplante Erlösschmälerungen = Plannettoerlöse

$$71.250 \text{ TGE} - 4.043 \text{ TGE} = 67.207 \text{ TGE}$$

Auf der Grundlage seiner Planungsprämissen kann das Unternehmen mit Nettoerlösen in Höhe von 67.207 TGE rechnen.

3.6 Deckungsbeitragsrechnungen

3.6.1 Überblick

Die bislang vorgestellten Systeme dienen Dokumentations-, Planungs- und Kontrollzwecken (und mittelbar auch der Verhaltenssteuerung) und unterscheiden sich als Ist-, Plan-, oder Normalkosten bzw. -leistungen im Zeitbezug. Dabei wurden Kosten bzw. Leistungen jeweils isoliert voneinander betrachtet. Die Lösung von Planungs- und Kontrollproblemen im Absatz- oder Produktionsbereich erfordert indes die simultane Betrachtung der positiven und negativen Erfolgskomponenten. Im Folgenden soll mit der Deckungsbeitragsrechnung (als kurzfristiger kalkulatorischer Erfolgsrechnung) der Kombination der Kosten- und der Leistungsrechnung betrachtet werden. Die Deckungsbeitragsrechnung kann auf der Ist-, Normal- oder Plankostenrechnung sowie auf den korrespondierenden Formen der Leistungsrechnung aufbauen.[105]

Der Stückdeckungsbeitrag ergibt sich aus der Differenz zwischen dem Absatzpreis und den variablen Kosten einer Produkteinheit:

$$db = p - kv \tag{3.12}$$

mit
     db   Stückdeckungsbeitrag
     p   Absatzpreis pro Stück
     kv   variable Kosten pro Stück

---

[105] Vgl. Freidank (2008), S. 272–273.

Der Gesamtüberschuss des Nettoerlöses über die variablen Kosten wird als Deckungsbeitrag DB bezeichnet und kann entweder durch Gleichung (3.13) oder durch Gleichung (3.14) berechnet werden:

$$DB = db \cdot x \qquad\qquad (3.13)$$

mit

  x   abgesetzte Menge
  DB   Deckungsbeitrag

$$DB = E - KV \qquad\qquad (3.14)$$

$$DB = p \cdot x - kv \cdot x$$

$$DB = (p - kv) \cdot x$$

mit

  E   Nettoerlös
  KV   gesamte variable Kosten der abgesetzten Menge

Der Gewinn der Abrechnungsperiode bei Anwendung der Deckungsbeitragsrechnung ist definiert als die Differenz von Deckungsbeitrag und gesamten fixen Kosten:

$$G = DB - KF \qquad\qquad (3.15)$$

$$G = (p - kv) \cdot x - KF$$

mit

  G   Gewinn
  KF   gesamte fixe Kosten

Die Deckungsbeitragsrechnung beruht auf einer Grenzkostenrechnung,[106] da bei kurzfristigen Entscheidungsproblemen nur die entscheidungsrelevanten Kosten (d. h. die variablen Kosten) von Bedeutung sind. Ansonsten besteht die Gefahr einer Fixkostenproportionalisierung, z. B. bei verändertem Produktionsprogramm. Die insgesamt angefallenen Kosten werden in fixe und variable Kosten in Bezug auf die Kosteneinflussgröße „Beschäftigung" getrennt. Die bei der Erstellung und Verwertung zusätzlich angefallenen Kosten pro Produkteinheit (= Grenzkosten) werden dem durch diese Produkteinheit zusätzlich angefallenen Erlös (= Grenzerlös) gegenübergestellt. Kosten- und Erlösgrößen werden in der Deckungsbeitragsrechnung nicht isoliert betrachtet. Grenzerlöse und Grenzkosten stehen in einer direkten Verbindung zur Leistungseinheit. Auf die Differenz zwischen

---

[106] Vgl. auch Kilger et al. (2007), S. 70–73.

Grenzerlös und Grenzkosten, die sog. Deckungspanne bzw. den Stückdeckungsbeitrag d, wird hier Bezug genommen.

Die Gleichung (3.15) zeigt, dass der Erfolg in der Differenz zwischen den Nettoerlösen der abgesetzten Leistungseinheiten und den für die verkauften Leistungseinheiten entstandenen variablen Kosten sowie den entstandenen fixen Kosten dieser Periode besteht. Der Deckungsbeitrag D ergibt sich als Produkt aus Stückdeckungsbeitrag und abgesetzter Menge. Er verdeutlicht, in welcher Höhe der Nettoerlös die variablen Kosten der abgesetzten Leistungseinheiten übersteigt. Dieser Betrag steht zur Verfügung, um die in einer Periode angefallenen fixen Kosten abzudecken.[107]

Eine *einstufige* Deckungsbeitragsrechnung liegt vor, wenn bei der Berechnung des Betriebsergebnisses von der Gesamtsumme der Deckungsbeiträge die Fixkosten en bloc abgezogen und nicht weiter zerlegt werden. Sind die Voraussetzungen für eine sachlich getrennte Fixkostenzurechnung auf die Produkte, Produktgruppen etc. gegeben, kann eine *mehrstufige* Deckungsbeitragsrechnung – auch Fixkostendeckungsrechnung genannt – durchgeführt werden.[108] Hierbei wird der Fixkostenblock zerlegt und verschiedene Fixkostenanteile werden sukzessive gemäß einer Hierarchie von Bezugsgrößen diesem Block zugerechnet. Sowohl bei der einstufigen als auch bei der mehrstufigen Deckungsbeitragsrechnung werden den Kostenträgern (im Sinne einer einzelnen Produkteinheit) keine Fixkosten zugeordnet.

3.6.2 Einstufige Deckungsbeitragsrechnung

Die einstufige Deckungsbeitragsrechnung soll anhand eines Beispiels verdeutlicht werden, in dem folgende Auswertungen vorgenommen werden:

- Berechnung des Deckungsbeitrags und des Betriebsergebnisses der Abrechnungsperiode,
- Berechnung der Gewinnschwelle (Break-Even-Point bzw. -Menge),
- Auswirkungen von Erweiterungsinvestitionen auf die Break-Even-Menge,
- Auswirkung von Kostenänderungen auf die Break-Even-Menge und
- Auswirkung von Preisänderungen auf die Break-Even-Menge.

Beispiel: Die Zuckerpuppen & Söhne GmbH kann pro Monat 700.000 ME Schokoladentafeln herstellen. Die fixen Kosten belaufen sich auf 75.000 GE je Monat. Die variablen Kosten betragen 0,50 GE je ME. Im

---

[107] Vgl. Ossadnik (2003), S. 186.
[108] Vgl. Freidank (2008), S. 293.

vergangenen Monat wurden 600.000 ME zu einem Nettoverkaufspreis von 0,75 GE pro ME abgesetzt.

Die graphische Lösung der Aufgabenstellung ist in Abb. 3.6 dargestellt. Die variablen Kosten der Abrechnungsperiode werden durch Multiplikation der konstanten Stückkosten mit der Absatz- bzw. Produktionsmenge errechnet, wobei vereinfachend unterstellt wird, dass die Produktionsmenge der Absatzmenge entspricht:

$$KV = kv \cdot x \qquad (3.16)$$

Jede zusätzlich hergestellte ME führt zu Grenzkosten von 0,50 GE. Die Abhängigkeit der variablen Gesamtkosten von der Produktionsmenge ergibt sich somit gemäß Gleichung (3.16) durch:

$$KV = 0,50 \text{ GE} \cdot x$$

Der Graph dieser Funktion hat – vom Ursprung des Koordinatensystems ausgehend – einen Anstieg von 0,50.

Die Gesamtkosten K der Abrechnungsperiode ergeben sich aus der Summe von variablen Kosten und fixen Kosten:

$$K = KV + KF \qquad (3.17)$$

Die Gesamtkostenfunktion ergibt sich gemäß (3.17) wie folgt:

$$K = 0,50 \text{ GE} \cdot x + 75.000 \text{ GE}$$

Abb. 3.6 zeigt für das vorliegende Beispiel, dass die Gesamtkostenfunktion parallel zur Funktion der variablen Kosten verläuft. Der Abstand zwischen beiden Funktionen beträgt 75.000 GE und entspricht der Höhe der fixen Kosten.

Die Erlösgerade (E) verdeutlicht die bei einer bestimmten Produktionsmenge erzielbaren Verkaufserlöse:

$$E = p \cdot x \qquad (3.18)$$

Da der Verkaufspreis je ME 0,75 GE beträgt, kann die Erlösfunktion gemäß (3.18) aufgestellt werden:

$$E = 0,75 \text{ GE} \cdot x$$

Der Graph dieser Funktion verläuft linear – vom Ursprung des Koordinatensystems ausgehend – mit einem Anstieg von 0,75.

Im letzten Monat sind 600.000 ME verkauft worden. Der Deckungsbeitrag ergibt sich aus den Erlösen abzüglich der variablen Kosten. Der Erlös beträgt 450.000 GE, die variablen Kosten sind in Höhe von 300.000 GE zu veranschlagen. Aus der Differenz ergibt sich der Deckungsbeitrag in Höhe

von 150.000 GE. Mit diesem Betrag trägt der Verkauf von Schokoladentafeln dazu bei, die Fixkosten des Unternehmens zu decken.

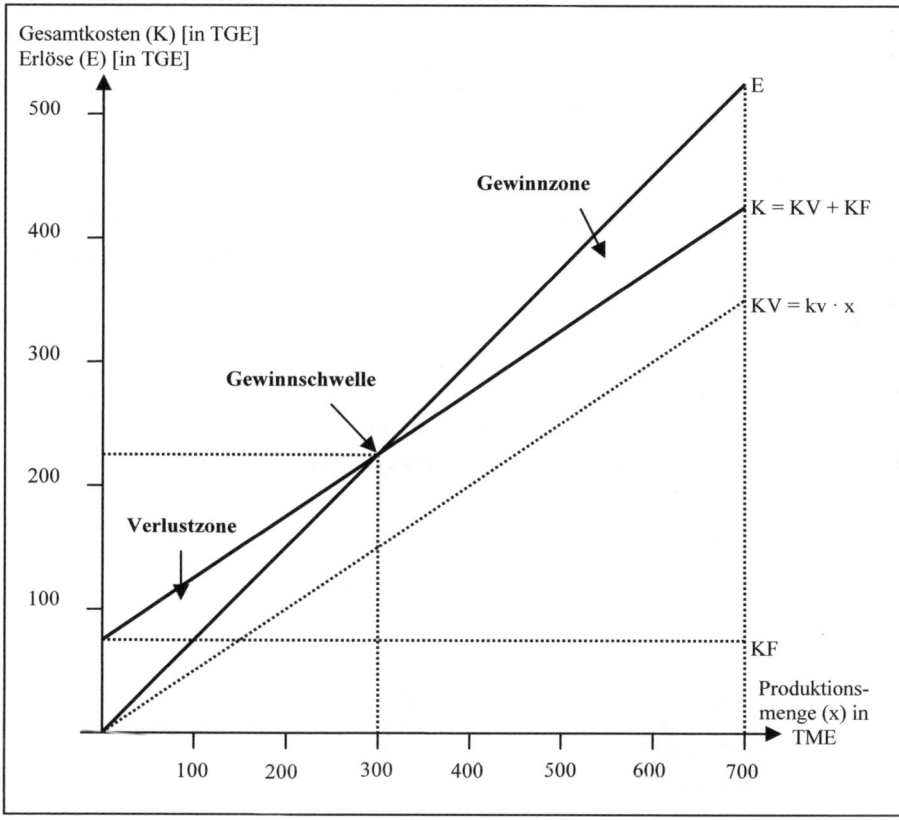

Abb. 3.6 Einstufige Deckungsbeitragsrechnung

Der Stückdeckungsbeitrag lässt sich in diesem Beispiel auf zwei Arten ermitteln: einerseits durch Division des Deckungsbeitrages DB durch die abgesetzte Menge x:

$$db = \frac{DB}{x} = \frac{150.000\,GE}{600.000\,ME} = 0,25\,\tfrac{GE}{ME}$$

Andererseits kann der Stückdeckungsbeitrag auch direkt aus der Differenz
zwischen dem Verkaufspreis und den variablen Stückkosten errechnet
werden:

$$db = p - kv \tag{3.19}$$

Aus der Differenz des Deckungsbeitrags der Periode und der gesamten fixen Kosten der Periode resultiert das Betriebsergebnis BE der Abrechnungsperiode:

$$BE = DB - KF \tag{3.20}$$

Für das vorliegende Beispiel ergibt sich somit ein Betriebsergebnis von:

$$BE = 150.000 \, GE - 75.000 \, GE = 75.000 \, GE$$

Zur Berechnung der Absatzmenge, bei der das Unternehmen genau einen Gewinn von null erzielt, wird eine *Gewinnschwellen-* oder *Break-Even-Analyse* durchgeführt.[109] Es wird dabei diejenige Absatzmenge gesucht, bei der der Deckungsbeitrag gerade ausreicht, um die Fixkosten des Unternehmens zu decken. Diese Absatzmenge wird auch als Gewinnschwelle bezeichnet. Die Gewinnschwellen- oder Break-Even-Analyse ist bspw. bei Entscheidungen über Produkteinführungen von Interesse.[110] Die zu erwartenden Absatzmengen werden dahingehend überprüft, ob es überhaupt möglich sein wird, auf Dauer Gewinne zu erzielen.[111]

Die Gewinnschwelle (Break-Even-Point) $x_{BE}(x_0)$ ist erreicht, wenn der Deckungsbeitrag den Fixkosten entspricht. Dies ist unter der Bedingung gegeben:

$$db \cdot x_{BE} = KF \quad \text{bzw.} \quad x_{BE} = \frac{KF}{db} \tag{3.21}$$

Im Beispiel ergibt sich die Break-Even-Menge als:

$$x_{BE} = \frac{75.000 \, GE}{0,25 \, \frac{GE}{ME}} = 300.000 \, ME$$

Verkauft die Zuckerpuppen & Söhne GmbH 300.000 ME an Schokoladentafeln, wird genau ein Gewinn von null erzielt. Grafisch wird die Gewinnschwellenmenge im Schnittpunkt von Erlösgerade und Gesamtkostengerade erreicht. Bei dieser Menge sind Erlöse und Gesamtkosten gleich hoch. Es lassen sich zwei Zonen definieren:

- Gewinnzone: Produziert die Zuckerpuppen & Söhne GmbH mehr als 300.000 ME, arbeitet sie mit Gewinn, d. h. die Erlöse sind größer als die Kosten.

---

[109] Vgl. hierzu auch Ossadnik (2003), S. 169–200; Coenenberg et al. (2007), S. 285–307 bzw. für den Fall mehrerer Produkte Ossadnik (2003), S. 200–203; Coenenberg et al. (2007), S. 308–320.

[110] Vgl. Troßmann (2008), S. 146–149.

[111] Vgl. Ossadnik (2003), S. 196.

- Verlustzone: Produziert die Zuckerpuppen & Söhne GmbH weniger als 300.000 ME, gerät sie in die Verlustzone, d. h. die Erlöse sind geringer als die Kosten.

Die Zuckerpuppen & Söhne GmbH plant nun aufgrund der guten Auftragslage eine Erweiterungsinvestition, die zusätzliche fixe Kosten in Höhe von 25.000 GE verursacht. Es stellt sich für das Unternehmen die Frage, wie viele ME zusätzlich produziert und verkauft werden müssen, um das bisherige Ergebnis zu halten. Der erhöhte Fixkostenbetrag von 25.000 GE muss durch eine zusätzlich abgesetzte Menge an Schokoladentafeln erwirtschaftet werden. Die Division der zusätzlichen Fixkosten durch den Stückdeckungsbeitrag ergibt den notwendigen Zusatzabsatz:

$$\frac{25.000\,\text{GE}}{0,25\,\frac{\text{GE}}{\text{ME}}} = 100.000\,\text{ME}$$

Die Zuckerpuppen & Söhne GmbH muss somit 100.000 ME zusätzlich verkaufen, um den gleichen Gewinn wie vor der Erweiterungsinvestition zu erzielen.

Im Folgenden soll der Fall betrachtet werden, dass sich die variablen Stückkosten von 0,50 GE/ME auf 0,55 GE/ME erhöhen. Auslöser einer solchen Kostensteigerung könnte etwa eine Lohnerhöhung sein. Diese führt zu einem veränderten Stückdeckungsbeitrag von

$$db = 0,75\,\frac{\text{GE}}{\text{ME}} - 0,55\,\frac{\text{GE}}{\text{ME}} = 0,20\,\frac{\text{GE}}{\text{ME}}$$

Die Fixkosten belaufen sich unverändert auf 75.000 GE. Die neue Break-Even-Menge beträgt nun:

$$x_{BE} = \frac{75.000\,\text{GE}}{0,20\,\frac{\text{GE}}{\text{ME}}} = 375.000\,\text{ME}$$

Eine Erhöhung der variablen Stückkosten führt zu einer Verringerung des Stückdeckungsbeitrages, durch die sich wiederum die Break-Even-Menge vergrößert. Bei einer Reduzierung der variablen Stückkosten ergibt sich eine umgekehrte Wirkung, d. h. die Break-Even-Menge verringert sich.

Eine etwaige Preiserhöhung wirkt sich in einer Erhöhung des Stückdeckungsbeitrags aus. Entsprechend ergibt sich eine Verringerung der Break-Even-Menge. Es reicht somit eine geringere Absatzmenge aus, um die Fixkosten zu decken. Im Folgenden wird angenommen, dass die Zuckerpuppen & Söhne GmbH den Verkaufspreis auf 0,77 GE/ME erhöht. Der Stückdeckungsbeitrag beträgt dann:

$$db = 0,77 \frac{GE}{ME} - 0,50 \frac{GE}{ME} = 0,27 \frac{GE}{ME}$$

Als Break-Even-Menge ergibt sich demnach:

$$x_{BE} = \frac{75.000\,GE}{0,27\,\frac{GE}{ME}} = 277.777,\overline{7}\,ME \approx 277.778\,ME$$

Bei einer Absatzmenge von $277.777,\overline{7}$ ME wäre theoretisch der Break-Even-Punkt erreicht. Es kann aber lediglich eine ganzzahlige Menge von Schokoladentafeln verkauft werden, so dass der Break-Even bei 277.778 ME erreicht wird. Zusammenfassend lässt sich feststellen, dass eine Erhöhung des Preises die Break-Even-Menge verringert. Eine Preissenkung hat dementsprechend eine umgekehrte Wirkung.

Exkurs: Deckungsbeitragsrechnungen im Cost Accounting

Im Rahmen des Cost Accounting werden Deckungsbeitragsrechnungen unter dem Begriff „contribution margin method" und die Break-Even-Analyse als „break-even analysis" erörtert. Diesen Methoden ist der Oberbegriff „cost-volume-profit-analysis" gemeinsam.[112] Der Deckungsbeitrag (Contribution Margin)[113] ist definiert als Differenz aus Erlösen (Total Revenues) und gesamten variablen Kosten (Total Variable Costs). Für den Stückdeckungsbeitrag gilt:

> Selling Price per Unit
> − Variable Costs per Unit
> = Contribution Margin per Unit

Mittels des Contribution Margin per Unit lässt sich ebenfalls der Contribution Margin berechnen:

> Contribution Margin per Unit
> · Number of Units sold
> = Contribution Margin

Das Betriebsergebnis (Operating Income) lässt sich wie folgt bestimmen:

---

[112] Vgl. Horngren et al. (2006), S. 62–65.

[113] Daneben werden in den USA auch Begriffe wie Profit Contribution, Marginal Income, Marginal Balance und Variable Gross Margin verwendet; vgl. Kilger et al. (2007), S. 73 m. w. N.

(Selling Price – Variable Costs per Unit)
· Quantity of Output Units sold
– Fixed Costs
= Operating Income

Alternativ lässt sich das Operating Income auch folgendermaßen darstellen:

Contribution Margin per Unit
· Quantity of Output Units sold
Fixed Costs
= Operating Income

Für die Break-Even-Menge gilt:

$$\text{Break-Even Number of Units} = \frac{\text{Fixed Costs}}{\text{Contribution Margin per Unit}}$$

3.6.3 Mehrstufige Deckungsbeitragsrechnung

Ein großer Nachteil der einstufigen Deckungsbeitragsrechnung besteht darin, dass die Fixkosten en bloc vom Deckungsbeitrag subtrahiert werden. Bei dieser Vorgehensweise wird nicht nach der Zurechenbarkeit auf einzelne Bezugsobjekte differenziert.[114] Es existieren in der unternehmerischen Praxis jedoch auch Fixkostenarten, die einen zumindest mittelbaren Bezug zu einem Produkt oder einer Produktgruppe aufweisen. Die Abschreibungen für eine Maschine, auf der lediglich Kleiderschränke gefertigt werden, betreffen z. B. nur die darauf produzierten Kleiderschränke, jedoch nicht die auf anderen Maschinen hergestellten Wohnzimmerschränke. Fixkosten können somit nach der Zurechenbarkeit zu bestimmten Objekten unterschieden werden. Aus diesem Grund wurde das System der stufenweisen Fixkostendeckungsrechnung bzw. der mehrstufigen Deckungsbeitragsrechnung vorgeschlagen.[115] Dabei wird von der Existenz verschiedener Arten von Fixkosten ausgegangen, die sich nach ihrer Nähe zum Produkt unterscheiden. Kosten, die in Bezug auf eine einzelne Pro-

---

[114] Vgl. Ossadnik (2003), S. 189.
[115] Vgl. Agthe (1959); Mellerowicz (1977), S. 133–253.

dukteinheit fix sind, werden einem Produkt eindeutig zugeordnet. Im Folgenden sind einige Beispiele hierfür aufgeführt:

- Abschreibungskosten einer Maschine, auf der nur ein Produkt gefertigt wird: Diese Kosten beziehen sich nur auf dieses Produkt.
- Abschreibungen einer Maschine, auf der mehrere Produkte gefertigt werden: Diese Kosten beziehen sich auf eine Gruppe von Produkten.
- Lohnkosten für einen Werkschutzmann: Diese Kosten beziehen sich auf das gesamte Werk.

Die Fixkosten werden nach solchen Bezugsobjekten gegliedert, für die sich die fixen Kosten gerade noch als Einzelkosten erfassen lassen. Die Kosten für den Werkschutzmann lassen sich nur einem bestimmten Werk willkürfrei zuordnen. Die Abschreibungen für die Maschine, auf der mehrere Produkte gefertigt werden, lassen sich nur der Produktgruppe zuordnen. Im Gegensatz dazu können die Abschreibungen einer Maschine, auf der nur ein Produkt gefertigt wird, diesem Produkt zugerechnet werden. Bezugsobjekte sind dabei Produkte und Abrechnungsbezirke. Es wird zwischen Produktfixkosten, Produktgruppenfixkosten und Fixkosten des Produktionsprogramms bzw. (bei den Abrechnungsbezirken) zwischen Stellen-, Bereichs- und Unternehmensfixkosten unterschieden. Durch Kombination der verschiedenen Bezugsgrößen wird eine der Deckungsbeitragsrechnung zugrunde zu legende Hierarchie der Bezugsobjekte[116] erstellt. Hierfür sind folgende Begriffe zu definieren:[117]

- *Produktfixkosten* sind die Kosten, die den innerhalb einer Periode produzierten Einheiten einer Produktart direkt zurechenbar sind. Beispiele hierfür sind Patent- und Lizenzgebühren für ein spezielles Produkt, Kosten für ein Marketingprogramm, das nur zur Förderung des Absatzes eines Produktes konzipiert wurde, sowie die Abschreibungskosten einer Maschine, auf der ausschließlich Einheiten eines bestimmten Produktes bearbeitet werden.
- *Produktgruppenfixkosten* beziehen sich auf Produktgruppen, d. h. auf Einheiten, die durch die Zusammenfassung von mehr oder minder verwandten Produktarten gebildet werden. Dabei werden die betreffenden Kosten nicht auf die verschiedenen (zusammengefassten) Produkte verteilt. Ein Beispiel hierfür sind Abschreibungskosten für Anlagen, die ausschließlich von dieser Produktgruppe in Anspruch genommen werden.

---

[116] Vgl. auch Troßmann (2008), S. 128–131.
[117] Vgl. Aghte (1959), S. 407–409; Ossadnik (2003), S. 190–191.

- *Bereichsfixkosten* werden durch einzelne Unternehmensbereiche verursacht. Ein Bereich besteht aus zusammengefassten Kostenstellen. Zur Deckung der Bereichsfixkosten stehen die Deckungsbeiträge aller Produkte und Produktgruppen zur Verfügung, deren Erstellung in den jeweiligen Bereich fällt. Beispiele für bereichsspezifische Fixkosten sind Mietkosten für ein Gebäude, in dem mehrere Produktgruppen erstellt werden, sowie Gehälter für die technische oder kaufmännische Bereichsleitung.

- *Unternehmensfixkosten* sind die restlichen Fixkosten, die vorher noch nicht verrechnet worden sind, weil sie sich auf das Unternehmen als Ganzes beziehen. Ein Beispiel hierfür sind Kosten für die Verwaltung und Leitung eines Unternehmens.

Die mehrstufige Deckungsbeitragsrechnung kann nach dem folgenden Schema durchgeführt werden:[118]

Nettoerlöse der einzelnen Produktarten	
− variable Kosten der einzelnen Produktarten	
= *Deckungsbeitrag I*	
− Produktfixkosten	(gegliedert nach einzelnen Produktarten)
= *Deckungsbeitrag II*	(Summation innerhalb der Produktgruppen)
− Produktgruppenfixkosten	(gegliedert nach Produktgruppen)
= *Deckungsbeitrag III*	(Summation innerhalb der Bereiche)
− Bereichsfixkosten	(gegliedert nach Bereichen)
= *Deckungsbeitrag IV*	(Summation über alle Bereiche)
− Unternehmensfixkosten	
= *kalkulatorischer Erfolg*	

Den Ausgangspunkt bilden die Nettoerlöse der einzelnen Produktarten. Davon werden die variablen Einzelkosten subtrahiert, so dass ein Deckungsbeitrag je Produkt (Deckungsbeitrag I) resultiert. Dieser Deckungsbeitrag gibt an, in welchem Umfang das betrachtete Produkt zur Deckung der insgesamt anfallenden Fixkosten beitragen kann. Vom Deckungsbeitrag I werden die Produktfixkosten abgezogen, so dass der Deckungsbeitrag II bestimmt werden kann. Dieser beziffert, inwieweit das Produkt über die Deckung der eigenen Fixkosten hinaus zur Deckung weiterer Fixkosten beitragen kann. Anschließend wird innerhalb einer Produktgruppe die Summe der Deckungsbeiträge II gebildet. Davon werden die Produktgruppenfixkosten subtrahiert. Es resultiert der Deckungsbeitrag III, der darüber informiert, in welchem Umfang die Produktgruppe über die Deckung ihrer

---

[118] Vgl. Agthe (1959), S. 409.

direkt zurechenbaren Fixkosten hinaus zur Deckung weiterer Fixkosten beitragen kann.

In einer weiteren Stufe werden innerhalb der Bereiche die jeweiligen Deckungsbeiträge III summiert. Davon werden jeweils die Bereichsfixkosten abgezogen und es ergibt sich der Deckungsbeitrag IV, der für jeden Bereich angibt, in welchem Umfang dieser unternehmensweite Fixkosten abzudecken vermag. Die Deckungsbeiträge IV werden über alle Bereiche aufsummiert. Von dieser Summe werden die verbliebenen unternehmensweiten Fixkosten subtrahiert. Es resultiert der kalkulatorische Erfolg bzw. das Betriebsergebnis des Gesamtunternehmens.[119]

Das hier verwendete Berechnungsschema ist nicht allgemeingültig. Die Anzahl der zu betrachtenden Hierarchieebenen kann von dem hier gewählten Umfang von vier Stufen abweichen. In einem internationalen Konzern könnte z. B. eine weitere Ebene auftreten, welche die Standorte nach Staaten oder Kontinenten gliedert bzw. zusammenfasst. In der Literatur sind die unterschiedlichsten Bezeichnungen dieser Deckungsbeiträge zu finden. Wichtig ist jedoch, dass die berechneten Deckungsbeiträge – unabhängig von der jeweiligen Bezeichnung – korrekt interpretiert werden können.

Die mehrstufige Deckungsbeitragsrechnung liefert im Gegensatz zu der einstufigen einen detailgenaueren Einblick in die Betriebskostenstruktur. Die Unternehmensleitung kann somit erkennen, welches Produkt in der Lage ist, zusätzlich zur Deckung der produktspezifischen Kosten allgemeine fixe Kosten zu decken und so zur Gewinnerzielung beizutragen. Hierdurch können auch Entscheidungen über die Sortimentsgestaltung beeinflusst werden. Die Aussagefähigkeit von Deckungsbeitragsrechnungen darf indes nicht überschätzt werden. Investitions- und programmpolitische Entscheidungen haben eher mittel- bis langfristigen Charakter, während Deckungsbeitragsrechnungen kurzfristig ausgerichtet sind. So kann ein Produkt, z. B. bedingt durch hohe Kosten für Marketing, kurzfristig sehr geringe Deckungsbeiträge liefern, diese aber später erheblich steigern. Ein niedriger Deckungsbeitrag als Information über einen kurzfristigen Zeitausschnitt ist daher um längerfristig ausgerichtete Analysen zu ergänzen, sollen fehlerhafte Schlussfolgerungen vermieden werden.[120]

Beispiel: Die Zuckerpuppen & Söhne GmbH produziert in zwei Unternehmensbereichen Schokoprodukte und Fruchtgummi. Im Bereich *Schokoprodukte* werden neben der Tafelschokolade auch Pralinen hergestellt. Der Tabelle 3.3 sind das gesamte Produktsortiment der Firma sowie ent-

---

[119] Vgl. Ossadnik (2003), S. 191.
[120] Vgl. Ossadnik (2003). S. 191.

sprechende Absatzmengen, Stückerlöse, variable Kosten und Produktfix-kosten für den Abrechnungsmonat zu entnehmen.

Tabelle 3.3 Ausgangsdaten für mehrstufige Deckungsbeitragsrechnung

Bereich	Schokoprodukte					Fruchtgummi	
Produktgruppe	Tafelschokolade			Pralinen			
Produkt	XXL	Stan-dard	Mini	Trüffel	Cham-pagner	Bären	Frösche
Stückerlöse [in GE/ME]	2,00	0,80	0,20	4,00	5,00	0,90	1,00
var. Stückkosten [in GE/ME]	1,50	0,50	0,10	1,00	2,00	0,50	0,50
Absatzmenge [in TME]	3.000	5.000	2.500	1.550	1.600	5.000	4.000
Produktfixkosten [in TGE]	1.000	500	600	1.500	2.000	800	1.000

Tabelle 3.4 Mehrstufige Deckungsbeitragsrechnung

Bereich	Schokoprodukte					Fruchtgummi	
Produktgruppe	Tafelschokolade			Pralinen			
Produkt	XXL	Stan-dard	Mini	Trüffel	Cham-pagner	Bären	Frösche
Stückerlöse [in GE/ME]	2,00	0,80	0,20	4,00	5,00	0,90	1,00
– variable Stückkosten [in GE/ME]	1,50	0,50	0,10	1,00	2,00	0,50	0,50
= dB [in GE/ME]	**0,50**	**0,30**	**0,10**	**3,00**	**3,00**	**0,40**	**0,50**
• Absatzmenge [in TME]	3.000	5.000	2.500	1.550	1.600	5.000	4.000
= DB I [in TGE]	**1.500**	**1.500**	**250**	**4.650**	**4.800**	**2.000**	**2.000**
– Produktfixkosten [in TGE]	1.000	500	600	1.500	2.000	800	1.000
= DB II [in TGE]	**500**	**1.000**	**−350**	**3.150**	**2.800**	**1.200**	**1.000**
Σ DB II [in TGE]		1.150			5.950	1.200	1.000
– Produktgruppenfixkos-ten [in TGE]		1.400			2.150	–	–
= DB III [in TGE]		**−250**			**3.800**	**1.200**	**1.000**
Σ DB III [in TGE]			3.550			2.200	
– Bereichsfixkosten [in TGE]			2.500			1.100	
= DB IV [in TGE]			**1.050**			**1.100**	
Σ DB IV [in TGE]				2.150			
– Unternehmensfixkos-ten [in TGE]				1.000			
= kalk. Erfolg [in TGE]				**1.150**			

Die Produktgruppenfixkosten für die *Tafelschokolade* betragen 1.400 TGE und für die *Pralinen* 2.150 TGE. Dem Bereich *Schokoprodukte* werden Bereichsfixkosten von 2.500 TGE zugewiesen, dem Bereich *Fruchtgummi* 1.100 TGE. Die Unternehmensfixkosten belaufen sich auf 1.000 TGE.

Die auf den Daten des Beispiels basierende mehrstufige Deckungsbeitragsrechnung kann Tabelle 3.4 entnommen werden.

Nach einer weiteren Woche des Praktikums hat Carlotta wieder viel dazugelernt. Sie weiß jetzt, dass je nach Zielsetzung der Kosten- und Leistungsrechnung unterschiedliche Systeme einzusetzen sind. So verwendet das Unternehmen zu Planungszwecken Plankosten- und -leistungsrechnungssysteme auf Voll-, aber auch auf Teilkostenbasis, während zur Kontrollrechnung noch die Istkosten- und -leistungsrechnung einbezogen wird. Auch weiß sie, dass eine mehrstufige Deckungsbeitragsrechnung ein differenziertes Bild der Erfolgssituation des Unternehmens liefert und dass hieraus auch konkrete Handlungsempfehlungen für das Produktionsprogramm abgeleitet werden können.

Heute ist Carlottas letzter Praktikumstag. Aufgrund der eindrucksvollen Erfahrungen in der Abteilung „Rechnungswesen" der Zuckerpuppen & Söhne GmbH hat sie sich jetzt dafür entschieden, im kommenden Wintersemester ein wirtschaftswissenschaftliches oder ein wirtschaftswissenschaftsnahes Studium aufzunehmen, in dem auf jeden Fall das Fach „Betriebliches Rechnungswesen" vertreten sein muss.

Literaturverzeichnis

Agthe, K. (1959): Stufenweise Fixkostendeckung im System des Direct Costing, in: Zeitschrift für Betriebswirtschaft, 29. Jg., Nr. 7, S. 404–418.

Albers, S. (1989): Ein System zur IST-SOLL-Abweichungsanalyse von Erlösen, in: Zeitschrift für Betriebswirtschaft, 59. Jg., Nr. 6, S. 637–654.

Atkinson, A. A./Kaplan, R. S./Matsumura, E. M./Young, S. M. (2007): Management Accounting, 5. Aufl., Pearson/Prentice Hall, Upper Saddle River 2007.

Ballwieser, W. (1990): Unternehmensbewertung und Komplexitätsreduktion, 3. Aufl., Gabler, Wiesbaden 1990.

Baum, H.-G./Coenenberg, A. G./Günther, T. (2007): Strategisches Controlling, 4. Aufl., Schäffer-Poeschel, Stuttgart 2007.

Bhimani, A./Horngren, C./Datar, S. M./Foster, G. (2008): Management and Cost Accounting, 4. Aufl., Financial Times/Prentice Hall, Upper Saddle River 2008.

Bretzke, W.-R. (1980): Der Problembezug von Entscheidungsmodellen, Mohr, Tübingen 1980.

Busse von Colbe, W./Laßmann, G. (1991): Betriebswirtschaftstheorie 1 – Grundlagen, Produktions- und Kostentheorie, 5. Aufl., Springer, Berlin/Heidelberg/New York 1991.

Coenenberg, A. G. (2005): Jahresabschluss und Jahresabschlussanalyse, 20. Aufl., Schäffer-Poeschel, Stuttgart 2005.

Coenenberg, A. G./Fischer, T. M./Günther, T. (2007): Kostenrechung und Kostenanalyse, 6. Aufl., Schäffer-Poeschel, Stuttgart 2007.

Däumler, K.-D./Grabe, J. (1993): Kostenrechnung 3 – Plankostenrechnung, 4. Aufl., Verlag Neue Wirtschafts-Briefe, Herne/Berlin 1993.

Deimel, K./Isemann, R./Müller, S. (2006): Kosten- und Erlösrechnung – Grundlagen, Managementaspekte und Integrationsmöglichkeiten der IFRS, Pearson-Studium, München/Boston/San Francisco 2006.

Demski, J. S./Feltham, G. A. (1976): Cost determination – A conceptual approach, Iowa State Univ. Press, Ames 1976.

Egert, S./Ossadnik, W./Wagner, R. (2008): Spartenorientiertes Management-Informationssystem im mittelständischen Unternehmen, erscheint in: Zeitschrift für Controlling & Management, 52. Jg., Nr. 4.

Ewert, R./Wagenhofer, A. (2008): Interne Unternehmensrechnung, 7. Aufl., Springer, Berlin/Heidelberg 2008.

Fandel, G./ Fey, A./Heuft, B./Pitz, T. (2004): Kostenrechnung, 2. Aufl., Springer, Berlin/Heidelberg 2004.

Freidank, C.-C. (2008): Kostenrechnung – Einführung in die begrifflichen, theoretischen, verrechnungstechnischen sowie planungs- und kontrollorientierten Grundlagen des innerbetrieblichen Rechnungswesens sowie ein Überblick über Konzepte des Kostenmanagements, 8. Aufl., Oldenbourg, München/Wien 2008.

Gjesdal, F. (1981): Accounting for Stewardship, in: Journal of Accounting Research, 19. Jg., Nr. 1, S. 208-231.

Haberstock, L. (2005): Kostenrechnung I – Einführung, bearbeitet von V. Breithecker, 12. Aufl., Erich Schmidt Verlag, Berlin 2005.

Haller, A. (1997): Zur Eignung der US-GAAP für Zwecke des internen Rechnungswesens, in: Controlling, 9. Jg., Nr. 4, S. 270–276.

Hansen, D./Mowen, M. (2005): Management Accounting, 7. Aufl., Thomson/South-Western, Mason 2005.

Hax, H. (2001): Abschied vom wertmäßigen Kostenbegriff?, in: Wagner, U. (Hrsg.): Zum Erkenntnisgegenstand der Betriebswirtschaftslehre am Beginn des 21. Jahrhunderts, Duncker & Humblot, Berlin 2001, S. 93–111.

Hettich, G./Jüttler, H./Luderer, B. (2001): Mathematik für Wirtschaftswissenschaftler und Finanzmathematik, 7. Aufl., Oldenbourg, München/Wien 2001.

Hoitsch, H.-J./Lingnau, V. (2007): Kosten- und Erlösrechnung – Eine controllingorientierte Einführung, 6. Aufl., Springer, Berlin/Heidelberg/New York 2007.

Horngren, C. T./Datar, S. M./Foster, G. (2006): Cost Accounting – A Managerial Emphasis, 12. Aufl., Prentice Hall, Upper Saddle River 2006.

Horngren, C. T./Sundem, G. L./Stratton, W. O. (2008): Introduction to Management Accounting, 14. Aufl., Pearson/Prentice Hall, Upper Saddle River 2008.

Hummel, S./Männel, W. (1983): Kostenrechnung 2 – Moderne Verfahren und Systeme, 3. Aufl., Gabler, Wiesbaden 1983.

Hummel, S./Männel, W. (1986): Kostenrechnung 1 – Grundlagen, Aufbau und Anwendung, 4. Aufl., Gabler, Wiesbaden 1986.

Kilger, W. (1987): Einführung in die Kostenrechnung, 3. Aufl., Gabler, Wiesbaden 1987.

Kilger, W./Pampel, J./Vikas, K. (2007): Flexible Plankostenrechnung und Deckungsbeitragsrechnung, 12. Aufl., Gabler, Wiesbaden 2007.

Kloock, J./Sieben, G./Schildbach, Th./Homburg, C. (2005): Kosten- und Leistungsrechnung, 9. Aufl., Lucius & Lucius, Stuttgart 2005.

Kruschwitz, L. (2007): Investitionsrechnung, 11. Aufl., Oldenbourg, München 2007.

Küpper, H.-U. (2005): Controlling: Konzeption, Aufgaben und Instrumente, 4. Aufl., Schäffer-Poeschel, Stuttgart 2005.

Männel, W. (1992): Handbuch Kostenrechnung, Gabler, Wiesbaden 1992.

Männel, W. (1997): Zur Problematik des Rechnens mit kalkulatorischen Kosten, in: Kostenrechnungspraxis, 41. Jg., Sonderheft Nr. 1, S. 5–12.

Medicke, W. (1964): Geschlossene Kostenträgerrechnung und Ergebnisrechnung in der Grenzplankostenrechnung, in: Fuchs, J./Kreuzer, P./Schwantag, K. (Hrsg.): Unbewältigte Probleme der Planungsrechnung, Gabler, Wiesbaden 1964, S. 37–55.

Medicke, W. (1973): Plankalkulation und Standard-Nachkalkulation, in: Plaut, H.-G./Müller, H./Medicke, W. (Hrsg.): Grenzplankostenrechnung und Datenverarbeitung, 3. Aufl., Verlag Moderne Industrie, München 1973, S. 195–304.

Mellerowicz, K. (1977): Neuzeitliche Kalkulationsverfahren, 6. Aufl., Haufe, Freiburg im Breisgau 1977.

Moxter, A. (1993): Bilanzlehre – Band 1: Einführung in die Bilanztheorie, 3. Aufl., Gabler, Wiesbaden 1993.

Nowak, P. (1954): Kostenrechnungssysteme in der Industrie, Westdeutscher Verlag, Köln/Opladen 1954.

Ossadnik, W. (1984): Rationalisierung der Unternehmungsbewertung durch Risikoklassen, Harri Deutsch, Thun/Frankfurt am Main 1984.

Ossadnik, W. (1990): Die Darstellung der Finanzlage im Jahresabschluß der Kapitalgesellschaft, in: Betriebs-Berater, 45. Jg., Nr. 12, S. 813–818.

Ossadnik, W. (1991): Betriebskameralistik, in: Das Wirtschaftsstudium, 20. Jg., Nr. 3, S. 177–181.

Ossadnik, W. (1998): Considering interrelationship in strategic decisions, in: European Accounting Review, 7. Jg., Nr. 2, S. 315–321.

Ossadnik, W. (2003): Controlling, 3. Aufl., Oldenbourg, München/Wien 2003.

Ossadnik, W. (2006): Controlling – Aufgaben und Lösungshinweise, Oldenbourg, München/Wien 2006.

Ossadnik, W. (2008a): Bewertungsprinzipien, in: Corsten, H./Gössinger, R. (Hrsg.): Lexikon der Betriebswirtschaftslehre, 5. Aufl., Oldenbourg, München 2008, S. 105–110.

Ossadnik, W. (2008b): Planung und Entscheidung, in: Corsten, H./Reiß, M. (Hrsg.): Betriebswirtschaftslehre Band 2, 4. Aufl., Oldenbourg, München/Wien 2008, S. 1–80.

Ossadnik, W./Leistert, O. (1999): Rationellere Distributionslogistik durch Prozeßkostenrechnung – Aspekte der Ausgestaltung und Implementierung prozeßorientierter Informationsgewinnung in der Baustoffindustrie, in Controlling, 11. Jg., Nr. 12, S. 583–589.

Ossadnik, W./Leistert, O. (2002): Kostenträger, Kostenträgerrechnung, in: Küpper, H.-U./Wagenhofer, A. (Hrsg.): Handwörterbuch Unternehmensrechnung und Controlling, 4. Aufl., Schäffer-Poeschel, Stuttgart 2002, Sp. 1158–1170.

Ossadnik, W./Maus, S. (1994): Rechnergestütztes Kostencontrolling, in: Wirtschaftswissenschaftliches Studium, 23. Jg., Nr. 9, S. 477–483.

Ossadnik, W./Maus, S. (1995): Strategische Kostenrechnung?, in: Die Unternehmung, 49. Jg., Nr. 2, S. 143–158.

Plaut, H.-G. (1951): Die Plankostenrechnung in der Praxis des Betriebes, in: Zeitschrift für Betriebswirtschaft, 21. Jg., Nr. 10, S. 531–543.

Plaut, H.-G. (1953a): Die Grenz-Plankostenrechnung – Erster Teil, in: Zeitschrift für Betriebswirtschaft, 23. Jg., Nr. 6, S. 347–363.

Plaut, H.-G. (1953b): Die Grenz-Plankostenrechnung – Zweiter Teil, in: Zeitschrift für Betriebswirtschaft, 23. Jg., Nr. 7, S. 402–413.

Plinke, W. (2002): Erlösstellenrechnung, in: Küpper, H.-U./Wagenhofer, A. (Hrsg.): Handwörterbuch Unternehmensrechnung und Controlling, 4. Aufl., Schäffer-Poeschel, Stuttgart 2002, Sp. 462–474.

Pratt, J. W./Zeckhauser, R. J. (1985): Principals and agents – the structure of business, Harvard Business School Press, Boston 1985.

Reiners, F. (1997): Teilprobleme bei der Ermittlung kalkulatorischer Zinsen, in: Kostenrechnungspraxis, 41. Jg., Sonderheft Nr. 1, S. 55–62.

Rese, M. (2002): Erlösplanung und Erlöskontrolle, in: Küpper, H.-U./Wagenhofer, A. (Hrsg.): Handwörterbuch Unternehmensrechnung und Controlling, 4. Aufl., Schäffer-Poeschel, Stuttgart 2002, Sp. 453–462.

Riebel, P. (1959): Das Rechnen mit Einzelkosten und Deckungsbeiträgen, in: Zeitschrift für handelswissenschaftliche Forschung, 11. Jg., Nr. 5, S. 213–238.

Riebel, P. (1964): Die Preiskalkulation auf der Grundlage von „Selbstkosten" oder von relativen Einzelkosten und Deckungsbeiträgen, in: Zeitschrift für betriebswirtschaftliche Forschung, 16. Jg., Nr. 10/11, S. 549–612.

Riebel, P. (1967): Kurzfristige unternehmerische Entscheidungen im Erzeugnisbereich auf Grundlage des Rechnens mit relativen Einzelkosten und Deckungsbeiträgen, in: Neue Betriebswirtschaft, 20. Jg., Nr. 8, S. 1–23.

Riebel, P. (1969): Die Fragwürdigkeit des Verursachungsprinzips im Rechnungswesen, in: Layer, M./Strebel, H. (Hrsg.): Rechnungswesen und Betriebswirtschaftspolitik, Erich Schmidt Verlag, Berlin 1969, S. 49–64.

Riebel, P. (1994): Einzelkosten- und Deckungsbeitragsrechnung – Grundfragen einer markt- und entscheidungsorientierten Unternehmensrechnung, 7. Aufl., Gabler, Wiesbaden 1994.

Rummel, K. (1967): Einheitliche Kostenrechnung auf der Grundlage einer vorausgesetzten Proportionalität der Kosten zu betrieblichen Größen, 3. Aufl., Stahleisen, Düsseldorf 1967.

Scherrer, G. (1999): Kostenrechnung, 3. Aufl., Lucius & Lucius, Stuttgart 1999.

Schmalenbach, E. (1963): Kostenrechnung und Preispolitik, 8. Aufl., Westdeutscher Verlag, Köln 1963.

Schweitzer, M. (2002): Erlösträgerrechnung, in: Küpper, H.-U./Wagenhofer, A. (Hrsg.): Handwörterbuch Unternehmensrechnung und Controlling, 4. Aufl., Schäffer-Poeschel, Stuttgart 2002, Sp. 475–484.

Schweitzer, M./Küpper, H.-U. (2008): Systeme der Kosten- und Erlösrechnung, 9. Aufl., Vahlen, München 2008.

Swoboda, P. (1977): Die Behandlung von Pensions- und Abfertigungsrückstellungen in der Kostenrechnung, insbesondere bei der Ermittlung kalkulatorischer Zinsen, in: Journal für Betriebswirtschaft, 27. Jg., Nr. 4, S. 193–202.

Troßmann, E. (2008): Internes Rechnungswesen, in: Corsten, H./Reiß, M. (Hrsg.): Betriebswirtschaftslehre Band 1, 4. Aufl., Oldenbourg, München/Wien 2008, S. 99–219.

Währisch, M. (2000): Der Ansatz kalkulatorischer Kostenarten in der industriellen Praxis, in: Zeitschrift für betriebswirtschaftliche Forschung, 52. Jg., Nr. 7, S. 678–694.

Weber, J./Weißenberger, B. E. (2006): Einführung in das Rechnungswesen, 7. Aufl., Schäffer-Poeschel, Stuttgart 2006.

Weetmann, P. (2003): Financial & Management Accounting – An Introduction, 3. Aufl., Financial Times/Prentice Hall, Harlow 2003.

Williamson, D. (1996): Cost and Management Accounting, Prentice Hall, Hertfordshire 1996.

Williamson, O. E. (1985): The Economic Institutions of capitalism – firms, markets, relational contracting, Free Press, New York 1985.

Stichwortverzeichnis

Druck: Krips bv, Meppel, Niederlande
Verarbeitung: Stürtz, Würzburg, Deutschland